建筑工程高级管理人员实战技能一本通系列丛书

项目经理实战技能一本通（第二版）

赵志刚　于　涛　主编

中国建筑工业出版社

图书在版编目（CIP）数据

项目经理实战技能一本通 / 赵志刚，于涛主编. —
2 版. — 北京 ：中国建筑工业出版社，2021.6（2024.3 重印）
（建筑工程高级管理人员实战技能一本通系列丛书）
ISBN 978-7-112-26237-3

Ⅰ. ①项… Ⅱ. ①赵… ②于… Ⅲ. ①建筑施工—项
目管理 Ⅳ. ①TU712.1

中国版本图书馆 CIP 数据核字（2021）第 111733 号

责任编辑：张 磊 万 李
责任校对：芦欣甜

建筑工程高级管理人员实战技能一本通系列丛书
项目经理实战技能一本通（第二版）
赵志刚 丁 涛 主编
*
中国建筑工业出版社出版、发行（北京海淀三里河路 9 号）
各地新华书店、建筑书店经销
北京科地亚盟排版公司制版
天津安泰印刷有限公司印刷
*
开本：787 毫米×1092 毫米 1/16 印张：17½ 字数：432 千字
2022 年 2 月第二版 2024 年 3 月第四次印刷
定价：**65.00** 元
ISBN 978-7-112-26237-3
（37582）

本书编委会

主　　编： 赵志刚　于　涛

副 主 编： 陆总兵　张学华　唐　杰　李　明　覃伟团　杨再玉

参编人员： 蒋贤龙　曹彦飞　方　园　李大炯　胡旭光　方　祥　季春来　杨威龙　蒙茂森　王力丹　时伟亮　曹健铭　李　宏　薄虎山　赵得志　殷　亿　敖　焱　闫　亮　曹　勇　尹　亮　王政伟　王　帅

前　　言

《建筑工程高级管理人员实战技能一本通系列丛书》自出版以来深受广大建筑业从业人员喜爱。本次修订在原版基础上删除了一部分理论知识，增加了一部分与建筑施工发展有关的新内容，书籍更加贴近施工现场，更加符合施工实战，能更好地为高职高专、大中专土木工程类及相关专业学生和土木工程技术与管理人员服务。

此书具有如下特点：

1. 图文并茂，通俗易懂。书籍在编写过程中，以文字介绍为辅，以大量的施工实例图片或施工图纸截图为主，系统地对项目经理工作内容进行详细地介绍和说明，文字内容和施工实例图片直观明了、通俗易懂。

2. 紧密结合现行建筑行业规范、标准及图集进行编写，编写重点突出，内容贴近实际施工需要，是施工从业人员不可多得的施工作业手册。

3. 学习和掌握本书内容，即可独立进行项目经理工作，做到真正的现学现用，体现本书所倡导的培养建筑应用型人才的理念。

4. 本次修订编辑团队更加强大，主编及副主编人员全部为知名企业高层领导，施工实战经验非常丰富，理论知识特别扎实。

本书由赵志刚担任第一主编，由南通新华建筑集团有限公司于涛担任第二主编；由南通新华建筑集团有限公司陆总兵、中信国安建工集团有限公司张学华、中信国安建工集团有限公司唐杰、华润建筑有限公司李明、广西隆欣建设监理有限公司覃伟团、中建隧道建设有限公司杨再玉担任副主编。本书编写过程中难免有不妥之处，欢迎广大读者批评指正，意见及建议可发送至邮箱 bwhzj1990@163.com。

目　录

1　如何做一个优秀的项目经理

1.1　什么是项目经理

项目经理是指企业建立以项目执行制为核心，对项目实行质量、安全、进度、成本、合同、信息管理的责任保证体系和全面提高项目管理水平设立的重要管理岗位。项目经理从施工企业的角度定义为：受企业法定代表人委托，对工程项目施工过程全面负责的项目管理者，是建筑施工企业法定代表人在项目上的代表人。项目经理是为项目的成功策划和执行负总责的人。

项目经理是项目团队的领导者，项目经理的首要职责是在预算范围内按时优质地领导项目小组完成全部项目工作内容。为此项目经理必须在一系列的项目计划、组织和控制活动中做好领导工作，从而实现项目目标。

大、中型工程项目施工的项目经理必须由取得建造师执业资格的人担任。建造师是一种专业人士的名称，而项目经理是一个岗位名称。取得建造师执业资格的人员表示其知识和能力符合建造师执业的要求。项目经理应为合同当事人所确定的人选，并在专用合同条款中明确项目经理的姓名、职称、注册执业证书编号、联系方式及授权范围等事项，项目经理经承包人授权后代表承包人负责履行合同（须有法定代表人授权书以及施工单位项目负责人工程质量终身责任承诺书，一式三份，施工单位、质量安全监督站、个人各执一份）。

1.1.1　项目经理的重要性

项目经理是整个项目组的灵魂，是项目组中最重要的一个角色，是项目能否完成的核心人物，是项目盈利多少的掌舵者。

无论是对于整体项目开发的时代，还是基于过程的大型项目管理时代，项目都必须依靠人来实现管理和监控，这就是“以人为本”。无论管理的内容有多少，管理必须依靠个人的能力来实施。项目经理岗位是保证工程项目建设质量、安全、工期的重要岗位。

1.1.2　项目经理的岗位职责

（1）认真贯彻执行《中华人民共和国建筑法》《中华人民共和国安全生产法》及国家、行业的规范、规程、标准和公司质量、环境保护、职业安全健康全兼容管理手册、程序文件和作业指导书及企业制定的各项规章制度，切实履行与建设单位和公司签订的各项合同，确保完成公司下达的各项经济技术指标。

（2）负责组建精干、高效的项目管理班子，并确定项目经理部各类管理人员的职责权限和组织制定各项规章制度。

（3）负责项目部范围内施工项目的内、外发包，并对发包工程的工期、进度、质量、安全、环境、成本和文明施工进行管理、考核验收。

（4）负责协调分包单位之间的关系，与业主、监理、设计单位经常联系，及时解决施工中出现的问题。

（5）负责组织实施质量计划和施工组织设计，包括施工进度网络计划和施工方案。根据公司各相关业务部门的要求按时上报有关报表、资料，严格管理，精心施工，确保工程进度计划的实现。

（6）科学管理项目部的人、财、物等资源，并组织好三者的调配与供应，负责与有关部门签订供需及租赁合同，并严格执行。

（7）严格遵守财务制度，加强经济核算，降低工程成本，认真组织好签证与统计报表工作，及时回收工程款，并确保足额上缴公司各项费用。经常进行经济活动分析，正确处理国家、企业、集体、个人之间的利益关系，积极配合上级部门的检查和考核，定期向上级领导汇报工作。

（8）贯彻公司的管理方针，组织制定本项目部的质量、环境、职业健康安全控制方案和措施，并确保创建文明工地、安全生产等目标的实现。

（9）负责项目部所承建项目的竣工验收、质量评定、交工、工程决算和财务结算，做好各项资料和工程技术档案的归档工作，接受公司或其他部门的审计。

（10）负责工程完工后的一切善后处理及工程回访和质量保修工作。

1.2 项目经理的基本经营管理能力

1.2.1 项目经理的经营内容

一次经营：投标经营；

二次经营：项目管理；

三次经营：工程结算。

其中：投标经营由企业负责相关的系统策划；项目管理与索赔、成本和效益管理相结合；工程结算贯穿于全过程的项目管理，包括过程工程量结算和竣工工程量清算。

1.2.1.1 项目的一次经营

（1）投标意图与招标要求的匹配。

（2）不平衡投标方法的科学应用。

（3）项目实施风险的合理预测（成本、市场、质量、进度、安全）。

（4）施工方法与管理方法的合理集成效应。

（5）项目管理目标的实现，合理的技术标的和商务标的。

（6）项目经理原则需参与投标前期工作，以便确定所投项目是否能实施，强调前期参与，这样对项目的责、权、利才能体现，为企业出谋划策，起到事半功倍的作用。

1.2.1.2 项目的二次经营

（1）项目策划管理。

项目策划包括：施工组织设计、施工方案、施工措施、技术交底等。

在质量、环境、进度、安全和成本的系统要求下，实现以上策划中各因素的集成（项目策划怎么做）。

简单地说，策划就是制定方案，进行计划，实现某个预期目标。工程项目策划就是为实现项目目标而做的详细工作计划，就是对如何完成工程项目（建房、造桥、修高铁等）制定方案，编制计划，实现预期目标。

工程项目策划一般包括：目标；风险；项目管理；组织；资金计划；成本计划。施工策划包括：总进度计划、总平面布置、主要施工方案。资源策划包括：资源总需求计划（人、材、机等）；后勤保障；工作计划。其中项目管理包括进度（计划、统计）管理，合同管理，成本管理，材料、设备管理，现场管理（施工、质量、安全文明施工及重大危险源、环境），技术管理，劳务管理，财务管理，治安保卫，卫生健康，文化娱乐，客户关系管理等。

（2）项目实施管理。

质量、进度、安全和成本管理的集成推进。

评估相关的风险因素，确定风险排序。

衡量资源投入的“盈亏平衡点”，在资源有限的情况下，确保施工风险的有效降低。

策划合理的索赔方法，利用高价索赔提高项目效益。

确保合同的主要条款有效落实（如何做好项目成本、质量、工期、安全管理工作）。

施工总承包方的成本目标是由施工企业根据其生产和经营情况自行确定的。施工企业受业主方的委托承担工程建设任务，施工方必须树立服务观念，为项目建设服务，为业主提供建设服务，其项目管理不仅应服务于施工企业本身的利益，也必须服务于项目的整体利益。

1）项目的成本管理要在保证工期和满足质量要求的情况下，利用组织措施、经济措施、技术措施、合同措施把成本控制在计划范围内，并进一步寻求最大限度地成本节约。

成本管理需要做好以下工作：必须强化施工项目成本观念；建立项目施工成本责任制；制定经济合理的施工方案；做好现场安全文明施工管理；控制人力、物质资源的消耗；建立财务核算制度；进行施工成本分析。

2）施工管理人员要明白：影响施工项目质量的因素主要有人、材料、机械与仪表、方法、环境等，针对上述因素严加控制，是保证工程质量的关键。

质量管理需要做好以下工作：人是质量的创造者，质量控制应以人为核心，应加强对施工人员的专业技术培训、健全岗位责任制、激励员工的劳动热情，对于技术复杂、难度大、精度高的工序或操作，确保由技术熟练、经验丰富的施工人员来完成；清楚了解材料的质量、性能、特点、技术参数，把好材料的质量关，杜绝使用“三无”等伪劣产品，避免因材料质量问题影响整个工程质量和使用寿命；根据不同的工艺特点、测试方法、技术要求，选用合理、保养良好的机械设备与仪表；依据项目施工设计，详细了解施工实际情况，编写施工组织方案，采取施工技术措施；根据工程项目的特点和具体条件，应对影响质量的环境因素采取有效的措施严加控制。

3）施工项目安全管理，就是施工项目在施工过程中，组织安全生产的全部活动，通过对生产因素的具体控制，使生产因素的不安全行为和状态减少或消除，从而保证施工项目的正常运行。

安全管理需要做好以下工作：坚持安全与生产同步，坚持全员、全过程、全方位、全天候的动态管理；坚持控制人的不安全行为与物的不安全状态；采取改善劳动条件、防止事故、预防职业病、提高职工安全素质等技术措施；保持施工现场良好的作业环境、卫生环境和工作秩序。

4）进度控制的实施是指在既定工期内，按照事先制定的进度计划实施，在执行计划过程中，经常将实际进度与计划进度相比较，若出现偏差，分析产生的原因及其对工期的影响程度，然后提出必要的调整措施，如此不断循环，直到工程竣工验收。

进度管理需要做好以下工作：对项目的特点与项目实现的条件认识要全面、准确；编制施工阶段进度控制工作细则；编制或审核施工总进度计划；审核单位工程施工进度计划；编制年度、季度、月度工程进度计划；注意施工进度计划的关键控制点；了解进度实施的动态；及时检查和审核施工单位提交的进度统计分析资料和进度控制报表。

（3）项目的过程监督、管理和改进，要求项目经理瞄准过程的风险预控重点，时刻注意过程的变化趋势；分析过程的变化趋势的特点，实施有效的关联性数据分析；及时实施过程沟通，消除障碍，减少冲突（如何做好组织协调工作）。

协调工作分内外两部分，内部较容易，外部涉及的方面较多，应根据具体情况分别对待。外部包括建设方、土建方、其他施工方、监理方、设计方及政府部门等，以感情联络为主，常拜访，在保证工程质量的前提下，适当的时候应该利用各方与建设方之间的相互关系进行协调。以诚信来取胜，是项目顺利进行的保证。

准备应急措施，减少突发事故的影响；制定改进措施，及时预防新的风险。

1.2.1.3 项目的三次经营

（1）工程预算的编制与项目实施需求的策划。

（2）工程预算与成本控制计划的结合。

（3）成本控制优先顺序的确定。

（4）成本核算与成本控制。

（5）合同索赔的实施。

要注意技术方法、材料替代、工程量的变更、不可抗力因素的把握（项目成本工作如何来做，包含哪些要点）。

项目成本是项目施工过程中各项费用的总和，从施工开始到竣工，都离不开成本管理，包括：成本预测、成本控制、成本核算、成本分析和成本考核等。

1）搞好成本预测，确定控制目标（从施工条件、材料机械、人员素质进行预测）。

2）项目全过程成本控制（合理使用人力、物力、财力，降低施工成本，从组织措施、技术、经济等方面控制）。

3）成本核算（及时了解市场动态，对所使用的人力、机械、材料进行评估、核算、优中选优）。

（6）项目合同索赔的方法。

1）项目经理的索赔意识；

2）项目经理的索赔组织；

3）项目经理与相关方的沟通；

4）项目经理的索赔谈判；

5）项目经理的索赔诉讼。

如何做好项目合同管理及提高索赔技能？

首先，合同控制具有特殊性，其最大的特点是动态性。一方面，在合同的实施过程中它经常会受到外界的干扰，呈波动状向合同目标靠拢，这就需要及时发现，并加以调整。另一方面，合同本身也在不断变化，绝对不变的合同是不存在的。作为总的合同控制，不仅针对与业主之间的总承包合同，而且针对与总承包合同相关的其他合同，如分包合同、采购合同等，也包括这些合同间的协调控制。尤其在目前的总承包模式不尽完善的情况下，沟通和协调变得尤为重要。其次，加强对合同实施过程的跟踪和监督。加强对合同实施过程的信息管理，明确信息流通的路径，建立项目计算机信息管理系统。

工程项目的合同索赔包括两个方面：一是与业主的关系；二是与分包商的关系。总承包商一方面要根据合同条件的变化，向业主提出索赔的要求，减少工程损失；另一方面利用分包合同中的有关条款，对分包商提出的索赔进行合理合法的分析，尽可能地减少分包商提出的索赔。对由于分包商自身原因造成的拖延工期和不可弥补的质量缺陷及安全责任事故要按合同罚则进行反索赔。

索赔费用原则为：以赔偿实际发生的损失为基础。

为索赔做的准备：要保存完整的索赔依据，将工程涉及的合同文件、设计图纸、工程资料、各种协议、各类合同、来往文件、补充资料、变更图纸、变更设计确认指令、信函、工作指令、影像资料、质检报告等按照资料存档的形式保存好，防止丢失和损坏。要加强对来往文件、传真、信函等涉及时间、签发日期的资料的收集，以作为计算延误工期和计费的重要参考证据。加强对会议内容的记录，对下一步工作安排、工作指示、调整指令、某些问题的处理措施等做详细记录，作为追查项目实施起因的有力证据。对索赔工作提供有力的间接证明材料，充分利用财务人员的原始单据凭证及各种账表资料，提取工、料、机证明资料，以发票、费用开支、收据等提供工程内容增减，时间，工程进度，费用，机械闲置，材料积压，人力停工、窝工情况和原因的证明。提交变更、索赔的报告要根据项目本身规定的标准格式编制，其他相关部门可根据实际情况和部门规定的格式上报。索赔报告的基本编制要求是：正确合理的依据，做到有理有据，从事件起因、时间、地点、对象、客观事物与损失之间的因果关系，到各种证据材料，简洁明了地说清楚，做到索赔事件前因后果的关联性。充分调动相关专业成员，包括工程技术、合同管理、法律、财务、写作等人员进行细致深入调查、研究，反复讨论、修改，做到准确可靠，对事件责权划分清晰，对不可预见的问题和由此引发的连带问题要做好相应的对策。工程数量计算要准确，反复复核，不能将错误的计算公式或计算值写入索赔报告中去，以免使索赔报告失去真实性和可靠性。对计算采用的方法和公式要求通用、标准，对有争议的计算办法要采取适当的文字分析和注释，以取得对方的信服。以上工作要层层把控，环环相扣，详细分工，落实责任。

（7）竣工结算的控制。

结算方式：按月结算，分段结算。

竣工结算的3个阶段：

1）工程进度款结算；

2）工程预付款结算；

3）工程竣工结算。

结算与施工变更、设计变更和工程洽商的结合与管理（如何提高结算价款，有哪些合理的方式方法）。

要想提高结算价款，首先应该弄明白工程价款的组成。工程价款由分部分项工程费（直接工程费）、措施项目费、间接费（规费和企业管理费）、利润和税金组成，其中规费和税金又是2013版清单计价规范明确规定的不可竞争费用，所以我们要想追求利润的最大化只能从分部分项工程费、措施项目费、企业管理费和利润里面寻求突破。施工过程的技术方案、工作面安排、设备配置、材料用量的控制、设计变更、工程师指令、现场环境、社会政局等，都是影响施工进而影响造价的因素。

在理解影响造价因素的基础上，着重加强措施、最大化减小损失，以便竣工结算时取得理想的价款。

提高结算价款的合理技巧有：采用不平衡报价法、多方案报价法、增加建议方案法。

1.2.2 项目先进技术管理方法的应用和研发

一个有竞争力的项目应该是科技含量和管理含量充分的载体，包括：

先进技术与项目成本的关系；

先进技术与项目管理的关系；

管理手段与技术的匹配；

管理和技术研发的竞争力。

项目经理如何做好项目管理？有哪些手段？

（1）注重项目团队的建设：项目经理负责制的推行能否取得应有的成效，不仅取决于项目经理个人，还取决于是否有一个强有力的项目团队。确保项目目标高质量地实现，也取决于是否能有一个高效的项目团队。项目经理固然是项目团队中的核心人物，但他的工作还需要整个项目团队的紧密配合。项目经理确定后，一般由项目经理亲自选拔和配置项目团队的队员，这样才能保证项目团队内部的沟通和协调，使项目团队向高效率发展。

（2）管理应该从项目实现目标的评估、承包合同的签订做起：任何一个项目的实施无外乎围绕“质量、进度、成本、安全、环保”五大要素进行。这些要素实现目标的目标值，都要在工程项目实施前进行现场实际项目评估后进行科学制定。其方法就是要成立专门的领导评估和测算小组，由专人负责，有科学的评估、测算指标体系，从思想上与实践上切实把项目评估、测算认真抓好做好。制定好项目实现目标之后与项目经理签订承包经营合同，委派有工程管理经验的主管会计，从而可以在项目运行中进行监督、检查、指导和考核。

（3）狠抓现场管理：要把原材料、劳务队伍管理作为重点，注意施工机械设备的选用。在劳务队伍的选用上，要选取实力较强、有良好的社会信誉、有营业执照的队伍，严禁使用一些无资质、低资质、低素质的劳务队伍。原材料选择采用无标底招标采购模式，确保采购的物资性能价格比最优。在机械使用中注意选用具有良好工作性能的机械。

（4）把实施激励约束机制作为工程项目管理的主要突破口：要想工程项目的实施能够

在预定的轨道上行驶，有计划有步骤地实现制定的目标，企业主管部门必须发挥好企业管理层调控和服务的两大职能，建立健全有效的激励、约束、调控机制。为此，应着重做好以下3个方面的工作：

首先，要全面推行项目考核制度。根据项目经营状况，奖优罚劣，真正形成企业与项目之间的经济责任监督与执行关系，以保证项目高质量、高效益地运行。

其次，实行严格的审计监督制度。要在管理办法可行、组织制度健全、任务责任明确的基础上，重点抓好在建、竣工、分包项目的审计，对规模大、工期长的项目实行年度和终结审计，对项目经理调离和项目部解体进行审计，重点做好经营责任与效果、经营活动合法性和财经纪律等重大问题的审计工作。

最后，搞好项目管理过程民主监督。坚持依靠职工群众监督，增强项目管理的透明度，切实发挥职工民主监督的作用。

1.3 项目各种因素的协调与处理

（1）项目内部关系的协调；

（2）项目外部（业主）关系的协调；

（3）项目生产因素与人际关系的协调；

（4）企业项目文化因素与社会文化关系的协调；

（5）项目总体目标与实现能力关系的协调。

1.4 优秀的项目经理四大素质及八大技能

1.4.1 优秀的项目经理

前面论述了合格的项目经理的基本条件，优秀的项目经理应该更上一层楼。

合格的项目经理是具有经营和管理能力的专业人才。快速发展的中国建筑业需要很多高素质的项目管理专家和稳定的项目经营者。

优秀的项目经理应该是管理和经营的有机集成者。

1.4.2 优秀的项目经理四大素质

（1）品德素质：诚信、无私、责任心（对目标的执着）。

（2）能力素质：综合管理能力。

（3）知识结构：相对专业的管理知识。

（4）身体素质：精力充沛、充满活力。

职业经理人应具有的能力见图1-1。

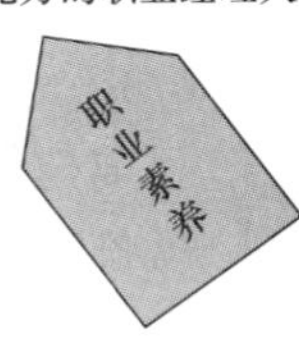

图1-1 职业经理人应具有的能力

1.4.3 优秀的项目经理八大技能

（1）专业技能：项目策划、成本控制、质量管理知识。

（2）人际关系：对项目成员的安排，与甲方的沟通能力。

(3) 情境领导：因人而异的管理方式，不同情境下的变通。

(4) 谈判与沟通：项目负责人的主要工作。

(5) 客户关系、咨询技能：关系维护与技巧。

(6) 商业、财务技能：企业战略与项目结合，索赔知识。

(7) 问题解决和冲突处理：项目负责人的次要工作。

(8) 创新能力：新项目、新想法。

1.4.4 优秀的项目经理八大知识领域

(1) 集成管理：在项目分析中，项目管理人员必须把各种能力综合起来并加以协调利用。

(2) 时间管理：要求项目管理人员培养规划技巧。有经验的项目管理人员应该知道，当项目出现偏离规划时，如何让它重回规划。

(3) 成本管理：要求项目管理人员培养经营技巧，处理诸如成本估计、计划预算、成本控制、资本预算以及基本财务结算等事务。

(4) 风险管理：需要项目管理人员在信息不完备的情况下做决定。风险管理模式通常由 3 个步骤组成：风险确定、风险影响分析以及风险应对计划。

(5) 人力资源管理：着重于人员的管理能力，包括冲突的处理、对职员工作动力的促进、高效率的组织结构规划、团队工作和团队形成以及处理人际关系的技巧。

(6) 质量管理：要求项目管理人员熟悉基本的质量管理技术。例如：了解质量管理流程、相关的体系文件、过程文件、国家标准。

(7) 采购管理：项目管理人员应掌握较强的采购管理技巧。例如：应了解采购流程、签约中关键的法律原则。

(8) 沟通管理：要求项目管理人员能与他们的经理、客户、厂商及下属进行有效的交流。

1.4.5 优秀的项目经理其他关注事项

(1) 如何从技术人员向管理人员转变。

观念，学习（由技术高手到管理高手的转变）。

(2) 项目经理关注重点及范围：项目过程管理。

(3) 项目经理的内部安排与外部协调。

对内明确目标，以人为本，增加快速交流；对外要明确职责、权利，明确任务目标。

1.4.6 项目经理面临的市场挑战

1.4.6.1 过度竞争的挑战

目前建筑市场的供求关系仍然很不平衡，或者叫“僧多粥少”，难免有过度竞争：

低价竞争导致项目质量、安全、进度和成本的风险；

低价竞争的存在有其存在的合理性；

合格的项目经理应该能够在低价中生存发展。

(1) 往往出现压价、垫资、拖欠等行为（压低价格与质量、进度、安全成本的逻辑关系）。

(2) 竞争存在不公平、不公正，工程所在国政府干预、地方进行保护等行为。

(3) 存在着种种商业贿赂。

（4）市场诚信的缺失，使竞争没有良好的秩序。

这些现象对每个经营者都是一个无情的挑战。

1.4.6.2　经营风险的挑战

（1）风险的种类：质量风险、科技风险、社会风险、信用风险等。

（2）如何认识风险、识别风险、规避风险，使风险降到最低的程度，使风险转嫁到能承担风险的部门。

（3）建筑工程市场两个重要的规避风险的手段：保险和担保。

1.4.6.3　经济萧条期的经营挑战

在建筑市场出现萧条的情况下，许多经营领域出现了巨大的挑战。

（1）目标精细化的挑战

围绕市场变化，确定企业的市场定位和品牌销售对象。

（2）社会责任化的挑战

建筑工程一般与消费者的关系比较密切，工程建设过程中企业的社会责任直接影响其社会形象和市场竞争力。

（3）终端精细化的挑战

竞争的加剧、消费者需求的升级，导致产品终端精细化的品牌成为未来企业生存的基本因素。

1.4.6.4　庸俗习气的挑战

庸俗习气的挑战表现在以下方面：

（1）讲哥们义气，讲关系，不讲法律。

（2）讲老乡，不讲规章。

（3）见物不见人，办事的时候，往往只注重事情，不注重人。

1.4.6.5　统筹发展的理念

（1）工期统筹，就是把总工期和阶段工期相统筹。效益统筹，就是把社会效益、经济效益和环保效益相统筹。需要把企业发展和社会责任相统筹。

（2）质量统筹，是产品的质量保证。要求企业经营者应该说的必须说到，说到的必须做到，即要言必行、行必果。

（3）环境安全统筹，是生产过程的安全保证和环境保护。消除人的不安全行为和物的不安全状态。经营者应关注交叉点的控制管理。

1.5　优秀项目经理的综合素质具体体现

（1）要认清角色，摆正位置。

作为一名项目经理，要认清角色，摆正位置。项目经理是公司在工程项目上的全权委托代理人，对外代表公司与业主及分包单位处理与合同有关的一切事项；对内全面负责组织项目的实施，是项目的直接领导者和组织者。这就要求项目经理在工作中要保持谦虚谨慎的态度，在尊重、理解并服从公司领导的同时，通过协调、讨论、会议沟通等方式，充分发挥好承上启下的作用，积极利用自身的主观能动性，在认真做好本项目部工作的前提下，努力协调好项目部与公司各部门之间的每项工作。

工程施工过程中有很多意料不到的事件发生，对于出现的超过自己权限范围的事件，应当及时向公司有关部门和人员汇报，不要越权越位，既要主动地处理问题，又要请示处理方案或者取得自己处理的授权，切勿为了隐瞒一点点小问题使事态扩大铸成大错。

（2）具备开拓创新的意识。

作为一名项目经理，既要识“无为而无不为”的至精妙语，又要具备开拓创新的意识。要虚心学习其他人管理项目的经验和方法，恪守“谦虚”二字。大胆尝试，以超前的眼光看问题，要敢于和其他好的项目部比干劲、赛成绩，而不是像一只井底之蛙，以一成不变的方式局限于做好本项目部的工作。

（3）勇于实践，真抓实干，丰富完善自己。

要有勇于实践的工作作风，要有真抓实干的精神，要在实际工作中不断丰富完善自己。项目经理不是仅仅靠书本知识学出来的，更不是吹出来的，而是靠实际工作的磨炼干出来的。对于工作中出现的问题，要敢于承担责任，要善于分清问题的性质，找到解决问题的方法。在项目中能够通过以身作则，形成一个平等协商、实事求是的工作氛围。同时，项目经理还应注意不断培养和提高自己的工作能力，如决策能力、应变能力、组织领导能力、人际交往能力等，努力做到在工作中要果断但不武断，要稳重但不拖拉。

（4）吃苦耐劳的精神。

项目经理必须谨遵这一原则：做到不畏艰难困苦，扎扎实实地开展工作，勤勤恳恳地做好事情。作为项目部的领导，应该既是指挥员又是战斗员，作为指挥员就应该体现自己的能力和水平，越是面对棘手难缠的问题，越要沉着冷静，迎着困难上。

（5）合理分配工作，责任到人。

做到“该定人的定人”，要让项目部每个人员了解自己的工作，并时常注意他们的工作进展情况，要把自己的主要精力用到考虑整体组织安排、施工组织方案上来，见图 1-2。

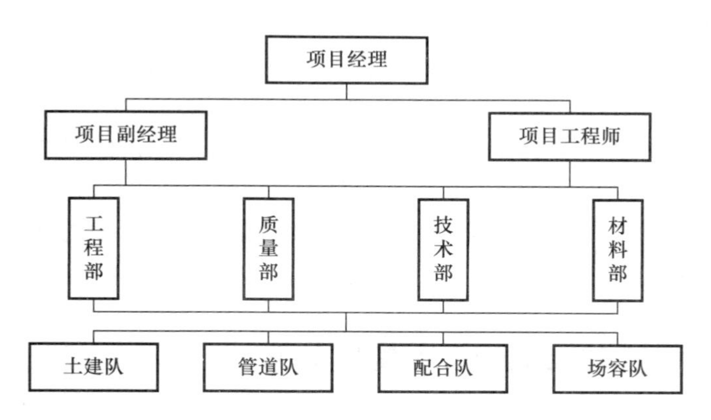

图 1-2　项目经理部机构

（6）包容的心态。

作为一名项目经理还必须有包容的心态，要心胸宽广、胸怀博大，做到小事讲公德、大事讲原则。无论做什么事情，都要尽量抛开个人因素，不能只考虑自身的好处，无视集体和他人的利益，必要时还应该牺牲小我、成全大我。“为官先为人”“做事先做人”，如果连人都做不好，领导别人更是无从谈起，此所谓“正人先正己”。

（7）具备领导才能。

具备领导才能是成为一名好的施工项目经理的重要条件，团结友爱、知人善任、用其所长、避其所短，善于抓住最佳时机，并能当机立断，坚决果断地处理将要发生或正在发生的问题，避免矛盾或更大矛盾的产生。具有了这些能力就能更好地领导项目经理部的全体员工，唤起大家的积极性和创造性，齐心协力完成施工项目的建设。

（8）较强的组织协调能力。

项目经理要有较强的组织协调能力，能够调动团队的集体智慧，把项目部一帮人的才能“捏合”在一起，达到相互支持、取长补短的效果。项目部是一个团队，如果项目经理没有较强的组织协调能力，那么这个团队就会变成一盘散沙，就会没有活力，项目部成员之间也就缺乏默契的配合，从而导致工作无法正常开展。

（9）具备专业技术知识，是业务行家。

作为一名项目经理，要开展具体工作，对业务一无所知，指挥别人也是空谈，要想发挥好领导作用，就必须熟知相关的业务知识，所谓知己知彼，方能百战百胜。掌握专业技术知识是成为优秀项目经理的必要条件。如果没有扎实的专业知识做后盾，在项目的实施过程中遇到难题或模棱两可的问题就会无从下手、手忙脚乱，最终导致人力物力上的浪费，甚至造成更大的错误。

（10）善于团结下属，不要用不正确的方式批评。

要善于团结下属，不要用不正确的方式批评，特别是对有错误的下属和反对过自己的下属。人与人之间有矛盾是正常的，一旦出现了矛盾，我们应该正视它，而不是回避它，更不是激化它，只有这样才能从根本上解决它。批评下属时，应掌握批评的技巧，不要让被批评的下属不但不服气，反而产生怨恨。

（11）敢于主动承担责任。

有工作干劲、有敬业精神、为人正直、敢于主动承担责任。在工程建设实施的过程中，项目经理要接触很多人，处理复杂多样的工作也会遇到各种各样的问题，如施工中遇到技术问题难以解决，经过业主、监理、施工单位多方面的探讨拿不出成熟方案，此时工期紧张需要尽快给出施工方案，这就需要项目经理挺身而出，大胆提出设想，与业主同心协力解决难题。

（12）掌握好“事必躬亲”与“事必躬亲”的度。

能授权的事情就不要亲自做，必须亲自动手的必动手。把许多事情进行分工，责任到人，但这并不表示责任已了，只是将整个项目部的工作分解到人，亲自参与责任制的制定，亲自抓落实，才能事半功倍。

（13）四控制。

项目经理需要做的最重要的事就是“四控制”（指成本、质量、安全、进度的控制）。只有详细而系统地由项目经理参与的控制计划才是项目成功的基础。当现实的世界出现了一种不适于计划生存的环境时，项目经理应制定一个新的计划来反映环境的变化。计划、调整、再计划、再调整就是项目经理必躬之事。

1.6 项目经理的成长与成才

今天建筑市场对于项目经理而言：机遇和挑战前所未有，机遇大于挑战。

1.6.1 项目经理的成长

（1）项目经理自身的成长条件

1）自身素质（最重要的条件）；

2）创新理念；

3）与时俱进；

4）求真务实。

（2）建筑工程项目经理成长的外部条件

1）机制；

2）机会。

1.6.2 项目经理的成才

（1）成才条件

1）天时；

2）地利；

3）人和。

（2）成才基础

1）机遇；

2）天赋；

3）勤奋。

总之，项目经理是公司在项目上的代表，项目经理应在有限的任期里做出无限的努力，创造无限的成绩（即效益的最大化）。因此，在工程项目实施的进程中，要多听、多看、多学；要多调查、多研究、多思考；要多鼓励、多表扬、多赞美；不仅要利用自己掌握的知识，灵活自如地处理发生的各种情况，注重全面发挥自身的能力和主动性、创造性，还要团结大家的力量，多谋善断、灵活机变、大胆爱才、大公无私、任人唯贤、大胆管理，这样才能使企业获得最大的利润。

2 安全文明施工管控

2.1 安全施工管理

2.1.1 施工现场安全生产管理机构设置原则

总承包单位配备项目专职安全生产管理人员应当满足下列要求：

（1）建筑工程、装修工程按照建筑面积配备：

1）建筑工程1万m^2及以下设置不少于1名专职安全员；

2）建筑工程1万～5万m^2至少设置2名专职安全员；

3）建筑工程5万m^2以上设置不少于3名专职安全员，且设置安全主管，按土建、机电设备等专业设置专职安全生产管理人员。

（2）土木工程、线路管道、设备安装工程按照工程合同价配备：

1）5000万元以下的工程不少于1人；

2）5000万～1亿元的工程不少于2人；

3）1亿元及以上的工程不少于3人，且按专业配备专职安全生产管理人员。

（3）分包单位配备项目专职安全生产管理人员应当满足下列要求：

1）专业承包单位应当配置至少1人，并根据所承担的分部分项工程的工程量和施工危险程度增加；

2）劳务分包单位施工人员在50人以下的，应当配备1名专职安全生产管理人员；50～200人的，应当配备2名专职安全生产管理人员；200人及以上的，应当配备3名及以上专职安全生产管理人员，并根据所承担的分部分项工程施工危险实际情况增加，不得少于工程施工总人数的5‰；

建筑工程10万m^2以上的，必须配备安全管理机构；分包单位人员超过50人时，必须配备专职安全员；施工作业班组可以设置兼职安全巡查员，对本班组的作业场所进行安全监督检查。

2.1.2 安全施工例会制度

由项目经理主持，每周1次，特殊情况下应随时召开，并做好记录。主要内容为：传达上级部门文件及会议精神；针对生产状况学习有关安全规程及安全技术；相互交流施工经验；布置下阶段施工任务及安全内容等，见图2-1。

2.1.3 安全生产检查制度

安全生产检查内容：查思想、查领导、查制度、查措施、查隐患、查事故处理、查组织、查培训，见图 2-2。

图 2-1 安全施工例会

图 2-2 现场检查 1

图 2-3 现场检查 2

应实行周检制，由施工现场负责人带队检查，安全员、消防员等职能人员每日巡查，并填写日检表。不论哪种形式的检查，对发现的隐患都必须立即安排整改，并由原检查人员复查确认，见图 2-3 及表 2-1。

2.1.4 施工现场安全生产管理制度

施工现场安全生产管理制度包括：

(1) 施工现场安全生产责任制；

(2) 施工现场安全生产奖惩办法；

(3) 施工现场安全生产、文明施工措施计划；

建筑工程项目安全周检记录表 **表 2-1**

项目名称： 建设单位：

监理单位： 施工单位：

检查项目	检查情况记录	备注
文明施工		
施工用电		
基坑（槽）支护		
三宝、四口防护		
脚手架		
模板支架		
起重设备		
卸料平台		
施工机具		
外吊篮		
其他		
检查人员	项目经理： 项目技术负责人： 安全员： 监理工程师： 其他人员： 检查日期： 年 月 日	
隐患整改复查情况	复查人员： 复查日期： 年 月 日	

（4）生产安全事故应急救援预案，见图 2-4。

（a）

（b）

图 2-4 应急救援演练

（a）实例 1；（b）实例 2

2.1.5 三级安全教育

三级安全教育是指公司、项目经理部、施工班组 3 个层次的安全教育。三级安全教育要有执行制度、培训计划，三级教育内容、时间及考核结果要有记录。

（1）公司教育内容：国家和地方有关安全生产的方针、政策、法规、标准、规范、规程及企业的安全规章制度等（每年培训不少于 24h）。

（2）项目经理部教育内容：工地安全制度、施工现场环境、工程施工特点及可能存在的不安全因素等（每年培训不少于 24h）。

（3）施工班组教育内容：本工种的安全操作规程、事故安全剖析、劳动纪律和岗位讲评等（每年培训不少于 16h，如发生重大安全事故，要及时组织安全教育活动）。

安全教育必须由企业统一教学大纲、统一培训内容、统一考试试卷、统一建立员工教育档案，见图 2-5、图 2-6。

图 2-5 三级教育

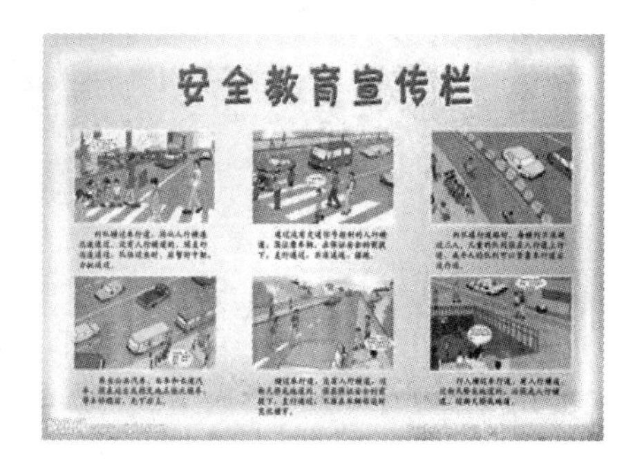

图 2-6 安全教育宣传栏

2.1.6 安全工作中的几组数字

安全工作中常遇到的几组口诀是：“三违”“三宝”“四口”“五临边”，其他如“十不要”等就不介绍了。

（1）“三违”是“违章指挥，违章操作，违反劳动纪律”的简称。

1）违章指挥。主要是指生产经营单位的生产经营者违反安全生产方针、政策、法律、条例、规程、制度和有关规定指挥生产的行为。违章指挥具体包括：不遵守安全生产规程、制度和安全技术措施或擅自变更安全工艺和操作程序；指挥者未经培训上岗，使用未经安全培训的劳动者或无专门资质认证的人员；指挥工人在安全防护设施或设备有缺陷、隐患未解决的条件下冒险作业；发现违章不制止等，见图 2-7。

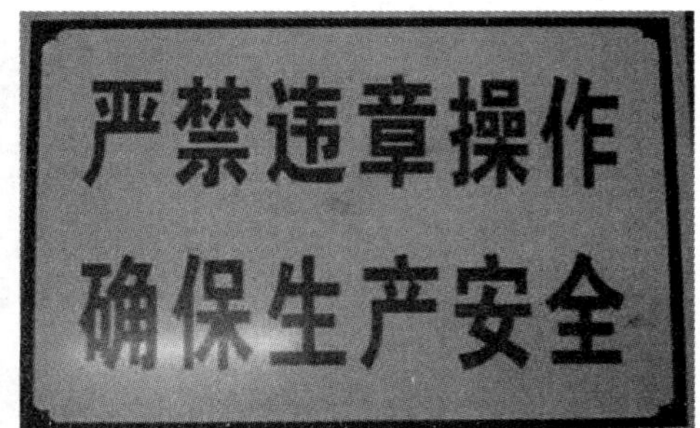

图 2-7 违章指挥

2）违章操作。主要是指现场操作工人违反劳动生产岗位的安全规章和制度，如安全生产责任制、安全操作规程、工人安全守则、安全用电规程、交接班制度等以及安全生产通知、决定等的作业行为。违章操作具体包括：不遵守施工现场的安全制度，进入施工现场不戴安全帽、高处作业不系安全带和不正确使用个人防护用品；擅自动用机械、电气设备或拆改、挪用设施和设备；随意攀爬脚手架和高空支架等，见图 2-8。

（*a*）

（*b*）

图 2-8 违章操作

（*a*）示意图；（*b*）实例

3）违反劳动纪律。主要是指工人违反生产经营单位的劳动规则和劳动秩序，即违反单位为形成和维持生产经营秩序、保证劳动合同得以履行，以及与劳动、工作紧密相关的其他过程中必须共同遵守的规则。违反劳动纪律具体包括：不履行劳动合同及违约承担的责任，不遵守考勤与休假纪律、生产与工作纪律、奖惩制度、其他纪律等。

（2）“三宝”是建筑工人安全防护的三件宝，即：安全帽、安全带、安全网，见图 2-9～图 2-11。

图 2-9 安全帽

图 2-10 安全带

图 2-11 安全网

(3)“四口”：预留洞口、楼梯口、安全通道口、施工电梯井口。

1) 预留洞口（小于 250mm 称为口，大于 250mm 称为洞）

① 边长或直径为 20～50cm 的预留洞口，可用钢筋混凝土板或固定盖板防护。

② 50～150cm 的预留洞口，可在浇捣混凝土前用板内钢筋贯穿洞径，不剪断网筋，构成防护网，网格以 15cm 为宜。

③ 150cm 以上的预留洞口，四周应设防护栏杆两道，护栏高度分别为 40cm 和 100cm，洞口下张设安全网，见图 2-12。

2) 楼梯口

① 凡楼梯均必须设置安全防护栏杆，并根据施工现场的具体情况张设安全网。

② 栏杆，可选用钢管工具式或型钢栏杆材料搭设，当楼梯跑边空间距离较大时，应张设安全网或设两道防护栏杆，其高度分别为 40cm 和 90cm，并牢固可靠，必要时可增挂密目网，见图 2-13。

3) 安全通道口

通道防护棚宽度应大于出入口宽度，长度应根据建筑物的高度设置，建筑物高度在 20m 以下时长度不应小于 3m，建筑物高度在 20m 以上时长度不应小于 5m，棚顶采用不

楼面预留洞口大于1.5m时，周围用双层钢管护栏，中间兜设安全网；小于1.5m的洞口也可采用木板严密封闭牢固

图 2-12 预留洞口

楼梯口采用ϕ48双层钢管防护，防护栏杆的水平杆及立杆刷红白相间的警示油漆，水平杆伸出外侧至少100mm

图 2-13 楼梯口

小于 5cm 厚的木板或强度相当的其他材料铺设。安全通道口上方须搭设双层防护棚。安全通道口在外脚手架两侧必须用栏杆、密目网严密封闭。栏杆要搭设在防护棚的保护范围之内，通道两侧和非出入口处必须封闭，见图 2-14。

施工现场的安全通道口上部搭设安全防护棚，在安全通道口设置宣传标语及警示标语；安全标示牌制作底板采用PVC板，面层采用户外贴膜

图 2-14 安全通道口

4）施工电梯井口

① 电梯井门洞安装 1800mm 高立式钢筋防护门，钢筋直径为 ϕ14～ϕ16，竖向钢筋间距不大于 160mm。

② 底部安装 200mm 高、1mm 厚钢板作挡脚板，刷间距为 400mm 红白相间的警示

油漆。

③ 钢筋防护门的四个角焊接 5mm 厚 150mm×150mm 钢板，用 ϕ8 膨胀螺栓与电梯井固定。

④ 电梯井井道内搭设满堂操作架，架体布局小于 1800mm，在作业层下一步距处挂设安全平网，作业层以下每隔 10m 设置硬质全封闭，每两层全封闭层中间设置 1 道安全平网。

图 2-15 施工电梯井口

在四口的边口均应铺设与地面平齐的盖板或设置可靠的挡板及警告标识，见图 2-15。

(4)“五临边”：框架工程楼层周边；楼梯、斜跑道两侧边；无外架防护的屋面及深基坑周边；未安装栏杆的阳台、平台周边；井架平台的外侧边等。

1) 楼层、屋面临边防护做法

① 楼层、屋面临边防护应符合现行行业标准《建筑施工高处作业安全技术规范》JGJ 80 的规定。

② 当临边、窗台或屋面女儿墙高度≤800mm，外侧高差大于 2m 时，需要搭设临边防护。

③ 楼层、屋面临边防护栏杆采用 ϕ48 钢管搭设，水平杆设置 3 道，立杆间距 1800mm，防护栏杆下部设置 200mm 高挡脚板。栏杆和挡脚板必须刷间距为 400mm 红白相间的警示油漆。控制所有水平杆伸出立杆外侧 100mm，见图 2-16。

图 2-16 楼层、屋面临边防护

④ 立杆与建筑物必须有牢固的连接。有结构柱处采用钢管抱箍方式拉结，其余部位采用冲击钻钻孔，打入 1ϕ18 钢筋，深度≥200mm、外露 150mm，与立杆焊接，并每隔 2 根立杆设置一斜拉杆，底部打入 1ϕ18 钢筋与拉杆焊接，深度≥80mm、外露 150mm。也可利用原有外架连墙杆预埋的短钢管与立杆用旋转扣件连接。

⑤ 作业层的防护栏杆高度不低于 1200mm；屋面层的防护栏杆高度不低于 1500mm，第一道离地 200mm，第二道离地 850mm。

2）楼梯临边防护做法

① 楼梯临边防护应符合现行行业标准《建筑施工高处作业安全技术规范》JGJ 80 的规定。

② 楼梯及休息平台临边采用 ϕ48 钢管搭设防护栏杆，水平杆 2 道（需要挂设安全网的位置设 3 道水平杆）。

③ 防护栏杆的水平杆、立杆必须刷间距为 400mm 红白相间的警示油漆，控制所有水平杆伸出立杆外侧 100mm。

④ 防护栏杆立杆固定方式：采用冲击钻钻孔，打入 1ϕ18 钢筋，深度≥200mm、外露 150mm，与立杆焊接。

⑤ 建筑物无裙楼的楼梯防护栏杆必须挂设安全网。

⑥ 楼梯间必须设置照明，采用 36V 低压供电，并设置灯罩。

⑦ 已浇筑成型的楼梯踏步的阳角，充分利用施工现场废旧的木胶合板进行保护。将木胶合板加工成角铁形状，两边（防护宽度）各宽 100mm，胶合板板面刷间距为 200mm 红白相间的警示油漆。保护设施与踏步间采用水泥钉进行固定，见图 2-17。

图 2-17 楼梯临边防护

3）基坑临边防护做法

当基础土方采用放坡开挖时，开挖深度超过 2m，须搭设基坑临边防护栏杆。基坑临边防护栏杆采用钢管搭设，设置 3 道水平杆，防护栏杆高度 1200mm，立杆间距 1800mm，防护栏杆下部设置 200mm 高挡脚板，防护栏杆的水平杆、立杆以及挡脚板必须刷间距 400mm 红白相间的警示油漆，见图 2-18。

4）阳台、平台临边防护做法

未安装栏板的阳台、料台及各种平台周边、雨篷和挑檐边都需要搭设临边防护，楼层临边防护栏杆采用 ϕ48 钢管搭设，水平杆设置 3 道，立杆间距 1800mm，防护栏杆下部设置 200mm 高挡脚板。栏杆和挡脚板必须刷间距为 400mm 红白相间的警示油漆。控制所有水平杆伸出立杆外侧 100mm，见图 2-19。

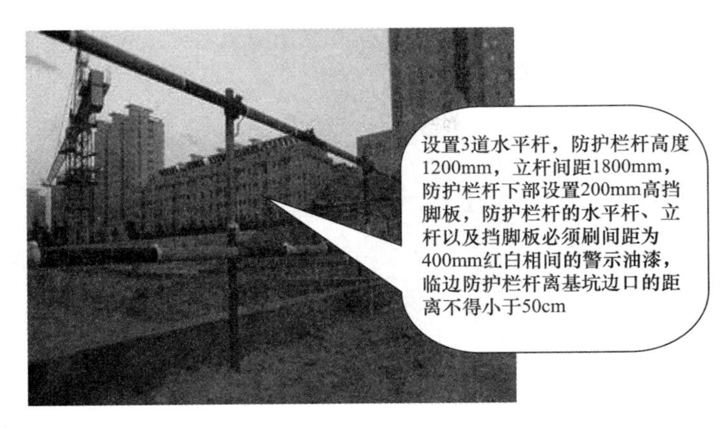

图 2-18 基坑临边防护

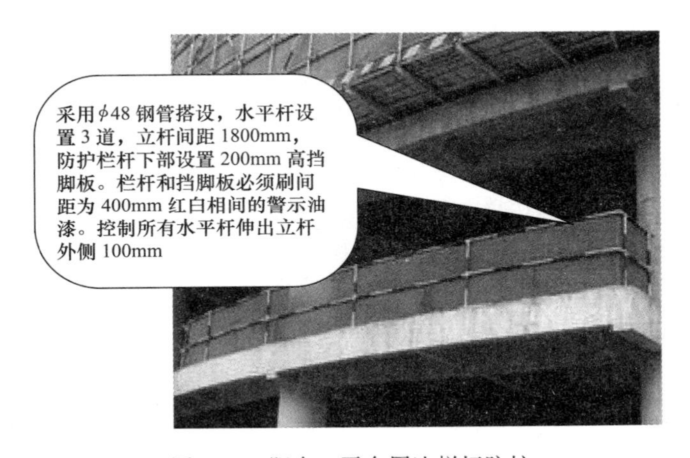

图 2-19 阳台、平台周边栏杆防护

5）井架防护做法

① 井架底面吊笼入口处需搭设安全通道。

② 井架必须严格按照施工方案要求搭设，架体与外架应完全分开。挡脚板和防护栏杆做法同楼层临边防护做法，均刷间距为 400mm 红白相间的警示油漆，立杆内侧满挂密目安全网。

③ 井架楼层卸料平台进出口处设置钢筋防护门，防护门靠楼层侧安装开关插销及限位器；防护门表面刷中铁蓝油漆，喷楼层标识，防护门外侧中间位置喷施工单位名称，见图 2-20。

2.1.7 安全管理重点工作

2.1.7.1 外脚手架管理规定

1. 管理规定

（1）建筑工程实行总承包的，外脚手架专项方案应当由总承包单位编制，附着脚手架等专业工程实行分包的，其专项方案可由专业分包队伍编制。

（2）架体搭设高度超过 50m 的双排落地外脚手架、高度超过 20m 的悬挑外脚手架及

图 2-20 井架临边防护

爬架、提升架等特种外脚手架由编制单位组织专家进行论证，论证完毕后，按专家意见修改完后报编制单位技术管理部门审核，技术负责人审核后，报总监理工程师审批签字。

(3) 搭设高度不足 50m 的双排落地外脚手架、高度不足 20m 的悬挑外脚手架由项目技术负责人初审，编制单位技术管理部门审核，编制单位技术负责人审批，然后报总监理工程师审批签字。

(4) 用于外脚手架搭设的材料、构配件，如钢管、扣件、安全网、脚手板、钢丝绳、型钢等必须按国家标准、规范送检，检验合格后方可使用。

(5) 外脚手架施工前，方案编制人员需向施工员进行交底，施工员需向施工队作业人员进行安全、技术交底；外脚手架搭设人员必须有相关资质且按施工方案施工，搭设完毕后，由技术人员、安全员、作业班组等进行验收，并保存相关记录，验收合格后方可使用。

(6) 外脚手架使用过程中，管理外脚手架的施工员对其使用情况进行日常检查，禁止随意改动外脚手架、拆除附属设置等不安全行为，如发现问题，立即处理。

(7) 外脚手架的拆除由具有资质的人员按照拆除方案实施。

2. 外脚手架搭设要求

(1) 立杆垂直度偏差不得大于架高的 1/200。立杆接头除在顶层可采用搭接外，其余接头必须采用对接扣件，立杆上的接头应交错布置，相邻两立杆的接头不应设在同步跨内、接头在高度方向上错开的距离不应小于 500mm，接头中心距主节点的距离不应大于步距的 1/3，同一步内不允许有两个接头。

(2) 脚手架底部必须设置纵、横向水平杆。纵向水平杆应用直角扣件固定在工字钢顶面不大于 200mm 处的立杆上，横向水平杆应用直角扣件固定在紧靠纵向水平杆下方的立杆上，见图 2-21、图 2-22。

(3) 小横杆两端应采用直角扣件固定在大横杆上，见图 2-23。

(4) 架子四周大横杆的纵向水平高差不得超过±50mm，同一排大横杆的水平偏差不得大于 1/300，一根杆的两端高差不得超过±20mm，见图 2-24。

脚手架地基与基础施工时，应根据脚手架所受荷载、搭设高度、搭设场地土质情况，进行规范搭设。位于土层上的基础采用方木，垫层高度应不小于 100mm；位于楼板上的基础，要先进行承载力验算，必要时要垫木胶合板，见图 2-25、图 2-26。

图 2-21　脚手架搭设

图 2-22　板下脚手架

图 2-23　横、纵杆接头连接

脚手板采用钢笆网搭接铺设，也可以采用竹笆铺设，纵向水平钢管置于横向水平钢管上，主节点纵向钢管增设1条纵向水平杆，钢笆网铺在纵向水平杆上，脚手板宽度应超出纵向水平杆40～60cm，脚手板铺设应严密、牢固、平稳，脚手板两端用钢丝固定绑牢，见图2-27。

相邻纵向水平杆的接头不应设置在同步或者同跨中，不同跨、不同步的接头错开距离应不小于500mm，各接头至最近的主节点距离不应大于纵距的1/3；立杆对接接头不应设置在同步内，同步内隔1根立杆的两个相邻接头在高度方向上错开的距离应不小于50mm，见图2-28。

图 2-24 矫正立杆垂直度

图 2-25 立杆底部垫板

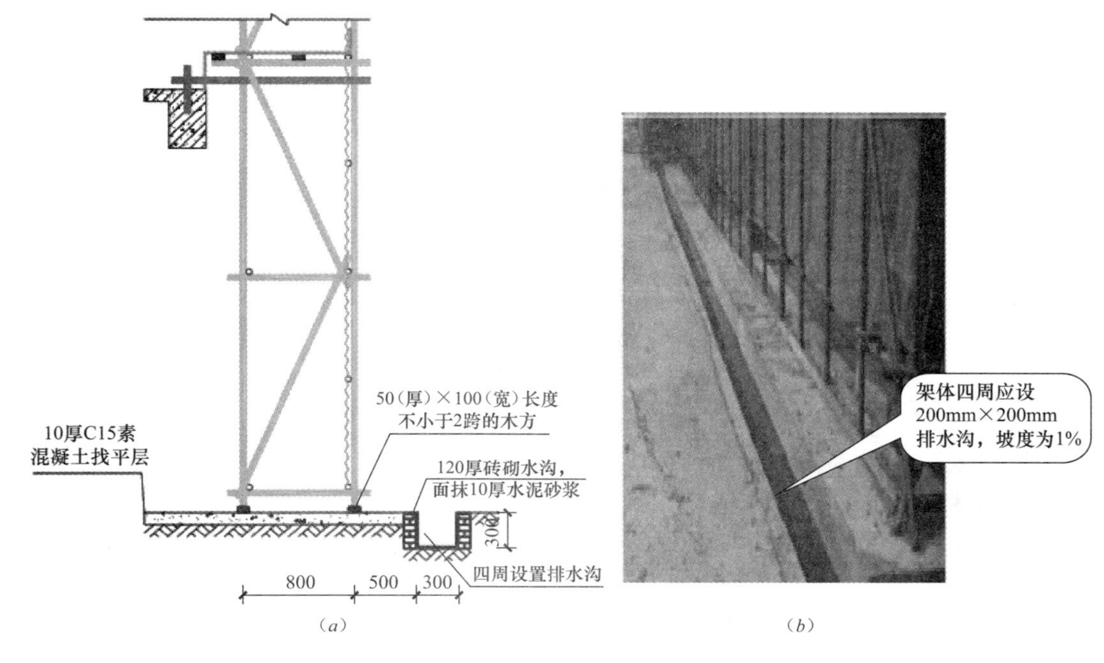

图 2-26 脚手架地基与基础施工

（a）结构示意图；（b）实物图

图 2-27 脚手板铺设
(a) 示意图；(b) 实物图

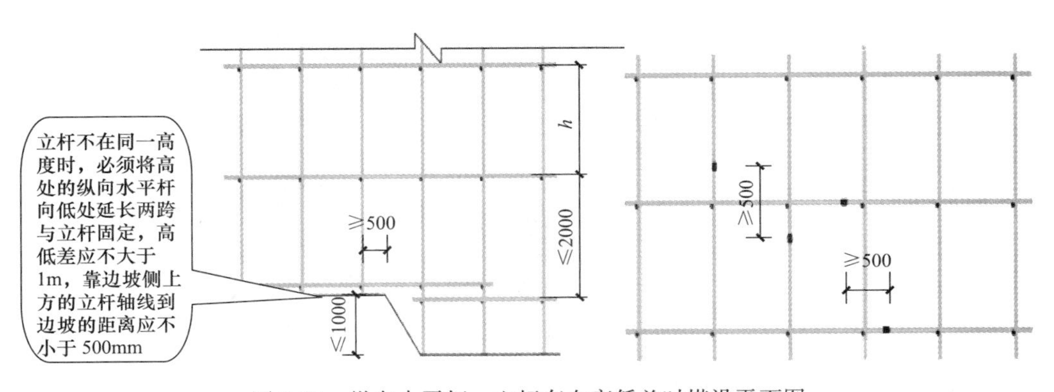

图 2-28 纵向水平杆、立杆存在高低差时搭设平面图

3. 连墙件

架体与建筑物之间必须采取刚性连接（图 2-29），24m 以上脚手架连墙件按表 2-2 的要求设置。

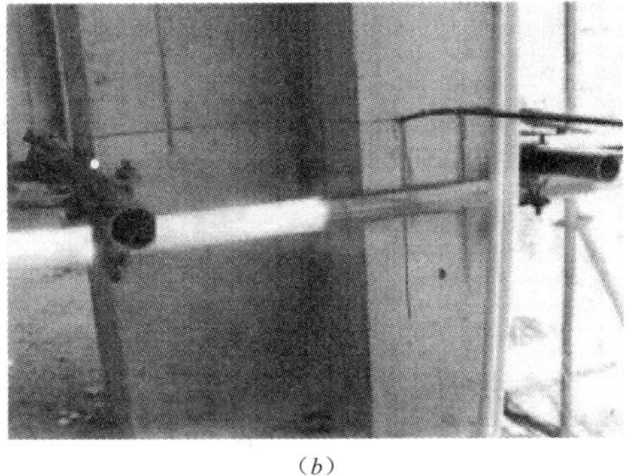

(a) (b)

图 2-29 刚性连墙件
(a) 实例 1；(b) 实例 2

连墙件设置参数 表 2-2

脚手架类型	脚手架高度（m）	竖向间距 h	水平间距 l_a	每根连墙件覆盖面积（m^2）
双排	≤50	$3h$	$3l_a$	≤40
	>50	$2h$	$3l_a$	≤27
单排	≤24	$3h$	$3l_a$	≤40

24m 以下的脚手架连墙件可以采取预埋钢筋焊接水平钢管的做法（图 2-30）。连墙件靠近主节点设置，偏离主节点距离不得大于 300mm，应从第一步纵向水平杆处开始布置，连墙件的垂直距离不应大于建筑物的层高，且不应大于 4m。连墙件应水平设置，当不能水平设置时，与脚手架连接的一端向下连接，不应采用向上连接。拆除连墙件时必须随脚手架逐层拆除，严禁多拆。方案计算时应有计算书（或专用专利产品连接件）。

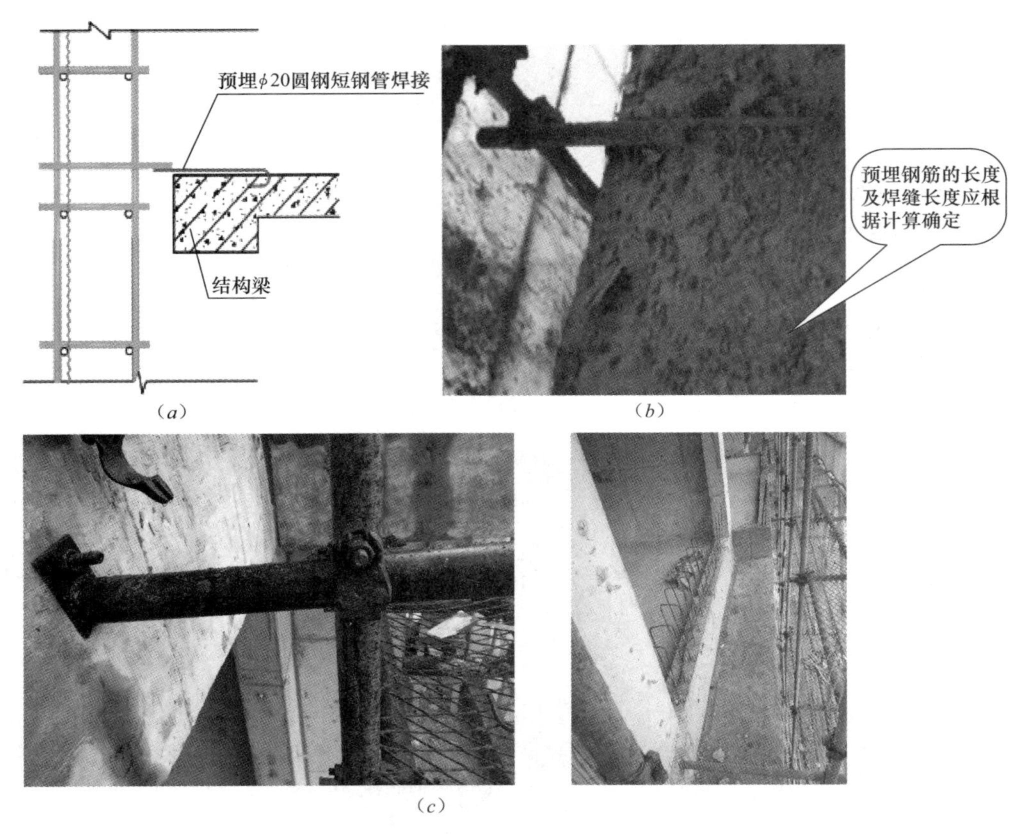

图 2-30 柔性连墙件
(a) 示意图；(b) 实物图；(c) 预埋螺杆示意图

高度大于等于 24m 的双排落地式外脚手架、挑架和爬架均必须沿长度方向设置连续剪刀撑。高度小于 24m 的双排落地式外脚手架两端分别自下而上设置剪刀撑 1 道，中间剪刀撑间距不应大于 15m，每道剪刀撑宽度不小于 4 跨、长度不小于 6m，成 45°～60°角，搭接长度不应小于 1m，采用 3 个旋转扣件均布固定，见图 2-31、图 2-32。

架体人行斜道：人行斜道每跑道宽度不得小于 1m；斜道两侧设置护栏及挡脚板，人行斜道应在脚手架外立柱设置，每 6m 高度设置两根连墙件，见图 2-33。

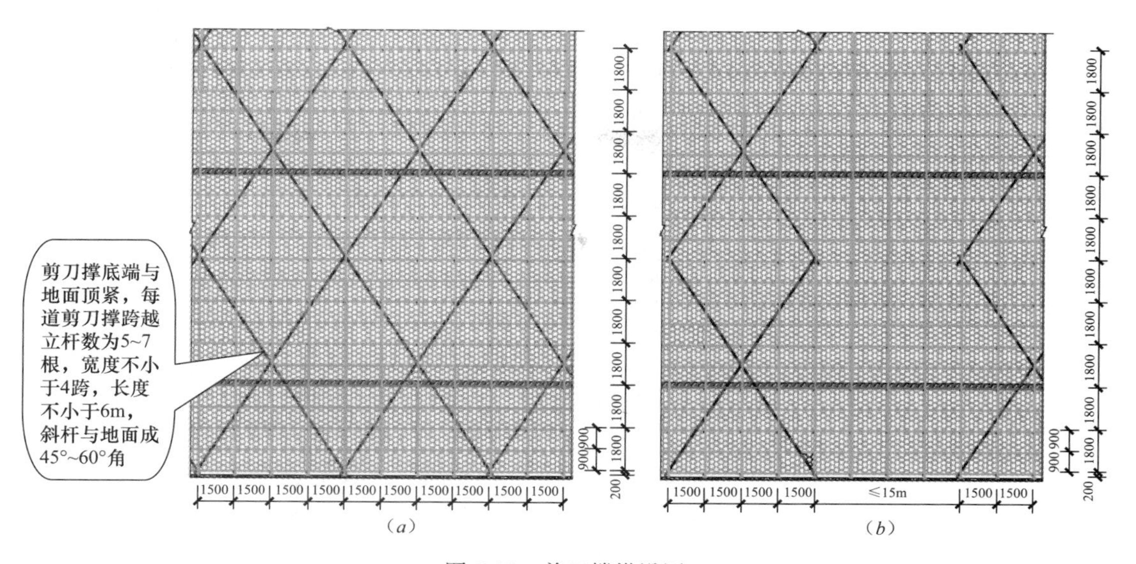

图 2-31 剪刀撑搭设图

（a）高度≥24m 双排落地式外脚手架、挑架、爬架剪刀撑搭设立面图；

（b）高度<24m 双排落地式外脚手架剪刀撑搭设立面图

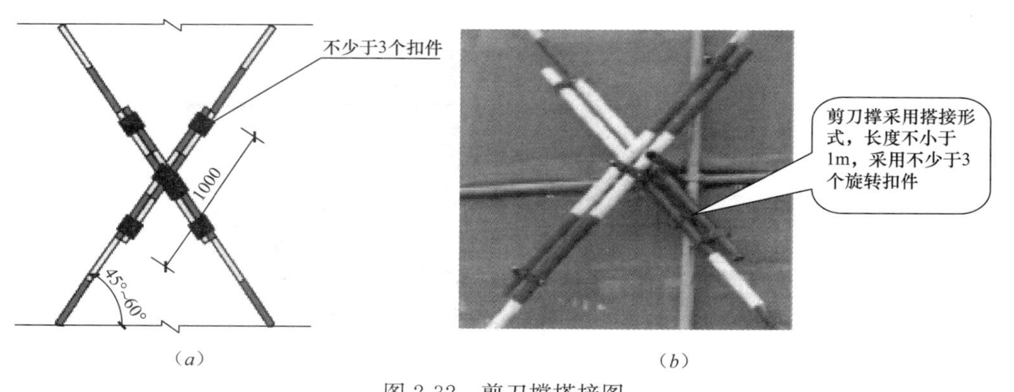

图 2-32 剪刀撑搭接图

（a）示意图；（b）实物图

（a） （b）

图 2-33 人行斜道

（a）近景图；（b）远景图

4. 拉结点

(1)“两步三跨”水平方向沿着脚手架长方向立杆之间的距离称为“跨”，脚手架上下的“层数”称为“步”。两步三跨是指连墙件的设置间距为竖向两“层”横向 3 个立杆间距。

(2) 外墙装饰阶段拉结点，也须满足上述要求，确因施工需要除去原拉结点时，必须重新补设可靠、有效的临时拉结点，以确保外脚手架安全可靠，见图 2-34～图 2-37。

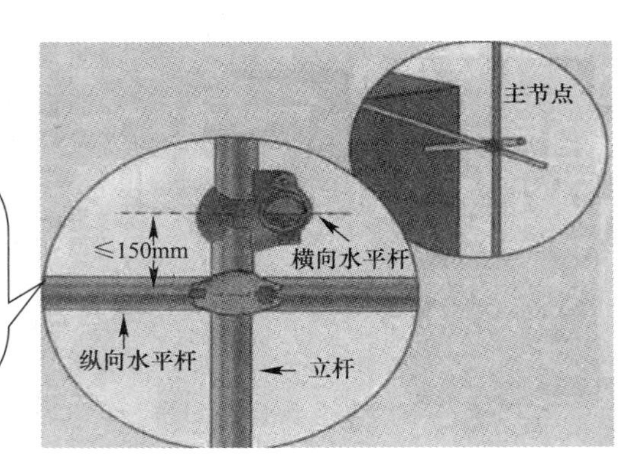

图 2-34　横、纵杆节点图

图 2-35　拉杆与主体结构连接

图 2-36　拉结点位置

5. 落地式脚手架和悬挑式脚手架共同控制要点

两种脚手架见图 2-38、图 2-39。

图 2-37 设置钢丝绳

图 2-38 落地式脚手架

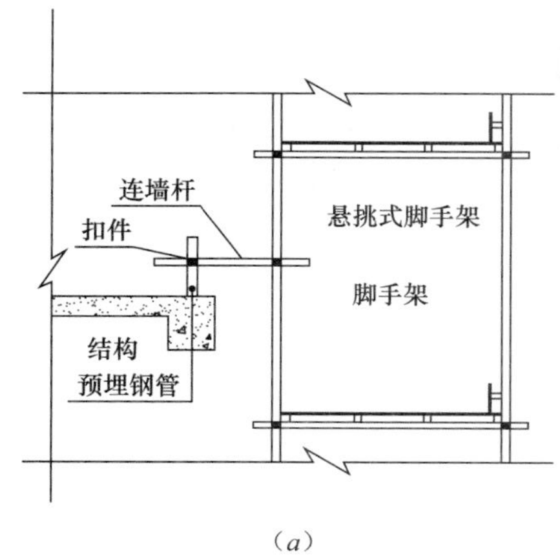

(a)

(b)

图 2-39 悬挑式脚手架
(a) 示意图；(b) 实物图

搭设方式与审批完善的专项方案一致；水平连墙件与斜撑；施工层层间防护；施工层内立杆和建筑物之间的封闭；施工临时通道牢固安全，见图 2-40～图 2-42。

外脚手架共同控制要点：大横杆、小横杆、剪刀撑；立杆间距；脚手架外侧密目式安全网；拉结点控制要素，见图 2-43～图 2-46。

卸料平台：安装位置及角度、受力绳保险绳的位置、周边防护完善；受力绳保险绳安装方式、钢丝绳与主体间的固定；限定荷载标牌。防护栏杆采用 ϕ48×3.5m 钢管，设置两道，并满布密目安全网。平台每侧设两根 6m×19m、ϕ20 的钢丝绳，每根钢丝绳设夹具不少于 3 个，钢丝绳与卸料平台钢管架接触处垫橡胶胶皮，以缓冲钢丝绳的拉力。钢丝绳通过梁上侧模对拉螺栓孔拉结，但两根钢丝绳不得拉结于同一个对拉螺栓孔，并且梁上预留的孔洞要能保证钢丝绳穿过，见图 2-47。

图 2-40 水平连墙件与斜撑

图 2-41 施工临时通道牢固安全

图 2-42 主体层间防护

图 2-43 横、纵杆脚手架搭设

图 2-44 安全网设置

图 2-45 拉结点设置

6. 基坑防护

基坑开挖深度大于 2m 时，必须搭设基坑临边防护栏杆，设置 3 道水平栏杆，立杆间距不大于 2m，立杆打入地面或者混凝土基础中大于 700mm（可以打入混凝土压顶梁中，预埋 ϕ18 钢筋，不小于 500mm，外露不小于 150mm，与立杆焊接），防护栏杆的水平杆、立杆及挡脚板必须刷黄黑色警示油漆，并满挂密目安全网，且基坑栏杆外设置排水沟，组织排水，见图 2-48。

图 2-46　立杆底部垫板实物图

图 2-47　卸料平台

图 2-48　基坑临边防护栏杆

桩孔挖掘前要认真研究地质资料，分析地质情况，对可能出现的流砂、流泥及有害气体等情况，应制定针对性的安全措施，见图 2-49、图 2-50。

2.1.7.2　施工临时用电

1. 配电箱

配电箱应采用绝缘材料制作，总配电柜、分配电柜箱体厚度不小于 1.5mm，开关箱箱体厚度不小于 1.2mm，所有箱体内贴电路接线图，箱内有分路标记、检查记录。配电箱、开关箱："三级漏电二级保护"、"一机一闸一漏一箱"、箱体关闭管理完善，见图 2-51、图 2-52。

图 2-49 桩孔内部设置楼梯

2. 配电箱、开关箱

箱体关闭管理完善；配电箱、开关箱应装设端正、牢固，移动式分配电箱、开关箱应装设在坚固的支架上。固定式分配电箱、开关箱的下底与地面的垂直距离应大于 1.3m，小于 1.5m；移动式分配电箱、开关箱的下底与地面的垂直距离宜大于 0.6m，小于 1.5m，见图 2-53。

3. 配电线路

地面敷设线路应妥善保护；架空线路应符合要求（配电箱、开关箱内的工作零线应通过接线端子板连接，并应与保护零线接线端子板分设；配电箱、开关箱内的连接线接头不得松动，不得有外露带电部分；配电箱、开关箱中导线的进线口和出线口应设在箱体下底面，

图 2-50 空气净化器

图 2-51 总配电箱

严禁设在箱体的上顶面、侧面、后面或箱门处；配电箱和开关箱的金属体、金属电器安装板以及箱内电器不应带电，金属底座、外壳等必须保护接零。保护零线应通过接线端子板连接），见图 2-54、图 2-55。

图 2-52 分配电箱

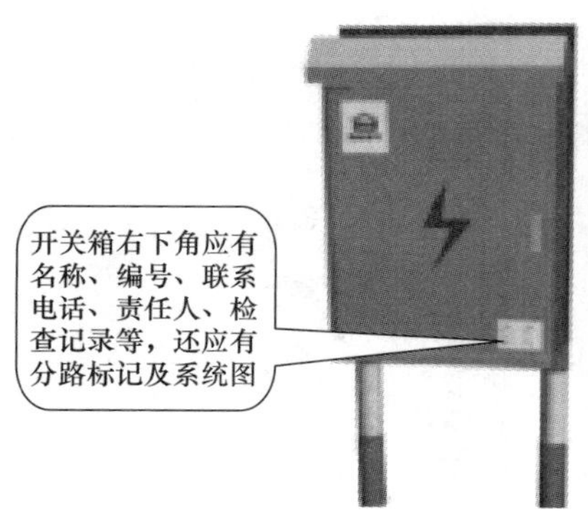

图 2-53 配电箱接线保护

(*a*)

(*b*)

图 2-54 地面敷设线路保护

(*a*) 实例 1；(*b*) 实例 2

4. 施工电梯

楼层出入口防护门关闭完好、通道口搭设符合要求、有联络信号、架体与建筑物附着符合要求、有安拆方案、有职能部门的验收合格证，见图 2-56。

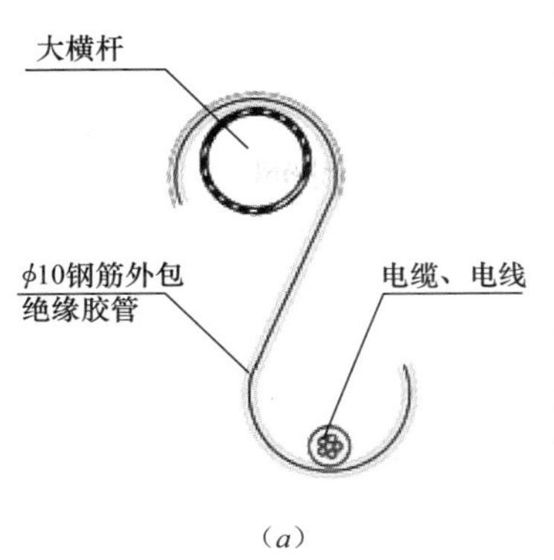

(a)

(b)

图 2-55 电线架空布置
(a) 示意图；(b) 实物图

(a)

(b)

图 2-56 施工电梯防护门
(a) 近景图；(b) 远景图

施工电梯：架体与建筑物附着符合要求。架体必须在附着支承部位沿全高设置定型加强的竖向主框架，竖向主框架应采用焊接或螺栓连接的片式框架或格构式结构，并能与水平梁架和架体构架整体作用，且不得使用钢管扣件或碗扣架等脚手架杆件组装。架体水平梁架应满足承载和与其余架体构架整体作用的要求，采用焊接或螺栓连接的定型桁架梁式结构，见图 2-57。

5. 塔式起重机

塔式起重机的装拆必须由取得建设行政主管部门颁发的装拆资质证书的专业队进行，并有技术和安全人员在场监护。塔式起重机装拆前，应由专业施工单位编制施工方案，经由专业施工单位技术负责人审批后，报各单位审批，作为安拆作业技术方案，并向全体作业人员交底。塔式起重机操作人员必须持证上岗。吊装作业时，必须有指挥，指挥人员亦应持证上岗。

塔式起重机基础设计必须符合现行行业标准《塔式起重机混凝土基础工程技术标准》JGJ/T 187 的规定。有硬化的混凝土基础，在其上埋设地锚，根据立塔旋转方向、塔身总高度等情况，决定地锚的位置。地锚分主地锚和辅助地锚。主地锚是塔身立起的关键，旋转

(*a*)

(*b*)

图 2-57 架体与建筑物连接

(*a*) 实例 1；(*b*) 实例 2

图 2-58 塔式起重机扶墙操作平台

搬起塔身的全部荷载由主地锚承担，而且在拆塔式起重机时，仍需要使用地锚，所以必须认真埋设，使其达到要求的承载力，并做好防腐处理；有安拆方案、有职能部门验收手续、塔基无积水、基础螺栓有保护、塔身有防护网，见图 2-58～图 2-60。

塔式起重机：塔基无积水（钢筋混凝土基础最为合适，在地耐力较高的地基上，这种混凝土基础板块尺寸可取为 200cm×200cm×50cm，板块的顶部和底部均应双向配筋。如塔式起重机必须安装在深基坑近旁，则应采用钻孔灌注桩承台基础，以保证塔式起重机基础的坚固和稳定，并要采取措施，防止基坑边

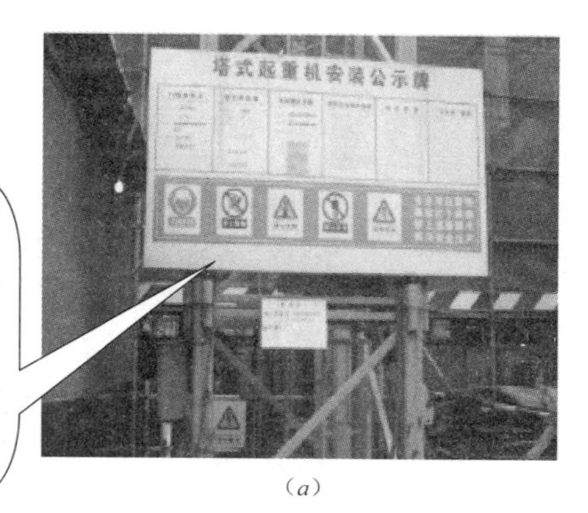

(*a*)

塔式起重机“十不准吊”

一、超负荷不吊。
二、歪拉斜吊不吊。
三、指挥信号不明不吊。
四、安全装置失灵不吊。
五、重物越过人头不吊。
六、光线阴暗看不清吊物不吊。
七、埋在地下的物件不吊。
八、吊物上站人不吊。
九、捆绑不牢不稳不吊。
十、重物边缘锋利无防护措施不吊。

塔式起重机“十不准吊”原则

(*b*)

图 2-59 塔式起重机验收牌

(*a*) 安装公示牌；(*b*) 十不准吊

坡塌方)；基础螺栓有保护（检查各连接处的螺栓，如有松动和脱落应及时紧固和增补），见图 2-61。

(a)

(b)

图 2-60 检查螺栓
(a) 实例 1；(b) 实例 2

(a)

(b)

图 2-61 螺栓保护
(a) 远景图；(b) 近景图

塔式起重机应按使用说明书要求附着，其独立高度、附着间距及自由端高度均应符合使用说明书的规定，附着装置处建筑物必须符合受力要求，如达不到，可以配置钢筋，提高混凝土强度等级。

6. 施工机具规定

（1）施工机具必须符合现行行业标准《建筑机械使用安全技术规程》JGJ 33 和《施工现场机械设备检查技术规范》JGJ 160 的要求。

（2）施工机具操作人员应相对固定，上岗前应进行操作培训和安全技术交底；实行持证上岗，作业前应佩戴好个人防护用品；操作人员应先检查机械，正常运转后才能使用。

（3）操作人员作业过程中，应集中精力操作，注意机械工况，不得擅自离开岗位或者将机械交给其他无证人员操作。

（4）机械上的各种安全防护装置及指示、仪表等装置完好齐全，有缺损的应及时修复，未安装安全装置或安全装置已失效的机械不得使用，见图 2-62。

(a)

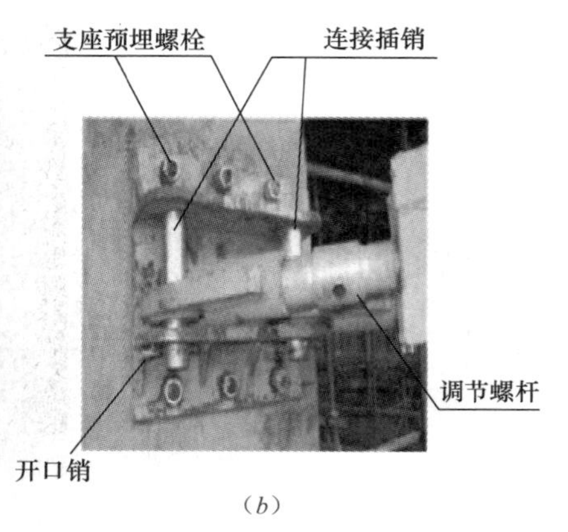

(b)

图 2-62 附着装置

(a) 实例 1；(b) 实例 2

(5) 电动机械使用时保护零线应单独设置，并应安装漏电装置。

7. 电焊机注意事项

(1) 焊接前的准备

1) 电焊机应放在通风干燥处，放置应平稳。

2) 焊接面罩应无漏光、破损。焊接人员和辅助人员均应穿戴好劳动保护用品。

3) 电焊机、焊钳、电源线以及各接头部位要连接可靠、绝缘良好。不允许接线处发生过热现象，电源接线端头不得外露，应用电胶布包好。

4) 电焊机与焊钳间导线长度不得超过 30m，特殊情况不得超过 50m，导线有受潮、断股现象应立即更换。

5) 电焊线通过道路时，必须架高或穿入防护管内埋入地下，如通过轨道时必须从轨道下面通过。

6) 交流焊机初级、次级接线应准确无误，输入电流应符合设备要求。严禁接触初级线路带电部分。

7) 次级抽头联结铜板必须压紧，接线柱应有线圈。合闸前详细检查接点螺栓及其他元件有无松动或损坏。

(2) 焊接中注意事项

1) 应根据工作的技术条件，选择合理的焊接工艺，不允许超负载使用，不准采用大电流施焊，不准用电焊机进行金属切割作业。

2) 在载荷施焊中焊机温升不应超过 A 级 60℃、B 级 80℃，否则应停机降温后再进行施焊。

3) 电焊机工作场合应保持干燥，通风良好。移动电焊机时，应切断电源，不得用拖拉电源的方法移动电焊机。如焊接中突然停电，应切断电源。

4) 在焊接中，不允许调节电流。必须在停焊时，使用调节手柄调节，不得过快、过猛，以免损坏调节器。

5) 禁止在起重机运行工件下面做焊接作业。

6) 如在有起重机钢丝绳的区域内施焊时，应注意不得使焊机地线误碰触到吊运的钢丝绳，以免发生火花导致事故。

7）必须在潮湿区域施工时，焊工必须站在绝缘的木板上工作，不准触摸焊机导线，不准用臂夹持带电焊钳。

（3）焊接完后注意事项

1）完成焊接作业后，应立即切断电源，关闭电焊机开关，分别清理归整好焊钳电源和地线，以免合闸时造成短路。

2）焊接时如发现自动停电装置失效，应立即停机断电检修。

3）清除焊缝焊渣时，要戴上眼镜。注意头部避开焊渣飞溅的方向，以免造成伤害。不能对着在场人员敲打焊渣。

4）露天作业完成后应将电焊机遮盖好，以免雨淋。

5）不进行焊接时（移动、修理、调整、工作间歇休息）应切断电源以免发生事故。

6）每月检查一次电焊机是否接地可靠。

8. 电焊机辅助器具

包括防止操作人员被焊接电弧或其他焊接能源产生的紫外线、红外线或其他射线伤害眼睛的气焊眼镜，电弧焊时保护焊工眼睛、面部和颈部的面罩、工作服、焊工手套和护脚等，见图 2-63、图 2-64。

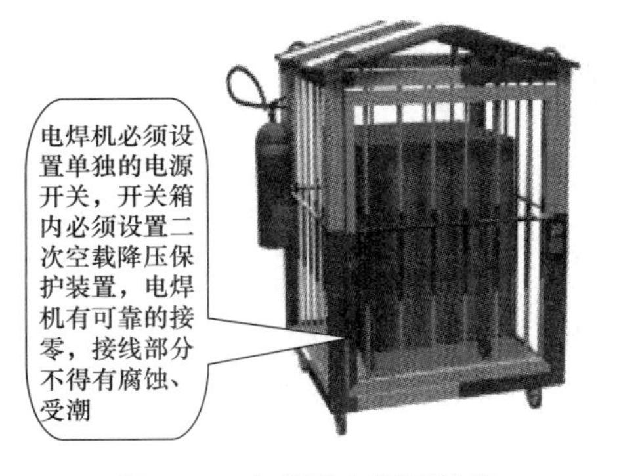

图 2-63　电焊机电源开关箱

图 2-64　护面罩

钢筋调直机操作时，应把钢筋卡紧，防止脱扣，机械应设铁板进行防护。机械开动时，人员应远离机械，避免钢筋弹出伤人，见图 2-65。

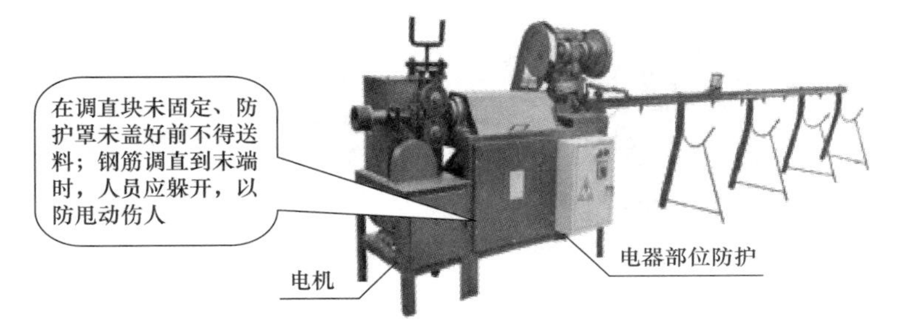

图 2-65　钢筋调直机

钢筋弯曲机室外作业应设置防护棚，机旁设置堆放原料、半成品的场地；机械的安装应坚实、牢固，工作台保持水平。在弯曲钢筋时作业半径内和机身不设固定销的一侧严禁站人，弯曲好的钢筋应分类摆放，弯钩向下，见图 2-66。

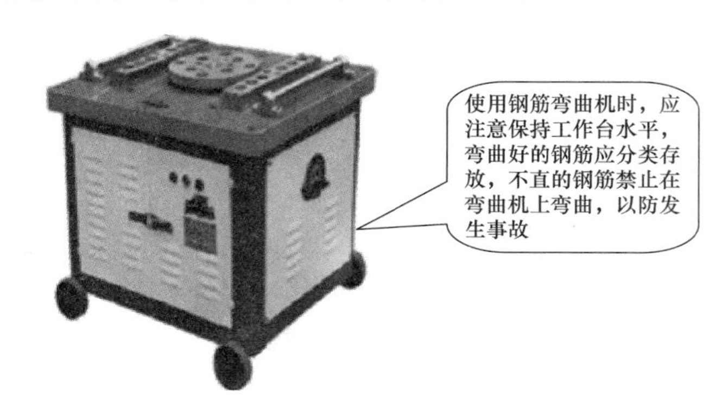

图 2-66　钢筋弯曲机

2.2 施工现场文明施工管理

（1）文明施工是施工管理的重要组成部分；
（2）文明施工是施工现场综合管理水平的体现；
（3）文明施工是考核施工现场管理工作的主要内容；
（4）文明施工是安全生产的保证；
（5）施工现场是企业的窗口。

2.2.1 施工现场围墙及大门设置要求

市区主要路段工地周围围挡应高于 2.5m、一般路段工地周围围挡应高于 1.8m；围挡材料应选用砌体、金属板材等硬质材料，禁止使用彩条布、竹笆、安全网等易变形材料，做到坚固、平稳、整洁、美观；围挡必须沿工地四周连续设置，不能有缺口或个别不坚固等问题，见图 2-67。

图 2-67　施工围挡设置

施工现场进出口应有大门，门扇应做成密闭不透式。工地大门高度与围挡相适应，宽度一般不小于 6m，门头设置企业标志。出入口处设门卫室，宜采用不锈钢岗亭，值班人员必须穿统一制服，建立值班制度、来访人员登记制度、交接班制度、车辆出入制度，应有专职门卫人员及门卫管理制度，切实起到门卫作用；为加强对出入现场人员的管理，规定进出施工现场的人员都要佩戴工作卡以示证明，工作卡应佩戴整齐，见图 2-68。

图 2-68　工地大门及保安亭设置

2.2.2　施工现场工程标牌（九牌二图）

施工现场工地大门左右侧的外墙上设置醒目的施工标牌，包括“九牌二图”，即工程概况牌、现场出入制度牌、管理人员名单及监督电话牌、安全生产牌、消防保卫牌、文明施工牌、环境保卫牌、建筑节能信息公示牌、劳务纠纷处理程序牌和现场平面布置图、建筑效果图，见图 2-69。

图 2-69　施工现场工程标牌（九牌二图）

2.2.3　施工场地

工地的道路、材料堆放场地及出入口要进行全硬化处理，并满足车辆行驶要求；工地出入口必须设置车辆冲洗设施及沉砂井、排水沟；场内平整干净，沟池成网，排水畅通，集中清淤，无积水，污水不得外溢场内、场外；施工现场应该禁止吸烟以防发生危险，应该按照工程情况设置固定的吸烟室或吸烟处，吸烟室应远离危险区并设必要的灭火器材，工地应尽量做到绿化，见图 2-70～图 2-73。

项目应设置混凝土标准养护室（简称“标养室”），并有专人管理，混凝土标养室要求保温隔热，根据工程规模大小确定其面积，但不小于 5m²。标养室须配备恒温智能控制仪、温度计和湿度计，确保温度恒定在 20±2℃、相对湿度为 95%RH 以上，见图 2-74。

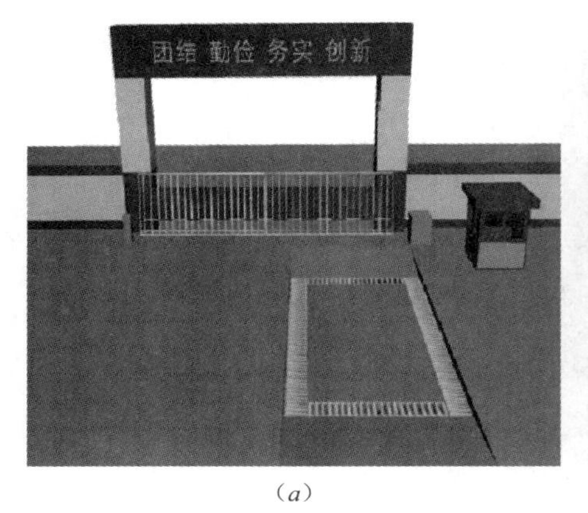

（*a*）

（*b*）

图 2-70 洗车槽

（*a*）三维效果图；（*b*）实物图

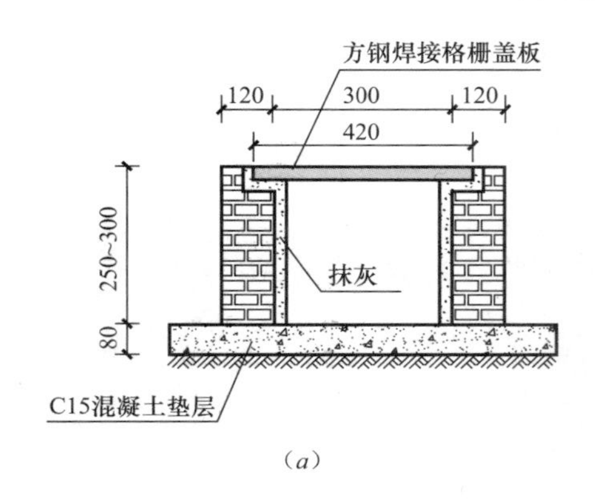

（*a*）

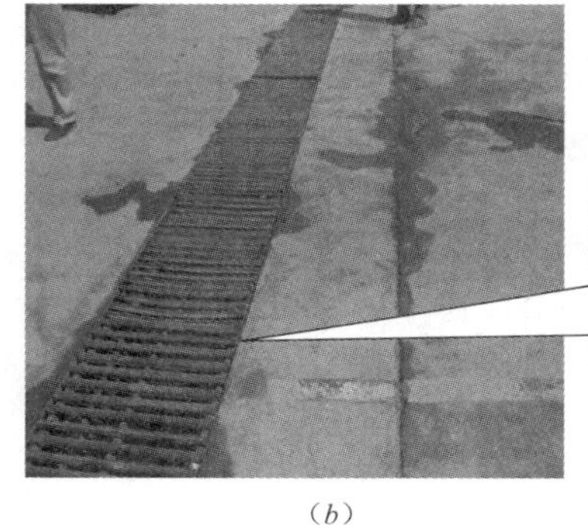

（*b*）

图 2-71 排水沟平面图

（*a*）示意图；（*b*）实物图

图 2-72 路面硬化及绿化

图 2-73 茶水亭及吸烟亭

图 2-74 混凝土标养室

为加强企业对建筑工地的监管，规范施工现场作业行为，促进文明施工，提高安全管理水平，建筑施工现场应建立视频监控系统，还能起到安保、防火防盗作用，视频监控系统应由专用厂家设计、安装、维护。现场管理人员要制定巡查制度，加强对设备的管理，见图 2-75。

(*a*)

(*b*)

图 2-75 视频监控

(*a*) 视频监控器；(*b*) 终端显示器

2.2.4 办公区、生活区标准

施工作业区与办公区、生活区分隔设置。暂设工程井然有序，室内净空高度不低于2.5m，符合安全、卫生、通风、采光、防火等要求。暂设工程（办公室、宿舍）采用砖砌墙体或活动板房，见图2-76。

（*a*）

（*b*）

图2-76 办公区环境

（*a*）办公楼；（*b*）办公区全景

生活区管理——宿舍：现场生活区域内设置集体宿舍时，应具备良好的防潮、通风、采光、降温等性能，并与作业区、办公区隔离。每间屋内居住人数不超过10人，实行单人床或上下铺。按安全用电要求统一架设用电线路，严禁任意拉线接电，严禁使用电炉和明火烧煮食物，见图2-77。

（*a*）

（*b*）

图2-77 生活区标准

（*a*）室外；（*b*）室内

食堂必须申领卫生许可证，并应符合卫生标准，生熟食操作应分开，熟食操作时应有防蝇间或防蝇罩。禁止使用非食用塑料制品作熟食容器，炊事员需持有效的健康证明上岗。食堂建筑、食堂卫生必须符合有关卫生要求。如炊事员必须有卫生防疫部门颁发的体检合格证、生熟食应分别存放、食堂炊事人员穿白色工作服、食堂卫生定期检查等。食堂应在明显处张挂卫生责任制并落实到人，见图 2-78。

（a）

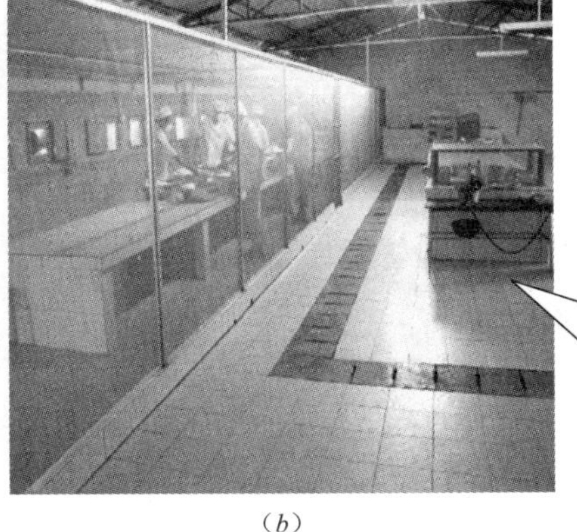

（b）

图 2-78　食堂

（a）就餐区；（b）厨房

生活区应设置洗涤台和开水桶。施工现场作业人员应能喝到符合卫生要求的白开水，有固定的盛水容器并有专人管理；施工现场应按作业人员的数量设置足够使用的淋浴设施，淋浴室在寒冷季节应有暖气、热水，淋浴室应有管理制度并有专人管理，见图 2-79～图 2-81。

（a）

（b）

图 2-79　洗漱台

（a）抹灰面洗漱台；（b）瓷砖面洗漱台

施工现场应设置卫生间，并有水源供冲洗，同时设简易化粪池或集粪池，加盖并定期喷药，每日有专人负责清洁，生活区应设置垃圾桶、晒衣架和医务室，见图 2-82～图 2-85。

2.2.5　材料堆放

1. 一般要求

（1）建筑材料的堆放应当根据用量大小、使用时间长短、供应与运输情况确定，用量大、使用时间长、供应运输方便的，应当分期分批进场，以减少堆场和仓库面积；

（2）施工现场各种工具、构件、材料的堆放必须按照总平面图规定的位置放置；

（*a*）

（*b*）

图 2-80　生活区的洗涤台及开水桶

（*a*）洗涤台；（*b*）开水桶

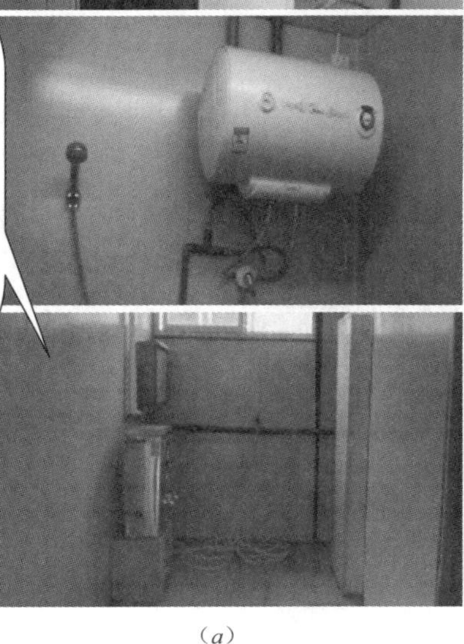

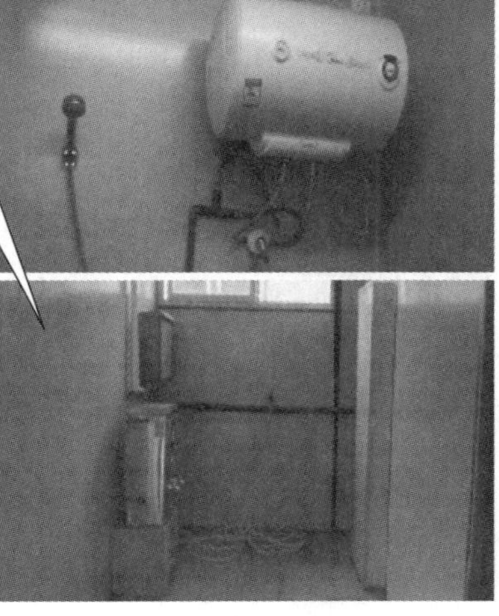

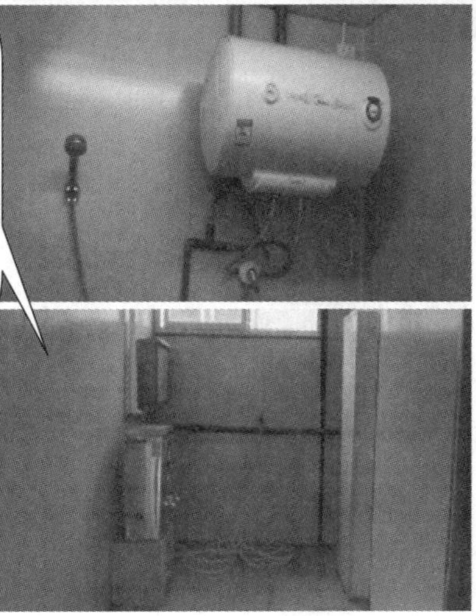

（*a*）

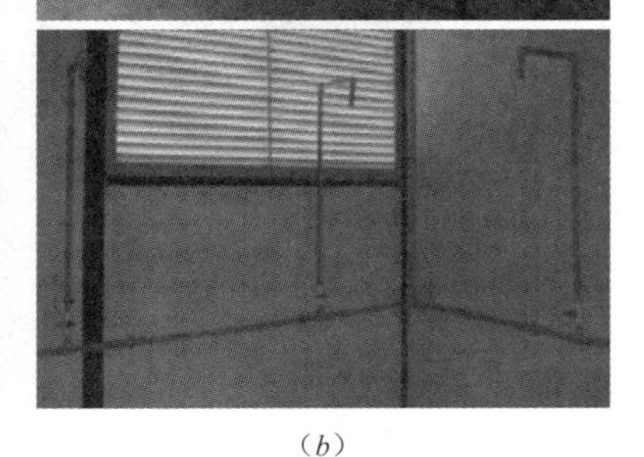

（*b*）

图 2-81　管理人员与劳务人员淋浴间

（*a*）管理人员淋浴间；（*b*）劳务人员淋浴间

（3）位置选择应适当，便于运输和装卸，应减少二次搬运；

（4）地势较高、坚实、平坦，回填土应分层夯实，要有排水措施，符合安全、防火的要求；

（5）应当按照品种、规格堆放，并设明显标牌，标明名称、规格和产地等；

(a)

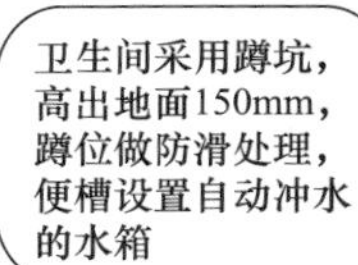

(b)

图 2-82　生活区冲洗的卫生间

(a) 管理人员卫生间实景图；(b) 劳务人员卫生间实景图

图 2-83　生活区垃圾桶

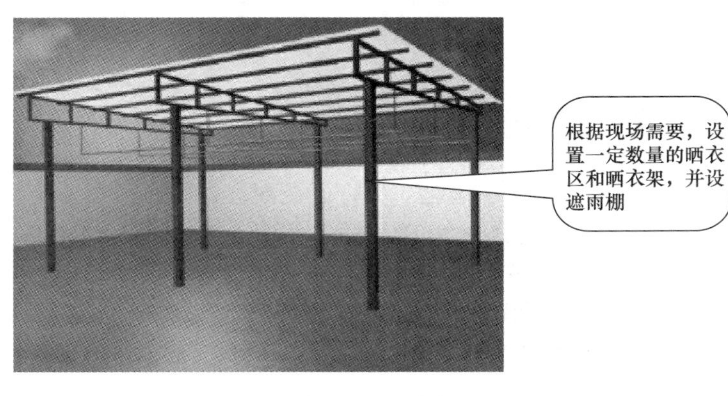

图 2-84　晒衣架

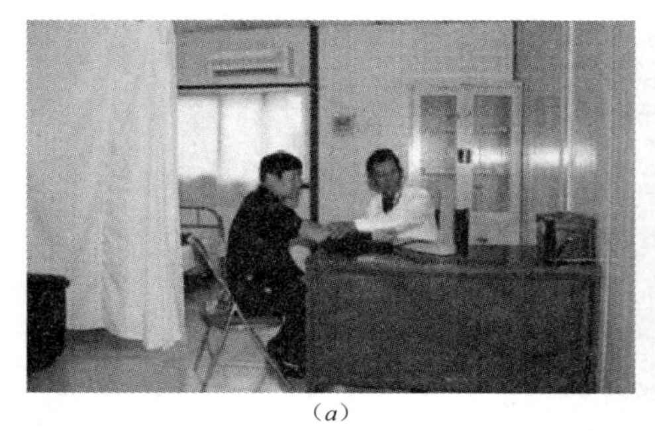

(*a*)

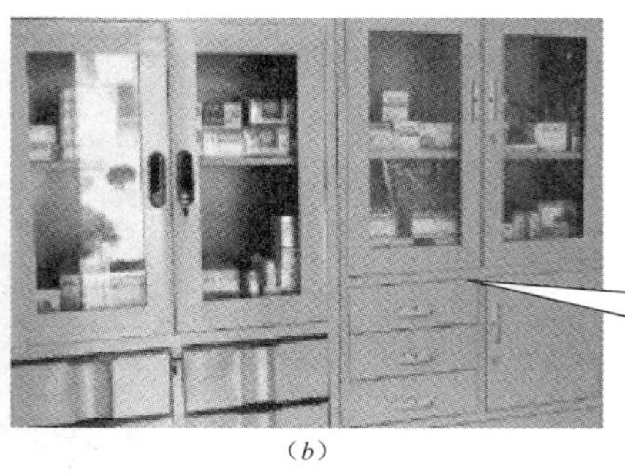

(*b*)

图 2-85 医务室

(*a*) 就医实景；(*b*) 药柜

图 2-86 钢筋堆放

(6) 各种材料物品必须堆放整齐。现场内各种材料应按照施工平面图统一布置，分类码放整齐，材料标识要清晰准确。易燃易爆物品不能混放，除现场有集中存放处外，班组使用的零散的易燃易爆物品，必须按有关规定存放；材料的存放场地应平整夯实，有排水措施，见图 2-86～图 2-92。

2. 主要材料半成品的堆放

(1) 大型工具，应当一头见齐；

(*a*)

(*b*)

图 2-87 半成品堆放

(*a*) 实例 1；(*b*) 实例 2

(2) 钢筋应当堆放整齐，用方木垫起，不宜放在潮湿处和暴露在外受雨水冲淋；

(3) 砖应码成方垛，不准超高并距沟槽坑边不小于 0.5m，防止坍塌；

(4) 砂应堆成方，石子应当按不同粒径规格分别堆成方；

(5) 各种模板应当按规格分类堆放整齐，地面应平整坚实，叠放高度一般不宜超高 1.5m；大模板存放应放在经专门设计的存架上，应当采用两块大模板面对面存放，当存放在施工楼层上时，应当满足自稳角度并有可靠的防倾倒措施；

(a)

(b)

图 2-88 钢管堆放

(a) 实例 1；(b) 实例 2

(a)

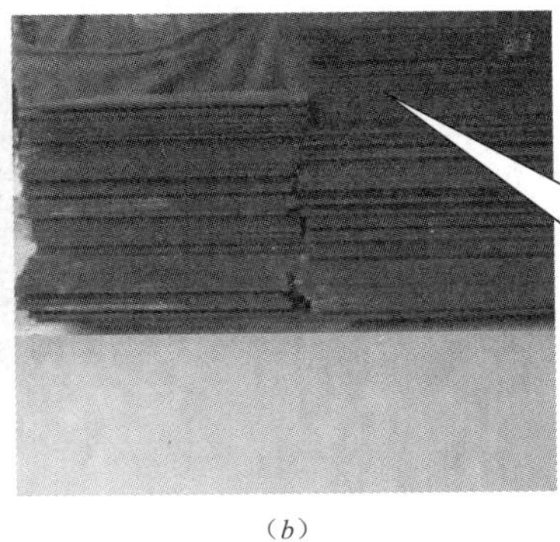

(b)

图 2-89 模板堆放

(a) 木方堆放；(b) 夹板堆放

图 2-90 水泥堆放

(6) 混凝土构件堆放场地应坚实、平整，按规格、型号堆放，垫木位置要正确，多层构件的垫木要上下对齐，垛位不准超高；混凝土墙板宜设插放架，插放架要焊接或绑扎牢固，防止倒塌，见图 2-93；

图 2-91　砂子堆放

图 2-92　石子堆放

(*a*)

(*b*)

图 2-93　砖砌块堆放

(*a*) 限高堆放；(*b*) 场地硬化堆放

图 2-94　室内材料库房

（7）室内材料库房（各种材料、构件堆放必须按品种、分规格存放）见图 2-94；

（8）周转材料堆码（模板及脚手架分类存放，堆放整齐，用方木垫起）见图 2-95；

（9）扣件集中收集清理，废弃钢筋头集中堆放（清理的材料不得长期堆放在楼层内，应及时运走，施工现场的垃圾应分类集中堆放），见图 2-96。

（a）

（b）

图 2-95 周转材料分类存放

（a）钢管；（b）碗扣架

图 2-96 现场废弃材料集中存放

2.2.6 清理场地

工完场清，每道工序做到“落手清”，建筑垃圾集中堆放，及时清运，最多不超过 3 天。材料和工具及时回收、维修、保养、利用、归库，做到工完、料净、场地清，见图 2-97。

图 2-97 施工后的场地清理

2.2.7 消防制度

施工现场必须制定消防制度，建立健全消防管理网络，明确各区域消防责任人，按照不同作业条件，合理配备灭火器材。如电气设备附近应设置干粉类不导电的灭火器材；对于设置的泡沫灭火器应有换药日期和防晒措施。灭火器材设置的位置和数量等均应符合有关消防规定。

消防器材配置原则。

（1）在施建筑物：施工层建筑物面积 500m^2 以内，配置泡沫干粉灭火器不少于 2 个，每增加 500m^2，增配泡沫干粉灭火器 1 个。非施工层应当根据实际情况配置。

（2）材料仓库：面积 50m^2 以内，配置泡沫干粉灭火器不少于 1 个，每增加 50m^2 增配泡沫干粉灭火器不少于 1 个（如材料仓库存放可燃材料较多，更应相应增加灭火器数量）。

（3）办公室、水泥仓库：面积在 100m^2 以内，配置泡沫干粉灭火器不少于 1 个，每增加 50m^2 增配泡沫干粉灭火器不少于 1 个。

（4）木制作场：面积在 50m^2 以内，配置泡沫干粉灭火器不少于 2 个，每增加 50m^2 增配泡沫干粉灭火器 1 个。

（5）电工房、配电房、电机房：配备灭火器不少于 1 个。

（6）油料仓库：面积在 50m^2 以内，配置泡沫干粉灭火器不少于 2 个，每增加 50m^2 增配泡沫干粉灭火器不少于 1 个。

（7）可燃物品堆放场：面积在 50m^2 以内，配置泡沫干粉灭火器不少于 2 个。

（8）垂直运输设备（包括电梯、塔式起重机）机驾室：配置泡沫干粉灭火器不少于1 个。

（9）临时易燃易爆物品仓库：面积在 50m^2 以内，配置泡沫干粉灭火器不少于 2 个。

（10）值班室：配备泡沫灭火器 1 个、灭火器 1 个及一条直径 65cm 长度 25m 的消防带。

（11）集体宿舍：每 25m^2 配备灭火器 1 个，如占地面积超过 1000m^2，应按每 500m^2 设立 1 个 2m^3 的消防水池。

（12）厨房：面积在 100m^2 以内，配置泡沫干粉灭火器 3 个，每增加 50m^2 增配泡沫干粉灭火器 1 个。

（13）临时动火作业场所：配置泡沫干粉灭火器不少于 1 个和其他辅助消防器材，见图 2-98。

(*a*)

(*b*)

图 2-98 现场消防器材

(*a*) 实例 1；(*b*) 实例 2

由于施工现场存在部分易燃材料，包括地下室施工、主体施工和装修阶段，目前市场上部分安全网也不能达到阻燃要求，有挤塑板、部分冷却塔外壳材料、木模板、方木、装修包装纸、塑料薄膜、冬期施工用于覆盖混凝土的毛毯等容易引起火灾的材料，主体钢筋电渣压力焊产生的铁水容易跌落到外架上，所以，项目部动用明火前须办理动火证，须有监火人，配备好灭火器，做好先知道水源在哪里等预防工作。施工现场临时消防用水管网布置应编入施工组织设计内，现场合适位置如大门内布置定型化消防展示台（图 2-99），现场临时消防用水、消防临时用水的消防水池设置，随着主体结构的施工，消防临时水管应相应跟进，包括水龙头、水带等，一般设置在人货电梯附近，万一出现火情，能够及时接水灭掉火源。

施工现场的消火栓泵应采用专用消防配电线路。

专用消防配电线路应自施工现场总配电箱的总断路器上端接入，且应保持不间断供电。

每年 5 月和 11 月举行消防应急演练。

推荐使用可移动定型化消防展示台。

图 2-99 定型化消防展示台

2.2.8 扬尘控制

由于其他原因而未做到地面硬化的部位，要定期压实地面和洒水，以减少灰尘对周围环境的污染，见图 2-100。施工现场超过 24h 以上的土若不进行施工，原则上要对裸土进行覆盖。

(*a*)

(*b*)

图 2-100 现场洒水除尘

(*a*) 实例 1；(*b*) 实例 2

3　施工材料管理

3.1　施工材料管理要点

施工材料管理的目的是贯彻节约原则，降低工程成本。项目部材料管理的主要任务是：集中提出需用计划；控制材料使用管理；完善材料节约措施；组织材料的结算和回收。以下是现场材料堆放图片，见图 3-1。

（a）

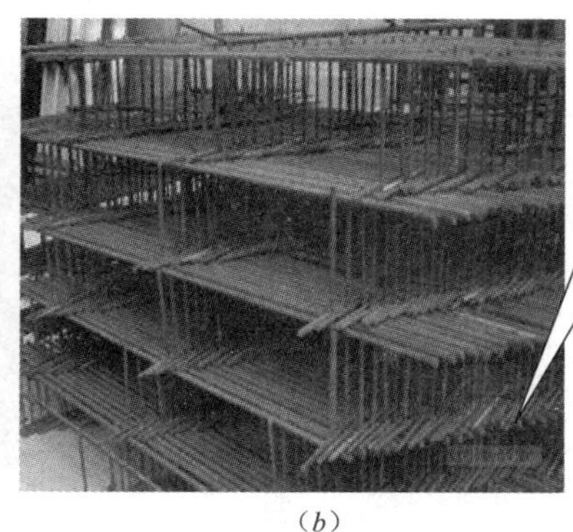

（b）

图 3-1　现场材料堆放

（a）板材堆放；（b）钢筋堆放

3.1.1　施工材料管理工作职责

3.1.1.1　物资采购部门工作职责

（1）负责工程所用材料、设备、租赁材料的采购供应工作，汇总项目部周转材料及使用材料计划，编制项目部材料成本及利润工作报告，加强项目材料出入库、材料台账及材料成本的核算，进行工程材料的管理与控制，及时反映工程材料的实际支出、盈亏。

（2）负责并监督在工程施工中能多次周转使用的材料及辅助材料的采购、运输、调拨、报废等工作。

（3）负责工程材料的询价报价、材料信息及样品样本的收集，建立健全材料合格供应商信息库。

（4）负责工程项目主要材料、设备的询价、采购、合同签订等工作，项目部对所进材料进行质量监督及统一调拨管理。监督施工队自购主要材料、零星材料及辅助材料的采购、验收，并进行质量监督。

（5）负责项目部材料、设备、周转材料的使用管理及项目部材料账目的考核、抽查、监督工作。

（6）完成上级领导交办的其他工作任务。

3.1.1.2 材料设备部工作职责

（1）负责项目（工程）中使用的产品（物资）的采购管理工作，检查产品（物资）的质量，对采购的产品（物资）不合格的控制负有责任。

（2）建立合格供货方台账，根据材料计划及时对采购人员下达采购任务单，组织采购。

（3）组织实施提供物资的控制工作，并对实施情况进行检查、督促、协调。

（4）负责对管辖的仓库及工程物资的使用进行管理，并建立定期对账制度，确保账、物、卡相符。

（5）负责物资的搬运、贮存、标识和防护管理工作。

（6）及时了解材料市场行情，汇总整理材料价格信息。

3.1.1.3 材料员工作职责

（1）在项目经理领导下，认真贯彻执行公司质量、环境、职业健康安全方针、目标及指标和有关规定，树立质量第一的观念，严格把好材料质量关。

（2）对项目所需材料进行管理，确保所有进场材料、半成品、成品处于受控状态，保证工程不使用不合格的材料或产品。

（3）协同保管员做好材料的搬运、贮存、保管、防护、标识工作，建立材料台账，认真做好有关质量记录。

（4）配合质检员、试验员做好材料检验和抽样复试工作，及时提供材料的有关质保资料。

3.1.1.4 保管员工作职责

（1）在项目经理领导下，认真贯彻执行公司有关质量管理规定，树立质量第一的观念，确保工程材料、物资、半成品的质量。

（2）对进场材料的搬运、贮存、保管、防护、标识、发放工作负有直接管理责任。

（3）负责办理材料进场、入库手续，建立材料（物资）收、付台账，验证进场、进库材料物资的质量、数量、品种、规格，并认真做好有关质量记录。

（4）对进场、进库材料物资做到分门别类、堆放整齐，合理准确地做好标识，准确发放各类材料物资，严禁使用不合格材料物资。

（5）对不符合质量要求的材料物资有权拒绝入库，并及时上报项目经理。

3.1.1.5 采购人员、保管员岗位职责

（1）时刻加强对采购人员的政治思想教育，使其牢固树立以企业为家的责任感，全心全意为项目服务。

（2）采购人员必须及时掌握信息，处处以降低材料成本为原则，认真做好职责范围内的采购供应工作。

（3）严肃财经纪律，所采购的材料必须具备批准手续，否则不予报销，采购完毕及时与财务科结账。

（4）购进材料，一律由保管员验收入库，验收单必须有经手人、保管员、证明人签字，手续齐全方可报销记账。

（5）经常对采购人员和保管员进行思想教育和业务辅导，严防营私舞弊，走歪门邪道，一旦发现，给予严肃处理。

(6) 特别注意工程装饰材料的采购，特殊材料的采购一定以实物样品会同经营计划科、顾客共同签订认可后，方可按规格、数量采购，如采购的材料与样品规格、质量不一致，影响工程使用造成库存积压，则分别视情况追究采购人员和技术人员的责任。

(7) 加强仓库管理，经常对仓库进行检查，严禁白条付货，保管员必须按手续齐全的领料单或材料调拨单发货，否则不予发放。

(8) 公司的综合检查组每月对仓库和施工现场进行检查，确保账、物、卡相符，账账相符，仓库和施工现场材料分类堆放整齐，仓库物资挂好标签，施工现场材料挂好标识牌，做到文明施工。

3.1.2 施工材料管理的主要方法

(1) 推行单线图施工估料方法；

(2) 运用材料 ABC 分类法进行估料审核；

(3) 在做好技术质量交底的同时做好用料交底；

(4) 周密安排月、旬用料计划，执行限额领料；

(5) 工程设计变更和增加签证在项目施工中经常会发生；

(6) 认真处理“假退料”及边角料回收。

做到及时检查项目材料，如图 3-2 所示。

图 3-2 检查项目材料

施工项目是施工企业的成本中心，材料成本在建筑工程造价中占有很大的比重，要控制好施工项目责任成本，首先必须抓住“材料成本”这个关键环节。具体落实到工程管理部，就是如何在提高施工估料准确性、降低材料消耗、杜绝浪费、减少库存积压等方面狠下功夫，达到节约成本、提高经济效益的目的。

3.2 项目部的材料管理工作

3.2.1 施工材料计划编制标准

建筑施工材料使用计划，是建筑工程整个施工阶段的施工组织管理、施工技术、工程成本控制等有关施工活动和现场材料使用情况变化的真实的基础资料，也是满足施工物资需求的最根本要素。材料费占施工总成本的60%左右，要想控制施工总成本，在材料管理和使用上应引起高度重视，加强管理，减少施工过程中不必要的经济损耗。施工材料使用计划在整个工程施工过程中具有非常重要的意义。

3.2.1.1 编制材料计划主要要求

（1）项目部根据施工组织设计、专项施工方案、施工进度、设计变更等有关资料编制项目材料需用总体计划、月度材料需用计划和临时追加的变更需用计划，此计划由预算员编制，报项目经理批准。其中《甲供材料用量计划表》由项目部按工程主合同规定的途径及期限提交给建设方相关部门，见表3-1。

甲供材料用量计划表　　**表 3-1**

工程项目名称：____________　　施工单位名称：________
计划接收部门：____________　　拟制时间：____年____月____日
到货地点：____________　　编号：________________

序号	材料名称	规格型号	等级	单位	需求量	使用部位	到货时间	备注
说明：								
材料计划员：________________ 工程部经理：________________ 专业主管工程师：________________ 成本部经理：________________ 工程分管领导审批：________________ ××有限公司（印章）								

（2）项目部预算员在项目开工3天前，向公司工程管理部提供《材料总需用计划》。在每月25日前编制次月《材料月需用计划》，交于公司工程管理部计划统计员，经工程管理部经理审核后，工程管理部于30日前报与成本管理部，成本管理部经理审批后组织进行采购。由采购部进行询价、比价、定价，询价单位不少于5家，见表3-2。

（3）项目部向公司工程管理部提交的计划单上要注明材料名称、规格型号、色标、数量及进场日期等。特殊情况以及需要紧急采购的，须在备注栏里注明原因。需用计划一式两联，第一联由编制人留底，第二联交公司工程管理部。

材料（总、月）需用计划　　表 3-2

工程项目：　　年　月　日　　编号：

序号	材料名称	规格型号	等级	单位	数量	采标	供应日期	备注

项目经理：　　预算员：　　工程管理部：　　第　页　共　页

（4）需要特定采购的物料，项目部须提前 30 天向公司工程管理部提交计划，由工程管理部计划统计员并入当月采购计划，经工程管理部经理审核后提交到成本管理部，同时必须提供清晰有效的设计图纸、业主认价单、设计说明、系统图、原理图等资料，以上资料必须完整。

（5）如果项目材料计划调整，项目部必须在使用 7 天前提出，对因设计变更、重大变更影响原来的需用计划（增加或减少采购），应由项目预算员编制材料变更计划，然后报公司工程管理部计划统计员调整计划，见表 3-3。因为材料需用计划失误影响项目生产的，要追究预算员、项目经理的责任，具体由工程管理部经理实施处罚。

紧急材料追加计划表　　表 3-3

工程项目：　　年　月　日　编号：

序号	材料名称	规格型号	单位	数量	质量要求	进场时间	备注
1							
2							
3							
4							
5							
6							
7							
8							
9							
10							
说明（可附件）							

项目经理：　　预算员：　　工程管理部：

注：由于设计修改、方案变更或任务调整；原计划品种、规格、数量错漏；施工中临时技术措施、机械设备发生故障等原因，编制紧急材料追加计划，且必须说明原因。

（6）因采购材料计划失误造成材料积压的，是编制计划人（预算员、项目经理）失误的追究编制计划人的责任，是材料员提供数据不准确的追究材料员责任，因采购不到位的追究采购专员责任，具体由工程管理部经理或成本管理部经理实施处罚。

（7）每月20日前工程管理部计划统计员将上月材料采购计划与实际采购情况及调整后的计划进行对比，分析差异及原因，并及时提出意见交工程管理部经理处理。

（8）要严格执行公司施工技术管理条例和相关文件通知的要求，对玩忽职守或不负责任造成物资材料积压、损失和浪费的要追究相关责任。

3.2.1.2 施工材料计划基本内容

（1）编制人员必须依据施工组织设计、专项施工方案、施工进度、设计变更等有关资料编制项目材料需用总体计划、月度材料需用计划和临时追加的变更需用计划，熟悉和分析主要材料的使用功能、质量要求，根据工程量计算单测定所需的成品、半成品、构配件的材料名称、品种、规格型号、质量标准、计量单位、材料损耗，明确实际需求数量。

（2）具体施工过程中可以按照不同的施工工序，将整个施工过程划分为几个阶段，按分部、分项工程名称及分段施工的轴线或楼层等写清楚分次、分批进场材料的需求数量。

（3）根据施工进度要求明确所用主要材料的供货进场时间。

（4）依据工程设计图纸、施工合同的要求写明主要施工材料执行的技术质量标准或采用的规范及标准的名称。

（5）对新材料的运用要提前提出详细的技术参数和材料特性及特殊的质量技术标准要求。

（6）需加工制作的特殊材料要充分考虑到材料的加工周期，施工部门应提前做好材料需求计划并与供货商一起到施工现场对施工技术人员进行技术性交底，施工部门选择合适的材料供应商，重点推荐此材料供应商给业主，加工类材料计划填制《异型材料加工单》，见表3-4。

异型材料加工单 **表3-4**

工程项目： 年 月 日 编号：

序号	材料名称	规格型号	单位	数量	质量要求	加工周期	备注
1							
2							
3							
4							
5							
6							
7							
8							
9							
10							
说明（可附件）							

项目经理： 技术部： 工程管理部：

（7）零星材料计划由施工部及时提出，填写《零星材料采购明细表》，由采购部进行询价采购，见表3-5。

零星材料采购明细表 表 3-5

序号	材料名称	规格型号	单位	数量	单价（元）	合计（元）	质量等级	供应时间	送达地点
1	铁钉	3 寸	kg	780.50	5.50	4292.75	合格		施工现场
2	螺栓		套	500.00	7.50	3750.00	合格		施工现场
3	机油		桶	60.00	6.00	360.00	合格		施工现场
4	保温毡		张	40.00	350.00	14000.00	合格		施工现场
5	抗渗剂		kg	5.00	580.00	2900.00	合格		施工现场
6	防冻剂		kg	2000.00	2.00	4000.00	合格		施工现场
7	砂轮片		片	12.00	150.00	1800.00	合格		施工现场
8	锯片		片	120.00	25.00	3000.00	合格		施工现场
9	隔离剂		kg	1.50	1050.00	1575.00	合格		施工现场
10	镀锌角钢		根	16.00	89.00	1424.00	合格		施工现场
11	潜水泵		台	3.00	320.00	960.00	合格		施工现场

（8）超计划材料由工程部、现场技术主管填写《超供材料采购计划明细表》并注明原因，须经工程部经理签字确认，特殊情况下须经项目经理批准，见表 3-6。

超供材料采购计划明细表 表 3-6

工程项目： 年 月 日 编号：

序号	材料名称	规格型号	单位	数量	质量要求	进场时间	送货地点
1							
2							
3							
4							
5							
6							
7							
8							
9							
10							
说明（可附件）							

项目经理： 技术部： 工程管理部：

（9）对临时急需材料，由项目施工员提出计划，工程部经理签字，材料员报材料部门主管批准后采购，严禁材料人员擅自采购无计划材料。

（10）采购部材料计划工作，应在工程签订合同后由物资部根据施工图纸、效果图等拿出主要材料品类，并根据拿出的材料品类开始组织询价及供应商的考察咨询。

3.2.2 施工材料采购

3.2.2.1 材料采购程序

（1）采购部在收到项目部提出的材料计划单后视工程部位需要缓急，1 周内完成材料的询价工作，填写《材料（周转材料）采购比价报告》（附 3～5 家材料供应商的报价明细、联系人、联系电话、供应商名称、地址等，报价单须盖供应单位公章），《材料（周转材料）采购比价报告》经部门主管、分管领导、工程部、成本控制部、总经理审核批准后进行材料的合同签订及采购工作，见表 3-7。

材料（周转材料）采购比价报告 **表 3-7**

比价报告单号： 申购单号： 申购部门： 申购联系人：

产品名称	规格	单位	数量	（供应商名称）			（供应商名称）			（供应商名称）			采购建议
				单价（元）	总价（元）	产地品牌	单价（元）	总价（元）	产地品牌	单价（元）	总价（元）	产地品牌	
合格													

备注：

资料管理： 采购员： 采购经理：

采购部：

填表日期：

（2）采购部在完成《材料（周转材料）采购比价报告》后 1 天内完成会签，采购部要拿出主导意见并经工程部经理认可（成本控制部主管应给出采购材料的主导价格，采购部采购的原则是不超出成本控制部的主导价格）。

（3）对大宗材料、设备的询价、定价、采购，由采购部、项目部组织采取公开招标或议标的方式，确定供应商洽商合同，经分管领导批准，总经理审核后方可采购。

（4）对小型材料、设备的询价、定价、采购，由采购部自行询价报项目部审核，由采购员进行采购。采购时必须注明采购地点、供应商名称、联系人、联系电话（确保信息准确），出现材料组织困难应及时通知施工部。

（5）采购部根据公司总经理审批的《材料（周转材料）采购比价报告》的情况及时签订采购合同，采购员按项目使用材料的时间、数量组织材料进场；材料员直接联系供应商，要求供应商按要求供货。

（6）采购员负责对材料的出入库进行全程管理，并根据工程的进展情况及时与供应商联系，确保材料供应顺利进行。零星材料及周转租赁类材料由项目部材料员及时组织采购。

（7）需由甲方或业主批价认可的材料，由成本控制部负责统一报甲方或业主办理材料批价手续。

3.2.2.2 施工材料合同签订

（1）1 万元以上（含 1 万元）材料、设备合同的签订，采购部根据《材料（周转材料）

采购比价报告》确定的供应商，综合市场询价情况，拟订出材料合同样本（技术性指标需会同项目部技术人员确认），随附供应商资质证明。

（2）1万元以下的零星材料采购（本材料整个项目部用量不超过1万元），原则上可以不签订合同，由项目部填写备案说明，相关人员签字后交采购部备案。

（3）对项目上拟包工包料的分项工程，签订合同时，需采购部、项目部共同参与，材料费占较大数额时以采购部为主会同合同处签订合同，项目部配合；人工费占较大数额时以项目部为主会同合同处签订合同，采购部配合，项目部负责对整个分项工程施工过程进行监督管理。

3.2.2.3 材料款付款程序

（1）主要材料拨款，采购员根据实际进场材料情况填写《材料拨款申请单》（此单据由财务部编制），经采购部、工程部财务部审核，报总经理审批，作为付款依据，见表3-8。

材料拨款申请单 **表3-8**

施工（供货）单位：　　　　　　年　月　日　　合同编号：

工程（材料）名称	合同价款	形象进度	约定付款次数	已付款金额	本次申请金额	本次应付款（比例）
本次申请金额（大写）：						
经办人：	工程部负责人意见：		分管领导意见：		项目经理意见：	
备注：						

（2）材料进场后由财务部按合同签订的付款比例及付款方式进行材料款的拨付，财务部在付款前需与材料供应商和财务处材料会计核对进场材料数量，核实无误后由采购部填写《内部付款通知单》（此单据由财务部编制），经财务部、分管领导会签，总经理批准后办理付款，见表3-9。

内部付款通知单 **表3-9**

年　月　日

收款方		电话	
付款账号			
付款用途			
金额（大写）			
有无收据		付款时间	
领导意见			

会计：　　　　　　出纳：　　　　　　经手人：

（3）对于公司指定的长期合作的小型材料（指成批量的零星材料）供应商，签订合同备案说明后，原则上不必签合同，每月对所供材料的价格审核无误后，按月拨付总产值

95%的货款，余留5%作为质量保证金，在工程顺利结束后，拨付总产值3%的货款，工程验收后，拨付余留的2%货款。签字程序同上（注：供应商应提供所供材料的生产厂家、品牌及单价并附供应商的资质证明材料，如：营业执照、税务登记等）。

3.2.2.4 材料备用金、台账管理

（1）原则上每个项目设一名材料员（可为兼职），负责该项目材料总账的管理，材料验收（调拨）明细账，租赁材料、周转材料明细账，与供应商对账，材料验收单、收料单、月盘点的统计和上报工作。

（2）需要现金购买的材料，由采购部经办人填写备用金借款单，总经理批准后，到公司财务部领取，凭票据到财务处报销冲备用金账。

（3）采购部负责监督采购员材料资金的使用，严格控制资金在合同范围内执行。

（4）材料对账、报账与盘点。

1）每个工程项目必须建立材料采购台账、材料出入库台账、周转材料明细账、租赁台账，填写《材料对账单》，由采购部负责人、财务部材料会计、材料员等分别签字留存，见表3-10。

材料对账单 **表3-10**

××项目部材料统计对账单				
缴单日期：				附件： 张
材料名称：		单位：元		
供应商单位：		客户签名：		
名称	单位	数量	单价	金额
合计				
合计金额：	（大写： ）			

生产经理： 材料主管： 收料员： 仓管： 财务审核：

2）对账时间：每月25日公司材料会计、现场材料员进行对账。

3）盘点时间：每月25日到31日与材料会计进行库存盘点，见表3-11。

3.2.3 材料供应计划

（1）“材料供应计划”的编制要坚持实事求是、积极稳妥、数据准确、不留缺口的原则，做到既不扩大需用量形成材料积压，又要避免供应脱节而影响生产。工程施工中，要考虑可能延误材料供应的各种不利因素，有计划地做好材料供应，确保材料供应满足施工要求。

材料盘点表 **表 3-11**

项目名称： 盘点时间： 年 月 日

编号	物资名称	规格	单位	单价	账面		实际盘点		盘盈		盘亏		成色	备注
					数量	金额（元）	数量	金额（元）	数量	金额（元）	数量	金额（元）		

材料负责人： 财务负责人： 参加盘点人员：

材料供应计划样表如表 3-12 所示。

材料供应计划样表 **表 3-12**

序号	材料名称	规格	单位	计划总量	5 月	6 月	7 月	8 月	9 月	10 月	11 月	12 月
1	钢筋	Ⅰ、Ⅱ级	t	224	50	90	60	24				
2	钢材：钢板	$A_3\phi6\sim\phi12$	t	405	100	120	120	65				
	C 型铜 220	75×25，70×2	t	188		45	60	60	23			
	L 钢	220×125×12	t	40		20	20					
3	压型彩钢板	成品	m^2	64530			26000	26000	12530			
4	普通水泥	42.5	t	3480	200	500	500		1100	1100	80	
5	木材	板、方	m^3	30	10	20						
6	砂	中、粗	m^3	7600	140	960	960	1700	1870	1870	100	
7	碎石	10，20～40	m^3	9180	170	1150	1150	2110	2300	2300		
8	机制黏土砖	MU75、10	方块	109		40	59	10				
9	生石灰		t	3960		1000	1000	1000	960			
10	内外墙涂料	106、多彩	kg	2220				900	900	420		
11	防火涂料		kg	2008		580	580	580	268			
12	电焊条	$B43\phi3\sim\phi5$	kg	33270	4770	9500	9500	9500				
13	高强度螺栓	$\phi20$，$\phi24$	套	4370		1000	2200	1170				
14	玻璃棉毡	75 厚	m^2	28982			10000	10000	8982			
15	SBS 防水管材	3 厚	m^2	17405				9000	8405			
16	给水管	*DN*70～200	m	2590			900	900	790			
17	消火栓	*DN*705～100	套	58					58			
18	配电箱		台	16					16			
19	电缆	YJV_{25}	m	3430					1700	1730		
20	镀锌钢管	G15～100	m	16630		2000	4000	4200	4000	2430		
21	金属电杆路灯	7m 高	套	14						14		
22	独立式避雷器		根	1						1		
23												

（2）项目部应编制单位工程“材料供应总计划”（特殊情况可按单位工程分部编制“材料供应计划”），要详细注明材料名称、品种、规格、强度等级和技术质量要求。工程开工后，项目部应按工程进度编制“材料供应月计划”，材料计划应由项目经理审批签字，及时提交物资采购负责人。编制项目所需主要物资用量总计划：根据施工图、施工组织设计编制该项目所需主要物资用量总计划，分阶段列明所需物资的品名、规格、质量、数量以及合同文件与供应商协议规定的其他要求，并报业主、监理或业主代表批准，临时材料汇总表见表 3-13。

临时材料汇总表 **表 3-13**

工程名称： 编制日期：

材料名称		螺纹钢（kg）		工字钢（kg）	钢板（kg）	无缝钢管（kg）	扣件（个）		水泥（kg）	备注
型号规格		14mm	22mm	20mm	16mm	ϕ42×3.5mm	十字	旋转		
日期	用途（使用部位）									
合计数量										
合计金额										
总计金额										

项目经理： 技术主管： 复核： 制表：

（3）建设单位供料要根据合同规定和施工图单独编制“建设单位负责供应物资计划”（即“甲供材料计划”），由建设单位签字盖章。“甲供材料”简单来说就是由甲方提供的材料。这是在甲方与承包方签订合同时事先约定的。凡是由甲方提供的材料，进场时由施工方和甲方代表共同取样验收，合格后方能用于工程上。甲供材料一般为大宗材料，比如钢筋、钢板、管材以及水泥等，见图 3-3。

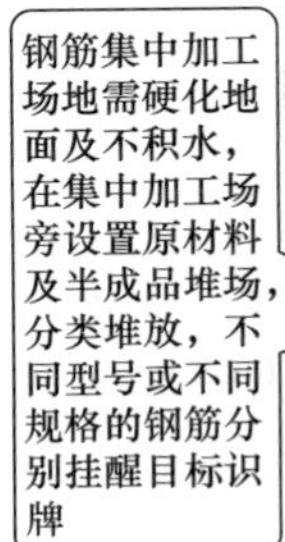

(*a*)

(*b*)

图 3-3 工地钢筋进场

(*a*) 钢筋加工及堆放场地；(*b*) 钢筋进场检查

物资供应计划是反映物资的需要与供应的平衡、挖潜利库、安排供应的计划。它的编制依据是需求计划、储备计划和货源资料等。它的作用是组织指导物资供应工作。物资供应计划的编制是在确定计划需求量的基础上经过综合平衡后提出申请量和采购量。因此供应计划的编制过程也是一个平衡过程，包括数量、时间的平衡。在实际工作中首先考虑的是数量的平衡，因为计划期的需用量还不是申请量或采购量即不是实际需用量，还必须扣除库存量及考虑为保证下一期施工所必需的储备量。因此供应计划的数量平衡关系是期内需用量减去期初库存量再加上期末储备量。经过上述平衡如果出现正值，说明本期不足，需要补充；反之，如果出现负值，说明本期多余，可供外调。物资存放见图 3-4。

图 3-4　工地现场水泥堆放

（4）重视月度用料计划。它是基层单位根据当月施工生产进度安排编制的需用材料计划。它比年度计划、季度计划更细致，要求内容更全面、及时和准确。对完成月度施工、生产任务，有更直接的影响。

月度物资供应计划是季度物资供应计划的具体化，是根据工业企业各个时期的具体条件，把年度、季度物资供应计划中规定的指标，按照月、旬具体地安排到车间、班组，层层落实，从而保证企业生产作业计划的完成，见图 3-5。

图 3-5　工地现场材料使用

（5）临时追加材料计划。由于设计修改原计划品种、规格、数量的错漏；施工中采取临时技术措施；机械设备发生故障需及时修复等原因，需要采取临时措施解决的材料计划，叫临时追加材料计划。列入临时追加材料计划的一般是急用材料（应制定计划，了解材料运输时间，合理安排工序），要作为重点供应。如费用超支和材料超用，应查明原因，分清责任，办理签证，由责任方承担经济责任。现场存放物资见图 3-6。

（6）材料计划实施中易出现的问题。

1）施工任务的改变。在计划实施中施工任务的改变包括临时增加任务或临时消减任务。任务改变的原因一般是由于国家基建投资计划的改变、建设单位计划的改变或施工力量的调整等，因而材料计划亦应做相应调整，否则就要影响材料计划的实现。

图 3-6　工地现场钢筋堆场

2）计划变更。在工程筹措阶段或施工过程中，往往会遇到设计变更，影响材料的需用数量和品种规格，必须及时采取措施，进行协调，尽可能减少影响，以保证材料计划执行，要坚决杜绝内容不明确的、没有详图或具体使用部位，而只是增加材料用量的变更。变更要有计划变更详单，见表 3-14。

工程项目计划变更单

表 3-14

发至：××××有限公司　　　　第 1 页　共 1 页

<table>
<tr><td rowspan="2">工程名称</td><td colspan="3" rowspan="2">××工程</td><td>编号</td><td>××字××号</td></tr>
<tr><td>日期</td><td>××××年××月××日</td></tr>
<tr><td>变更设计图号</td><td colspan="2"></td><td>原设计图号</td><td colspan="2"></td></tr>
<tr><td colspan="6">变更原因：</td></tr>
<tr><td colspan="6">变更内容：</td></tr>
<tr><td>附图</td><td colspan="5"></td></tr>
<tr><td>设计人</td><td></td><td>项目负责人</td><td colspan="3"></td></tr>
<tr><td colspan="6">（盖章）：年　月　日</td></tr>
</table>

3）到货合同或生产厂的生产情况发生了变化，因而影响材料的及时供应。

4）施工进度计划的提前或推迟，也会影响到材料计划的正确执行。成品钢筋相关内容见图 3-7。

图 3-7　现场材料的加工

在材料及构件计划发生变化的情况下，要加强材料及构件计划的协调作用，做好以下几项工作：

① 挖掘内部潜力，利用储备库存解决临时供应不及时的矛盾；

② 利用市场调节的有利因素，及时向市场采购；

③ 同供料单位协商临时增加或减少供应量。

3.2.4 材料进场及验收

对进场的材料要按照国家有关技术质量标准进行数量的验收和质量的确认，做好相应的验收记录和标识。凡达不到质量标准要求的一律不准接收。主要包括5个方面。

(1) 主要设备、材料进场检验结论应有记录，确认符合相关规范规定，才能在施工中应用。

(2) 材料进场验收的主管部门，应组织施工单位和监理单位有针对性地制定设备、材料进场检验要求、检验程序和检验方法，明确各环节具体负责人。

(3) 材料、设备进场时，建设方、施工方和监理方必须依照国家相关规范规定，按照设备、材料进场验收程序，认真查阅出厂合格证、质量合格证明等文件的原件。材料、设备进场时，应确保质量合格证明文件符合国家有关规定。要对进场实物与证明文件逐一对应检查，严格甄别其真伪和有效性，必要时可向原生产厂家追溯其产品的真实性。发现实物与其出厂合格证、质量合格证明文件不一致或存在疑义的，应立即向主管部门报告。

(4) 材料、设备进场时，采购单位要提前通知监理单位，监理工程师必须实施旁站监理。监理人员对进场的材料、设备必须严格审查全部质量合格证明文件，按规定进行见证取样和送检，对不符合要求的不予签认。监理人员在检验批验收过程中，发现材料、设备存在质量缺陷的，应该及时处理，签发监理通知，责令改正，并立即向主管部门报告。未经监理工程师签字，进场的材料、设备不得在工程上使用或者安装，施工单位不得进行下一道工序的施工。

(5) 材料的取样和送检工作应在监理单位见证下进行，未经检验的不得使用，检验不合格以及不符合合同约定的严禁使用，必须清出施工现场。

工程所有的材料进场由材料设备科负责人负总责，需要取样试验的由试验员负责进行，并且结合工程进度落实检验计划，提出清单，见表3-15、表3-16、图3-8。

材料进场取样通知单 **表3-15**

项目名称： 通知日期：年 月 日

序号	材料名称	规格	单位	数量	产地	进场时间	材质证明时间	备注

通知人：________ 时间：________

接收人：________ 时间：________

此表一式两份，试验员签字后，由材料员、试验员各保管一份。

袋装材料质量抽检记录 表 3-16

生产厂名										
出厂日期										
编号	1	2	3	4	5	6	7	8	9	10
质量（kg）										
编号	11	12	13	14	15	16	17	18	19	20
质量（kg）										
抽查袋数	平均质量	____ kg	平均偏差	____ kg	最小质量	____ kg				
验收意见										
主管：			检验：				日期：			
1. 当使用袋装水泥且不再称量，而以每袋 50kg 计时，在水泥进场（站）时应进行袋装水泥质量抽查，按有关标准规定，袋装水泥每袋净重 50±1.0kg，且不得少于标志质量的 98%（49kg），任意抽检 20 袋水泥总质量不得少于 1000kg 进行检查考核。 2. 在验收意见一栏中，须对验收结果进行判定。 3. 其他材料按有关标称重量抽查袋数。										

(a)

(b)

图 3-8 现场材料的验收

(a) 钢材进场验收；(b) 涂料进场验收

① 项目材料员在进行材料验收时，要认真填写“料、具采购验收单”，材料负责人、采购人、收料人签字必须齐全。否则不得转入财务部门进行结算。书面通知必须写明材料的数量、规格、型号、厂家。试验员取样、送检后，持试验室出具的试验合格报告单通知施工员该材料合格，该材料方可使用，并跟踪记录材料使用去向，以确保追溯性，见图 3-9、表 3-17。

② 发包人供应的物资，应填写“发包人供料收料单”，及时与发包人办理签证手续，见表 3-18、表 3-19。

③ 进入现场的材料（图 3-10）应有生产厂家的材质证明（包括厂别、品种、出厂日期、

图 3-9 材料员现场验收

出厂编号、试验数据）和出厂合格证。要求复测的材料由项目试验员按检验规定填写“检、试验委托书”。

验收单样本　　表 3-17

工程名称：					
工程地址：					
检验内容及规格	品质	品名	等级规格	数量	备注
工程部经理签字：		项目负责人签字：		供应部签字：	

验收日期：年　月　日

收料单　　表 3-18

供应单位：

材料类别：　　年　月　日

编号	名称	单位	数量	单价	金额	备注
合计（大写）					小计	

采购员：　　检验员：　　保管：

验收记录样本 表 3-19

<table>
<tr><td colspan="5">材料进场检验记录</td><td>编号</td><td colspan="2"></td></tr>
<tr><td>工程名称</td><td colspan="4"></td><td>检验日期</td><td colspan="2"></td></tr>
<tr><td>序号</td><td>名称</td><td>规格型号</td><td>进场数量</td><td>生产厂家
合格证号</td><td>检验项目</td><td>检验数量</td><td>备注</td></tr>
<tr><td></td><td></td><td></td><td></td><td></td><td></td><td></td><td></td></tr>
<tr><td></td><td></td><td></td><td></td><td></td><td></td><td></td><td></td></tr>
<tr><td></td><td></td><td></td><td></td><td></td><td></td><td></td><td></td></tr>
<tr><td></td><td></td><td></td><td></td><td></td><td></td><td></td><td></td></tr>
<tr><td colspan="8">检验结论</td></tr>
<tr><td rowspan="3">签字栏</td><td colspan="3" rowspan="2">建设（监理）单位</td><td>施工单位</td><td colspan="3"></td></tr>
<tr><td>专业质检员</td><td>专业工长</td><td colspan="2">检验员</td></tr>
<tr><td colspan="3"></td><td></td><td></td><td colspan="2"></td></tr>
</table>

注：本表由施工单位填写并保存。

图 3-10 现场已验收材料

材料的材质报告和合格证、复试报告都由资料员保存整理。验收人应在验收合格的情况下办理验收手续，并做好这类材料的进货验收和领料的质量记录，资料员做好这些材质证和复检情况的质量记录。

3.2.5 材料码放

现场内各种材料码放要求参见第 2.2.5 小节，相关照片见图 3-11～图 3-18。

(*a*) (*b*)

图 3-11 成品钢筋及模板整齐堆放

(*a*) 钢筋堆放；(*b*) 模板堆放

图 3-12　钢筋材料分类堆放

(*a*)

(*b*)

图 3-13　砂子及水泥分类堆放

(*a*) 砂子堆放；(*b*) 水泥堆放

图 3-14　水泥分类堆放

图 3-15　周转材料分类存放

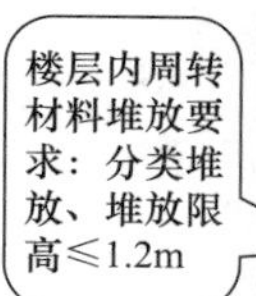

图 3-16　楼间木方料堆放

图 3-17　楼间砂浆堆放

图 3-18　楼间垃圾堆放要求

3.2.6　材料储存和保管

材料仓库的选址应有利于材料的进出和存放，充分考虑防火、防雨、防盗、防风、防潮的要求。对于建筑施工现场材料储存保管管理的技术措施，要在制定、落实等环节上抓严抓细，并进行合理的预测。在制定措施时，一要“全”，二要“细”。所谓“全”就是要全面，将所有建筑材料、所有施工环节和所有使用部门进行梳理，一项不差地进行预测。根据建筑材料的性质和相关规范、标准，制定措施并落实到人；所谓“细”，就是指相应具体措施的每一个管理环节均要到位，不留死角，见图 3-19。

(*a*)

(*b*)

图 3-19　现场材料储存和保管

(*a*) 钢筋码放；(*b*) 水泥储存

施工现场的材料储存首先要按平面布置图设置堆料场地和库棚，料场要平整，要设置排水沟，保持场地不积水，库棚要符合防潮、防火的要求。对建筑施工现场材料储存和保管上发生的问题，无论大小，一定要落实奖惩制度并切实兑现，以增强个人的责任意识，见图 3-20。

（*a*）

（*b*）

图 3-20 现场材料储存库棚

（*a*）钢筋加工车间；（*b*）安装材料堆放处

3.2.7 材料使用

（1）物资材料实行统一管理，由物资部统一采购，产权归项目部所有。

（2）凡进入施工现场的材料，都要对规格、数量、质量进行严格验收，对一些腐烂变质、有裂痕的应当场拒收。

（3）各施工单位在使用材料之前要认真安排计划，避免积压和超前进场，严禁超面积提取材料，要加强对材料的管理使用，材料要分类存放好，避免丢失。用剩的材料要及时退库。

（4）施工单位在领料及调拨前需填写相关单据并签字，见表 3-20、表 3-21。

领料单（退料单） **表 3-20**

领料（退料）部门：________ 年 月 日 编号：________

序号	材料名称	规格	单位	数量				备注
				请领数	实发数	请退数	实退数	
工程名称		分项工程				用途		

第一联：发料库存根

核料： 发料人： 领料人：

注：第一联发料库存根，第二联财务部，第三联分包队伍，表右端分别注明第×联和留存人员。

材料调拨单 **表 3-21**

发料单位：________

购货单位：________ 年 月 日 编号________

序号	材料名称	型号规格	计量单位	数量		件数	销售	
				调拨	实发		单价	金额
运杂费 %								
总计金额（大写）								
备注	1. 当月提货有效以免跨月错账 2. 出库当面点交清楚，事后不负清查责任			提货人		发货人		

第一联：业务存查

发货项目经理： 购货项目经理（单位负责人）：

注：第一联业务存查，第二联财务部，第三联发货人，第四联提货人。

（5）物资部门需保持发料记录，以配合制定盘点记录。

（6）材料使用要建立台账，做到账物相符。每季度要盘点一次，发放、回收，认真清点，数量准确，责任分明，见表 3-22。

材料收、发、存台账 **表 3-22**

材料名称：

材料类别： 材料规格： 单位：

____年		收料凭证号	摘要	单价	收入栏				发出栏										盘点盈亏	储存栏	
__月	__日							合计									调出	合计	+−		
								数量										数量	数量	数量	金额

3.2.8 健全材料领用制度

项目部应按公司规定健全材料领用制度，按照《劳务分包合同》的约定，对材料的领用进行严格控制和管理。材料的购进、领用直接关系到工厂建设成本的高低，对材料的有效控制可以有效降低建设成本、提高资金的利用率，见表 3-23、图 3-21。

材料领用申请单 表 3-23

名称	型号	规格	数量	单位	申领人	申领日期	要求时间	备注

部门主管： 班级长：

图 3-21 现场材料领用

项目实施“限额领料制度”。“限额领料制度”又称“定额领料制度”“限额发料制度”，是按照材料消耗定额或规定限额领发生产经营所需材料的一种管理制度，也是材料消耗的重要控制形式。主要内容有：对有消耗定额的主要消耗材料，按消耗定额和一定时期的计划产量或工程量领发料；对没有消耗定额的某些辅助材料，按下达的限额指标领发料。

在实施“限额领料制度”中，要注意做好以下几点。

(1) 项目部材料供应计划的编制要准确，各类物资要严格按照计划采购供应，见表 3-24。

限额领料单 表 3-24

材料科目： 材料类别：

领料车间（部门）： 年 月 编号：

用途： 仓库：

材料编号	材料名称	规格	计量单位	领用限额	实际领用			备注
					数量	单位成本	金额	

续表

日期	请领		实发			退回			限额结余
	数量	领料单位	数量	发料人签章	领料人签章	数量	领料人签章	退料人签章	
合计									

生产计划部门负责人：　　　　　　供应部门负责人：　　　　　　仓库负责人：

（2）各项目部在工程施工前，应确定出分项、分部工程材料的预算用量，预算用量的分析要准确、合理。各作业队伍在作业时，项目部应下达施工任务单，施工任务单中要注明材料的使用数量，各作业队伍凭施工任务单领用材料。限额领料单是施工队伍随任务单同时签发的领取材料的凭证，是根据施工任务和施工的材料定额填写的。领料的限额是班组为完成规定的工程任务所能消耗材料的最高数量标准，是评价班组完成施工任务情况的一项重要指标，见表 3-25。

施工任务书　　　　　　　　　　　　　　　　　　　　**表 3-25**

工程名称：＿＿＿＿＿＿＿＿第　号

施工队组：＿＿＿＿＿＿＿＿签发日期　年　月　日

工期	开工	完工	天数
计划			
实际			

定额编号	工程项目	单位	计划				实际		附注
			工程量	时间定额	每工产量	工日数	工程量	定额工日	
合计									

工作范围			质量验收意见	
质量安全要求	技术、节约措施			

签发				结算						功效	
工长	组长	劳资员	材料员	工长	组长	统计员	材料员	质安员	劳资员	定额工日	
										实际工日	
										完成（%）	

（3）项目材料员依据施工任务单中的材料用量，对作业队伍所用材料实行限额发放，同时办理领用手续，做好签证，要求发放记录准确，领用手续齐全，见图 3-22。

（4）限额领料单是为了控制成本、避免浪费而产生的，它同领料单的区别在于它多了一项“定额”。

（5）对于易损易丢的小型工具及器材等也应采用“限额领料制度”进行控制，见图 3-23。

（6）单位工程竣工后，要对工程用料做全面分析，查找节超原因，不断总结经验，使项目“限额领料制度”逐步完善。

（a）

（b）

图 3-22　根据施工任务单领取材料

（a）原因查找；（b）签字领料

（a）

（b）

图 3-23　现场易丢失小物件

（a）扣件；（b）顶托

3.2.9　单位工程材料成本核算

由总工程师牵头工程部、质检工程师、计量工程师、试验室、财务科、物资部组成材料盘查小组，对库存材料进行盘点。根据盘点数据，工程科、试验室、物资部分别向财务科上报本月材料的使用量，由财务科统一审对，核对结果报项目总工程师审核，由项目经理批准。根据财务科审核通过的本月材料使用数量，由工程部组织各分管专项工程师编制材料成本分析报告，分析报告应该按分项工程进行单项分析，针对单项工程的材料使用情况，进行说明和分析。对超标情况切实找出存在的问题并提出改进措施，对于节约的情况，总结出经验，以便推广利用。单位工程材料成本核算分析应每月进行一次，半年及年终决算时各汇总分析一次，工程竣工决算定案后完整地分析一次。单位工程材料成本分析报告由工程科报总工程师审核，经项目经理批准，上报公司工程管理部、资产经营管理部、财务管理部等，见表3-26～表3-28。

原材料库存月报表 **表3-26**

年 月 日

品名	规格	单位	上月结存		本月进库		本月发出	
			数量	金额	数量	金额	数量	金额

材料盘点汇总表（年报） **表3-27**

填报单位： 填报时间：

序号	材料名称	单位	账面		盘点		盈（+）亏（-）	
			数量	金额（元）	数量	金额（元）	数量	金额（元）
1	钢材	t						
2	木材	m^3						
3	夹板	m^2						
4	水泥	t						
5	商品混凝土	m^3						
6	砂	m^3						
7	石	m^3						
8	砌体材料	m^3						
9	装饰材料			填报说明：装饰、安装材料是指除钢材等主要材料以外的其他装饰、安装材料				
10	安装材料							
其他工程材料								
11	钢管	t						
12	扣件	套						
13	其他周转材料							
	合计							

统计负责人： 填表人：

单位工程主材消耗台账 **表 3-28**

单位工程名称：（ 年度） 编号：

序号	材料名称	规格	单位	一月		二月		三月		四月		五月		六月	
				数量	累计	数量	累计	数量	累计	数量	累计	数量	累计	数量	累计
序号	材料名称	规格	单位	七月		八月		九月		十月		十一月		十二月	
				数量	累计	数量	累计	数量	累计	数量	累计	数量	累计	数量	累计

4　施工成本管理

4.1　什么是施工项目成本

施工项目成本是施工项目部在施工中所发生的全部费用的总和，包括所消耗的主要材料、辅助材料、周转材料租赁费、施工机械台班和租赁费、人工费、项目部管理人员发生的管理费（间接费）。随着市场竞争越来越激烈，项目的利润空间也越来越小。成本管理的水平，已成为施工企业的核心竞争力。

施工企业的项目成本管理主要分为两个方面。

一是要认真履行与业主签订的施工合同，完成合同规定的工作内容，在此基础上通过变更、索赔等手段，增加合同收益。

二是严格进行物资设备费用管理和劳务分包费用管理，降低物资消耗，节约费用支出（开源节流）。

加强施工企业工程项目成本管理是施工企业创造经济效益的必由之路，项目成本管理是一项整体的、全员的、全过程的动态管理活动。施工企业应当及时反映项目成本的动向，以便采取切实可行的措施，确保工程项目优质、低耗，促使工程项目成本不断降低，进而提高企业整体经济效益，推动整个企业成本管理水平的提高。

项目成本管理是对工程项目建设中所发生的各项成本，有组织地进行预测、计划、控制、核算、分析和考核等一系列的科学管理工作。

4.2　责任成本管理

4.2.1　什么是责任成本

所谓责任成本，就是在施工过程中，按照责任者的可控程度所归集的应由责任者负担的成本。通俗地讲就是按照“谁负责、谁承担”的原则，把可控成本归集到负责控制成本的责任中心的账户上。

从一般的意义上讲，责任成本应该具备以下 4 个条件。

第一，可预计性。责任中心有办法知道它的发生以及发生什么样的成本。

第二，可计量性。责任中心有办法计量这一耗费的大小。

第三，可控制性。责任中心完全可以通过自己的行动来对其加以控制与调节。

第四，可考核性。责任中心可以对耗费的执行过程及其结果进行评价与考核。

4.2.2　什么是可控成本

所谓可控成本，就是特定时期，特定的责任中心负责人可以计量、掌握其发生情况，并且可以加以调节的成本，通俗地讲就是责任人可以控制的成本，见图 4-1。

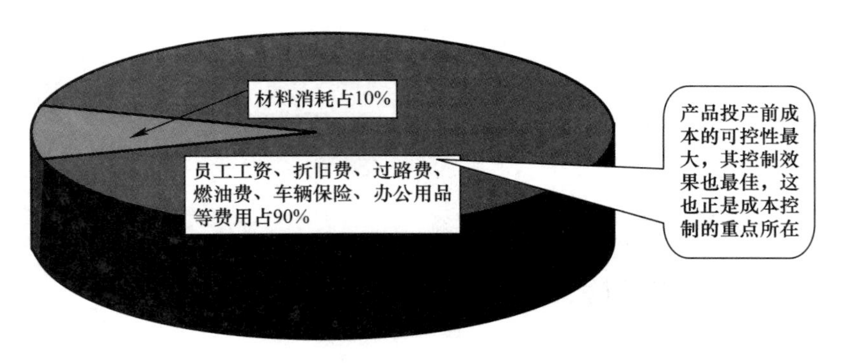

图 4-1　可控成本

可控成本的四要素：

一是责任和成本必须关联；

二是责任人能预计可能发生的成本；

三是对发生的成本有计量的办法；

四是责任人有权利和办法控制并调节其成本。

可控成本的特点：

可控成本具有多种发展可能性，并且有关的责任单位或个人可以通过采取一定的方法与手段使其按所期望的状态发展。如果某些成本只具有一种可能结果，则不存在进行控制的必要性；如果某些成本虽具有几种可能结果，但有关的责任单位或个人无法根据自己的需要对其施加影响，则也不存在进行控制的可能性。

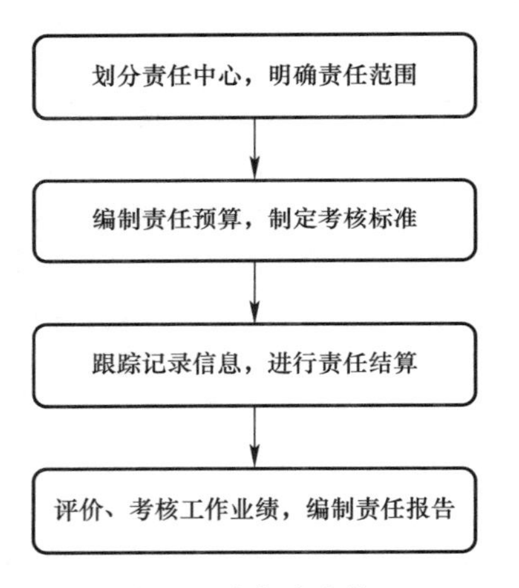

图 4-2　责任成本管理

4.2.3　什么是责任成本管理

就是将直接发生成本和费用的各生产单位和业务部门，划分成若干个责任中心，然后根据各中心的责任范围，依据统一的编制办法编制各中心的责任预算，并采取合同的形式逐级进行承包的管理方法，见图 4-2。

责任成本作为生产成本的重要组成部分，必须引起管理层的重视，而责任成本的管理是企业降低成本、提高效益的先进管理方法。因此，在保证产品质量的前提下，如何做好责任成本管理工作是值得思考的问题。

构建责任成本管理体系必须从企业的实际情况出发，遵循责任成本管理的基本操作规程。

4.2.4　责任成本控制体系

责任成本控制体系包括以下 4 个方面（图 4-3）：

一是明确责任主体；

二是明确责任范围；

三是明确责任目标；

四是明确奖罚措施。

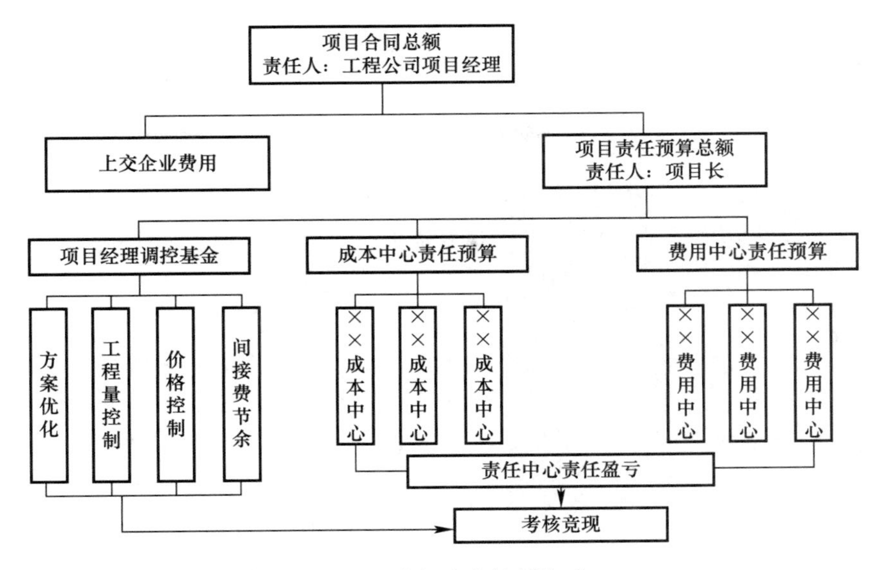

图 4-3 责任成本控制体系

4.2.5 责任成本控制两个挂钩

一是上交企业费用与责任预算编制情况挂钩。其主导思想就是“先算后干”，摒弃过去那种“花不完剩下才是企业的”旧观念，而是事先确定企业费用上交比例，从而控制项目成本总额。

二是职工收入同责任预算执行情况挂钩。其主导思想就是“负什么责拿什么钱，干多少活拿多少钱”，彻底打破以往“干多干少一个样，干好干坏一个样”的分配机制，利用收入杠杆充分调动职工参与成本管理的积极性。

4.2.6 成本超支原因关联图

成本超支的原因主要有材料费、机械费和人工费的影响，在这 3 个原因中，包括不同的具体原因，见图 4-4。

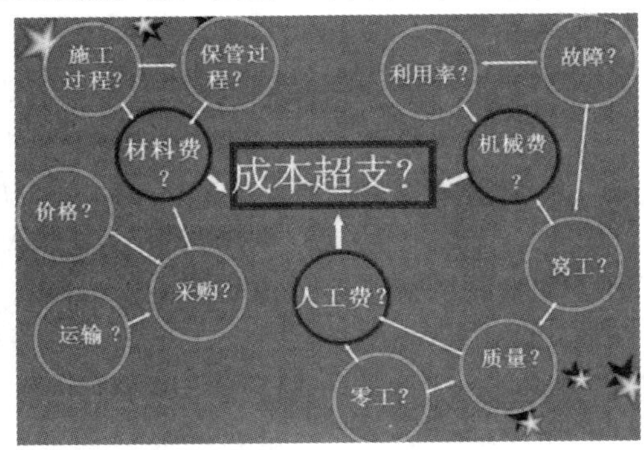

图 4-4 成本超支原因关联图

造成成本超支的原因还有很多，在这里简要列举一些。

一是材料的跑、冒、滴、漏造成的损耗。二是该取得的收入因为时效等因素的影响而未能取得。三是当地的建安定额成本水平制定得太高，实际施工水平达不到定额水平，造成收入小于成本。四是当地的社会人文环境恶劣，有干扰施工的情况，还有就是施工噪声太大、扰民费过多等。五是周转材料周转次数偏低，没能按照正常的周转次数周转而提前报废。

还有其他一些致使成本超支的原因，可在日常的施工成本管理过程中观察、总结。

4.2.7 为什么成本目标不能落实

施工成本目标确定之后，还需要通过编制详细的实施性施工成本计划把目标成本层层分解，落实到施工过程的每个环节，有效地进行成本控制，但是在实际的成本管理过程中，会有各种原因导致成本目标不能落实，这就需要仔细分析，积极调整成本目标的不足之处，促进成本目标落到实处，见图 4-5。

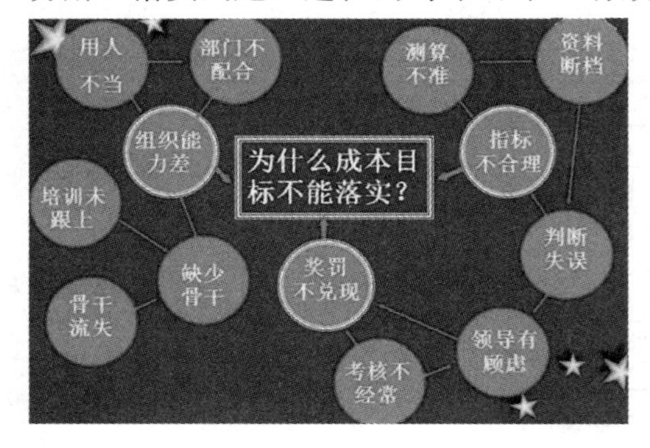

图 4-5　成本因素关联图

目标成本的落实需要企业、责任部门和责任人制定目标成本落实保障制度，如将目标成本进一步细化，使成本控制更具有可行性；按照月度、季度、半年度、年度确定目标成本，便于实时动态地监督成本落实情况。企业要做好目标成本中期评价，对确实需要调整的项目，在履行一定的程序后进行调整落实。

如需做好“三算”对比，比如某项目合同工程量清单的基础 C35P8 混凝土方量是多少？根据图纸计算应为多少立方米的 C35P8？现场实际施工是用了多少立方米的 C35P8？现场是否对进场的每车商品混凝土运输车进行过地磅称量并做好汇总（进施工场、出施工现场时在地磅称量），项目部是否设置专业预算员进行核算核对，包括现场对基础 C35P8 的底板、外墙、顶板等构件尺寸的复核，施工时是否存在浪费等。通过“三算”对比以及现场过程控制，对于这样的主材成本目标才能落实。

4.3 项目成本管理的方式方法

4.3.1 增加合同收益

增加合同收益的主要手段是变更和索赔，因此，必须仔细分析、理解透彻与业主签订的承包合同，在此基础上通过分析合同条款、利用不平衡报价、变更施工方案等方式，达到增加合同收益的目的。

（1）利用合同条款找出变更索赔理由

由于竞争激烈，施工企业中标项目的利润已经很小，个别情况下甚至没有利润。在这种情况下，项目实施过程中能否依据合同条款进行有效的变更和索赔，成为项目是否赢利的关键。

承包合同是项目实施的最重要依据，是规范业主和施工企业行为的准则，也是成本造价控制人员应重点研究的项目文件。在合同条款基础上进行的变更和索赔，依据充分，最有说服力，成功的可能性也比较大。

如“施工过程中，可对柴油、钢筋、水泥进行调差”。此条款属于叙述不严密的条款，按业主的本意，是只能对施工现场施工机械所用的柴油、钢筋、水泥三大材进行调差，碎石、砂等材料是不能调差的。但此条款对哪些设备所使用的柴油没有具体说明。我们可以做出这样的理解：“运输以及开采碎石、砂砾的机械所使用的柴油，也在调差范围以内”。

有了合同条款关于调差的不严密条款后，我们可以以此为依据，和业主据理力争，以争取该部分费用。因此，成本管理人员必须充分认识到合同的重要性，相关条款要反复研究，仔细推敲，发现漏洞，有效利用，见图 4-6。

实例：某海外工程项目的合同条件第二部分第 70 条款规定："施工过程中出现当地材料的差价时，承包商可从业主处得到以当地货币支付的材料补差。但是承包商不能获取利润"，这些规定意味着承包商只能以当地货币收取补差；但是协议书上暗示业主支付给承包商的部分美元来自当地材料补差，合同文件间相互矛盾，且合同协议书较合同条件有解释优先权，承包商可就此提出索赔。

图 4-6　合同条款分析

(2) 利用不平衡报价，合理变更

我们在投标的过程中，为中标后谋取更大的利润，会在投标过程中采取不平衡报价的投标方法。不平衡报价的特点是投标单价中有的施工项目单价利润较低甚至亏损，有的施工项目单价利润比较高。在施工的过程中，尽量利用设计变更，增加高利润清单细目的工程数量，减少或取消亏损清单细目的工程数量，从而谋取更大的利润。

如：肥槽回填土施工，清单为 2∶8 灰土夯实，但是施工速度慢，业主想抢工换填为 C15 素混凝土，最终盈利很高，最主要是抓住了业主急切想要加快施工进度的心理。因此，合理变更要善于抓住机会，利用不同的施工工艺的特点，达到说服业主的目的。

实际案例。

南宁一期 1～4 号楼裙楼外立面装饰工程招标，外立面总面积约 8848.48m^2，包括裙楼外立面、采光顶、五层架空层钢结构及合作路、天桥外立面，其中施工内容包括：明框玻璃幕墙、竖明横隐玻璃幕墙、横明横隐玻璃幕墙、隐框玻璃幕墙、石材幕墙、落地玻璃幕墙、铝板幕墙、铝合金普通防水百叶、玻璃、铝板雨篷、玻璃地弹门、铝合金格栅、电子屏铝板包边、广告位、采光顶（轴线范围按施工图纸为准），因工程量清单项目较多，评标过程较短，对综合单价不平衡报价往往在评标过程中无法进行评审和调整，这样就会造成合同执行过程中存在不确定的风险。

原因分析：

1）因招标时工程量是由我们提供的，因时间较紧，工程量可能会存在一定偏差，若投标人在投标计量时发现了清单工程量有偏差，为了追逐高利润，他们就有可能进行不平衡报价；

2）因设计图纸质量原因，有可能在招标后出现较大的变更，这样工程量就有可能出现较大的变化，有经验的投标人就可针对这种情况进行预判，从而进行不平衡报价；

3）由于招标时间都要求很紧，评标时我们也未对不平衡报价进行全面的评审，这样就有可能会造成合同价款出现较大的变化，对目标成本的控制管理风险会很大。

(3) 技术与经济紧密配合

技术与经济紧密配合应体现在项目实施的各个阶段，在确定项目施工方案的时候尤为重要。制定施工方案的时候，不仅要考虑方案的安全性和可操作性，还应从经济方面考

图 4-7 增大立杆间距

虑，看能为施工企业带来多少利润。

如：顶板模板施工方案，增大主龙骨截面，立杆间距由 900×900 变为 1200×1200，节约周转费用，见图 4-7。

4.3.2 节约费用支出

节约费用支出的重点工作是加强项目材料费用和劳务分包及专业分包费用的控制，见图 4-8。

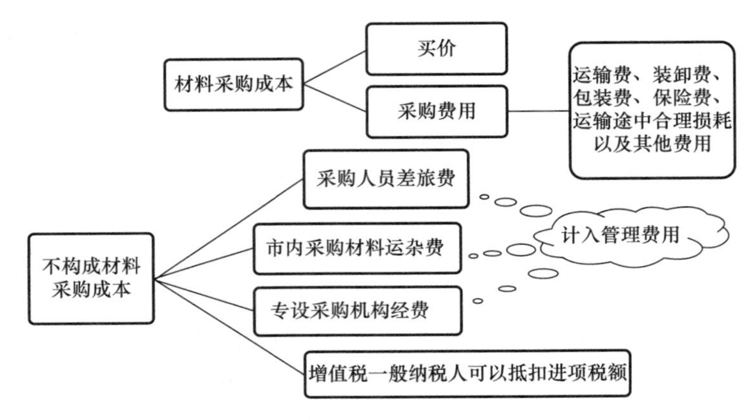

图 4-8 节约费用支出

1. 材料费用控制

材料费是项目成本管理的重要环节，控制工程成本，材料成本显得尤为重要，如果忽视了材料成本管理，项目成本管理也就失去了意义。材料成本管理必须是施工的全方位、全过程管理。因此，必须强化材料的严格控制。

应加强对材料的采购量和价格的监控，在材料采购前，材料采购部门应建立询价小组，小组对市场价格进行调查。材料采购人员所采购材料的价格不得突破询价小组的价格。列举出选材理由，同时公开厂家的联系方式，以增大监督力度，提高透明度，保证做到“货比三家”优质低价购料，见图 4-9。

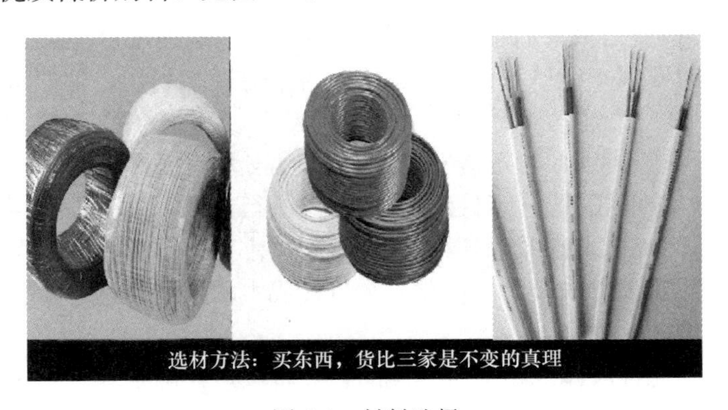

图 4-9 材料选择

同时还要强化材料使用的现场管理，使材料的质量有保证、数量能控制。在大宗料进料现场设置了地秤，每次进料均保证了至少两人同时在场，见图 4-10。

(a)

(b)

图 4-10 材料管理
(a) 石料管理；(b) 管材管理

对材料实行包干、管用一体的制度，做到职责分明、奖罚兑现。为调动施工队节约材料的积极性，可按施工用量包干，签订材料节超奖罚合同，按节超材料用量的预算价格和合同确定的奖罚比例及时兑现。

2. 劳务分包费用的控制

劳务分包费用从正常情况来看当然是越低越好，但过低的价格往往达不到好的效果。现在劳务市场竞争十分激烈，劳务队伍水平能力也参差不齐，许多劳务队伍根本就不具备承担亏损的能力。部分劳务队伍一旦亏损，就会拖欠民工工资，或与施工单位尽力纠缠，利用一切机会提高要价。在这些措施不能奏效、出现无法承受的亏损的情况下，就会消极怠工，拖延进度，甚至停止施工，逼迫施工企业满足自己的要求。

出现这种情况，对施工企业非常不利，会导致项目进度滞后，无法保证工程进度，对自身形象造成恶劣影响，并将承受来自业主的巨大压力。

为避免这种情况出现，施工企业应尽可能吸纳比较有竞争力、有信誉的劳务队伍参与施工；不要无原则地压低劳务分包单价，要对劳务分包的成本做到心里有数，避免吸纳低于成本价的劳务队伍进场施工。

在可能的情况下，施工企业可以拿出部分资金用于奖励劳务队伍，规定在施工质量、进度、安全达到较高要求的情况下，劳务队伍可获得奖励，以提高劳务队伍施工积极性，施工企业、劳务队伍达到双赢。

实际案例。

2012 年的一个老旧建筑改造工程中，总承包单位选择了一个其认为能够胜任该工程的劳务分包队伍，在整个施工过程中，该劳务分包队伍的管理人员素质明显低下，经常发生不服从总承包单位管理人员指挥的现象，加之该工程的施工场地狭小，施工难度偏大，最后整个工程的施工质量可以用很差来形容。

工程勉强竣工后，进入了结算阶段，经过最终结算，劳务分包单位以自己严重亏损不能给自己的工人支付相应的工资为由，带领一些根本没在工程中出现过的闲杂人员，将总承包单位集团门口围住，企图用这种手段迫使总承包单位答应其追加工程款的目的。

所以，选择劳务分包队伍，一定要把信誉放在第一位，这样才能达到共赢。

3. 机械费用及其他费用的控制

项目施工时要充分发挥自有施工机械设备的作用，减少设备闲置，提高设备利用率，对闲置的设备可进行出租，对于从外单位租用的机械设备及时使用、及时归还并办理单项费用结算，以降低机械设备的固定费用，见图 4-11。

图 4-11　合理利用机械

其他费用是施工企业组织施工发生的行政费用、办公费、差旅费、业务费等，涉及的内容较多，较难管理，因此必须严格控制费用开支标准，控制费用支出，尤其是要加强行政费用、差旅费、办公费、业务费的控制力度，克服盲目攀比、乱花钱财之风。

4.4　施工中的成本管理

（1）认真做好图纸会审工作

图纸会审是指工程各参建单位（建设单位、监理单位、施工单位、各设备厂家）在收到设计院施工图设计文件后，对图纸进行全面而细致的熟悉，审查出施工图中存在的问题及不合理情况并提交设计院进行处理的一项重要活动。

通过图纸会审可以使各参建单位特别是施工单位熟悉设计图纸、领会设计意图、掌握工程特点及难点、找出需要解决的技术难题并拟定解决方案，从而将因设计缺陷而存在的问题消灭在施工之前。

其实图纸会审并不单纯是寻找图纸上存在的设计问题，对施工企业而言，更重要的是，在图纸会审时，从方便施工、利于加快工程进度、能确保质量、降低资源消耗、增加工程收入几方面着手，积极提出修改意见。

对一些明显亏本的子目，在不影响质量的前提下，提出合理的替代措施，争取建设单位和设计单位的认可。因此，图纸会审也是增加收入减少损失的一个重要途径，见图 4-12。

（2）优化施工组织设计

优化施工组织设计是指在施工组织设计编制阶段合理组合工程项目生产要素，对施工技术方案进行有效的谋划和比选。优化施工组织设计是在保证满足工程质量、工期要求以及业主使用要求的前提下，增加企业收益，降低成本。

随着施工的逐步进行，对于现场主客观条件的认识不断加深，可能会发现设计与实际不符、合同条款与实际存在重大偏差等情况。这时需要变更设计，收集技术资料，得到监理签认，并向业主索赔。同时还要注意相关注意事项，尊重科学和事实，补充完善实施性施工组织设计。

由于施工方案不同，工期就会不同，投入也会不同，因此，施工方案的优化是工程成本有效控制的主要途径。

编制出技术上先进、工艺上合理、组织上精干的施工方案，均衡地安排各分项工程的进度，选择最适合项目施工的施工机械，在最大限度满足施工要求的同时，着重考虑经济性。综合考虑租赁费、进退场费和设备基础费用，同时严格控制进退场时间；合理调度周转材料，杜绝积压、闲置、浪费；现场精心布置，避免材料二次搬运，一步到位，见图 4-13。

图 4-12 图纸会审

图 4-13 优化施工组织设计会议

优化施工组织设计五要素：

1）编制人员优化；

2）施工方案优化；

3）施工进度计划优化；

4）网络计划优化；

5）施工现场平面布置优化。

随着建筑国际化进程的加快和专业分工的不断细化，建筑行业的竞争愈演愈烈。施工方要想立于不败之地就必须在施工组织设计的优化措施方面提高要求，并依据最优方案进行施工，在施工过程中不断优化。

（3）确定适宜的质量成本

工程所达到的最佳质量水平，并不是指工程质量越高越好，而是指工程建设总成本最低的质量水平，要符合合同或国家标准的要求，在提高工程质量的同时，把质量成本控制在某一合理水平。

经过综合考虑质量成本各方面因素，使工程项目的质量既符合工程标准要求，又具有经济性和可操作性。同时在施工过程中，在保证工程质量的前提下，充分利用规范允许的正负偏差节约材料的使用量，有效降低项目成本，见图 4-14。

图 4-14 施工质量检查

（4）合理安排进度降低工期成本

合理的进度，对项目的成本同样很重要。施工进度的滞后，势必造成设备租赁费用及管理费用等的增加，同时造成企业信誉成本的增加，施工进度计划横道图见图 4-15。

序号	项目名称	进度计划（总工期60天）					
		3月1日至3月10日	3月11日至3月20日	3月21日至3月30日	3月31日至4月9日	4月10日至4月19日	4月20日至4月29日
1	施工准备						
2	地基工程						
3	道路工程						
4	竣工验收						

图 4-15　施工进度计划横道图

合理的施工进度计划，必须做到以下两点：科学合理地编制施工进度计划和脚踏实地地执行作业计划。

（5）抓好进度结算，转嫁资金风险

根据合同条款约定，按时编制进度报表和工程结算资料，报送建设单位并收取进度款；同时对分包商和供货商提出相当的垫资要求，降低资金使用成本，竣工结算书见图 4-16。

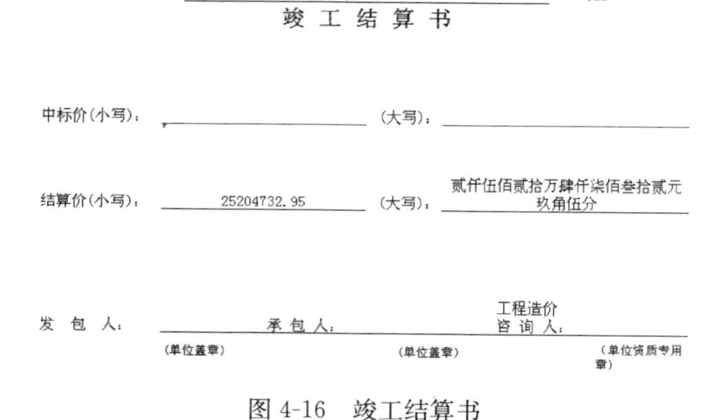

××市××区老年康复区

装修项目　工程

竣 工 结 算 书

中标价(小写)：＿＿＿＿＿＿　(大写)：＿＿＿＿＿＿

结算价(小写)：25204732.95　(大写)：贰仟伍佰贰拾万肆仟柒佰叁拾贰元玖角伍分

发 包 人：＿＿＿　承 包 人：＿＿＿　工程造价咨 询 人：＿＿＿

(单位盖章)　(单位盖章)　(单位资质专用章)

图 4-16　竣工结算书

（6）及时办理签证

由于工程工艺等的变更，导致合同承包范围、工程包干造价随之发生变化，而许多业主在变更时，不是口头上就是在会议上要求变更，往往很少发出书面通知。项目部应主动将其间发生的工程变更从自身角度出发，写出核定单，办好相关签字手续，并纳入当月工程款计收。

对由于建设单位原因造成的工程延误及损失，项目部应书面报建设单位确认，作为工程竣工工期核验依据，把双方可能引起争议的空间压减到最低。在实际操作中不能只顾埋头苦干，而缺乏书面签字确认意识，见图 4-17。

（7）严格分包及材料供货费用的审核，及时进行总结

在实际施工过程中，要对分包及材料供货费用进行合理、周密、严格的结算账单审核，从一线施工、材料部门到经营部门层层把关，减少项目不应有的开支，止住项目成本的“出血点”。

在合同履行过程中，不断总结，对出现的问题，在以后的合同中及时进行调整和修改，使合同尽可能地严谨、详细，让分包商和供货商无空子可钻，见图 4-18。

工程量签证单

编号: 001

工程名称	××区综合改造工程		
签证内容: 本工程于2012年9月5日开始停工到2012年9月27日复工，工期在原合同基础上增加22日历天；由于停工，引起人员、机械和租赁材料的停滞，以下数据是人员、机械和租赁材料停滞期间的工程量。			
	人工	停工天数（22天）	增加的工程量 （工日）
1	钢筋工14人	22	308
2	混凝土工5人	22	110
3	木工14人	22	308
4	壮工17人	22	374
5	电工2人	22	44
6	水暖工3人	22	66
7	主要管理人员14人	22	308
8	后期管理人员7人	22	154

图 4-17 工程量签认

材料价格是工程造价的重要组成部分，直接影响到工程造价的高低。原则上应根据合同约定方法，再结合甲方现场签证确定材料价格。合同约定不予调整的，审核时不应调整；合同约定按施工期间信息价格调整的，可以根据施工日记及施工技术资料确定具体的施工期间及各种材料的具体使用期间；有些工程工期较长，或有阶段性停工的，可根据各种材料的使用时期采用使用期间的平均信息价，这样比较贴近工程真实造价。

图 4-18 审核结算

对于信息价中没有发布的或甲方没有签证的材料价格，需要平时对材料价格进行收集积累，必要时可以进行市场调查确定。随着社会的发展，建材市场上出现很多新材料，特别是装饰材料，施工单位一般申报价格较高，应重视市场调查。

图 4-19 阳光采购

(8) 加强材料成本管理

成本管理是生产经营活动中的关键环节，是提高经济效益的根本途径。

在工程建设中，材料成本占整个工程成本的 70%～80%，有较大的节约潜力，往往在其他成本出现亏损时，要靠材料的节约来弥补。

成本管理原则：

1）在保证质量的前提下，坚持“阳光采购”“从廉采购”，杜绝“灰色收入”，见图 4-19；

2）根据施工程序及工程形象进度，周

密安排分阶段的材料计划。这不仅可以保证工期与作业的连续性，而且可以用好用活流动资金，降低库存成本，在资金周转困难时尤为重要，材料采购计划表见表 4-1；

材料采购计划表 **表 4-1**

工程名称：　　　　　　　　　　　　　　　　　　　　编号：
计划人：　技术负责人：　生产负责人：　预算科：　商务经理：　项目经理：　年　月　日

序号	材料名称	规格型号	单位	计划用量	批准数量	进货日期	质量标准
1							
2							
3							
4							
5							
6							

图 4-20　材料合理码放

3）加强现场管理，合理堆放，减少搬运和倒运损耗，见图 4-20；

4）要严格执行材料消耗定额，对周转材料及大宗材料，如钢材、方木、多层板等包死基数，以限额领料来落实，见图 4-21；

5）对各种材料，坚持余料回收，废物利用。这是材料成本不可忽视的最终环节，见图 4-22。

（9）密切关注市场动态，设法提高甲方确认价，及时调整采购价

对市场价格上涨的材料严格按合同价执行，对价格下调的材料实行重新定价或更换供应商或分包商，节约成本，减少支出。

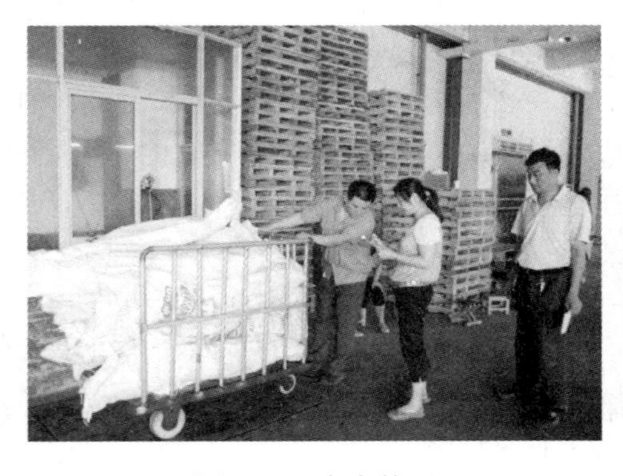
图 4-21　库房管理

图 4-22　余料回收

4.5 竣工前后的成本管理

4.5.1 竣工验收资料的准备

合同条款对工程竣工验收有十分明确的界定，以完工交付验收截止期作为衡量工期履约与违约的基本原则。因此，要做好工程验收资料的收集、整理、汇总，尤其应明确各分包单位提交阶段性竣工资料的名称、数量和时间，并进行分析、归档，以确保完工交付竣工资料的完整性、可靠性。

工程资料应符合如下要求：

(1) 同步性：应在竣工验收前汇总、整理完毕；

(2) 规范性：应符合现行规范、标准规定及设计、合同要求；

(3) 完整性：各类施工资料应完整，并相互交圈；

(4) 真实性：资料内容应真实、有效，不得弄虚作假；

(5) 科学性：资料的分类、编号、组卷应合理、科学，便于追溯、查询；

(6) 竣工图：应按规定要求绘制、整理。

然而，在实际工程中竣工资料有时候不是非常完整，这里面有许多客观的原因。

有一种原因不可忽视，那就是政府工程存在一个使用单位和一个代建单位，而代建单位同时又是拨款单位，由于在工程中使用单位会提出一些对工程的改动要求，而代建单位可能因为资金问题不同意，这就容易造成工程资料不能及时签认，给竣工资料的收集和整理带来一定难度，这就要求施工单位在施工过程中及时做好资料的签认和收集，为竣工验收提供前期保障。

4.5.2 加强竣工决算管理

工程竣工决算是指在工程竣工验收交付使用阶段，由建设单位编制的建设项目从筹建到竣工验收、交付使用全过程中实际支付的全部建设费用。

竣工决算是建设工程经济效益的全面反映，是项目法人核定各类新增资产价值，办理其交付使用的依据。通过竣工决算，一方面，能够正确反映建设工程的实际造价和投资结果；另一方面，通过竣工决算与概算、预算的对比分析，可以考核投资控制的工作成效，总结经验教训，积累技术经济方面的基础资料，提高未来建设工程的投资效益。

竣工决算是整个建设工程的最终价格，是建设单位财务部门汇总固定资产的主要依据。

在竣工决算阶段，项目部有关施工、材料部门必须积极配合预算部门，将有关资料汇总、递交至预算部门，预算部门将预算、材料实耗清单、人工费发生额进行分析、比较，查寻决算的漏项，以确保决算的正确性、完整性；与此同时，将合同规定的“开口”项目，作为增加决算收入的重要方面，见图 4-23。

竣工决算的内容应包括从项目策划到竣工投产全过程的全部实际费用。竣工决算的内容包括竣工财务决算说明书、竣工财务决算报表、工程竣工图和工程造价对比分析四个部分。其中竣工财务决算说明书和竣工财务决算报表又合称为竣工财务决算，它是竣工决算的核心内容。

图 4-23 竣工决算

4.5.3 提高索赔意识

随着当前市场经济的发展，建筑行业面临的竞争也越来越激烈。而施工索赔对建筑行业的经济效益具有非常重要的影响。

工程施工中的索赔指的是一方当事人在合同实施的过程中，按照相关的合同规定来对不属于自身承担的损失要求补偿的一种行为。索赔作为当前市场经济发展过程中比较常见的法律行为，对施工单位合法权益的维护具有非常重要的意义。

具体来说，工程索赔不但可以有效降低施工方的损失，同时还能促使施工方及时收回价款，争取自身的利益，维护自身的合法权益。因此作为施工方，一定要切实做好施工项目管理当中的索赔工作，按照相关合同的规定来争取自身的最大利益。

加强索赔管理是获得经济效益的主要途径之一。收集施工中保存的各种与合同有关资料，如施工日记、来往信函、气象资料、会议纪要、备忘录、工程声像资料等，为索赔提供详尽的证明材料。

利用建设单位变更设计图纸、增减工作量等时机，在补充合同中争取主动，必要时可进行索赔，以拓宽利益空间。

索赔的程序：

(1) 索赔事件发生后 28 天内，向监理工程师发出索赔意向通知；

(2) 发出索赔意向通知后的 28 天内，向监理工程师提交补偿经济损失和（或）延长工期的索赔报告及有关资料；

(3) 监理工程师在收到承包人送交的索赔报告和有关资料后，于 28 天内给予答复；

(4) 监理工程师在收到承包人送交的索赔报告和有关资料后，28 天内未予答复或未对承包人做进一步要求，视为该项索赔已经认可；

(5) 当该索赔事件持续进行时，承包人应当阶段性向监理工程师发出索赔意向通知。在索赔事件终了后 28 天内，向监理工程师提供索赔的有关资料和最终索赔报告。

4.5.4 加强应收账款的管理

工程竣工以后，要及时进行结算，以明确债权债务关系。项目部要落实专人，与建设单位加强联系，紧盯不放，力争尽快收回资金。对一些不能在短期内偿清债务的甲方，通过协商签订还款计划，明确还款时间，制定违约责任，以增强对债务单位的约束力。对一些收回资金可能性较小的应收账款，可采取让利清收等办法，以减轻成本损失，见图 4-24。

…工程结算书…

建设单位：上海×××园艺有限公司

工程名称：×××车库入口廊架工程　　　　第 1 页

序号	定额编号	项目名称	单位	工程量	单价	合价
		车库一				
1	5-1-1系换	钢柱驳运 3t以内 运距1km内	t	1.200	41.41	49.69
2	5-1-4系换	钢梁驳运 运距1km内	t	2.400	74.86	179.66
3	5-3-1换	金属构件卸车	t	3.600	37.99	136.76
4	5-5-10换	钢柱安装 4t以内	t	1.200	3822.52	4587.02
5	5-5-5换	钢梁安装	t	2.400	3809.95	9143.88
6	10-9-47换	钢化玻璃采光天棚 钢结构	m²	168.000	329.33	55327.44
7	10-2-33换	嵌缝剂 钢化玻璃 嵌缝	m²	168.000	147.02	24699.36
8	10-13-13换	过氯乙烯漆 五遍成活 其他金属面	t	3.600	736.67	2652.01
9	6-10-13换	玻璃驳接件安装	个	98.000	198.08	19411.84
10	4-4-41	预埋铁件	t	0.040	7037.64	281.51
11	5-7-2换	紧固高强螺栓安装 调换全部安装螺栓	套	64.000	5.54	354.56
12	11-1-8	零星铁件	t	0.010	7791.22	77.91
		小　计	元			116901.64

图 4-24　竣工结算

4.6　责任预算编制

4.6.1　责任预算费用组成

责任预算费用组成如下：

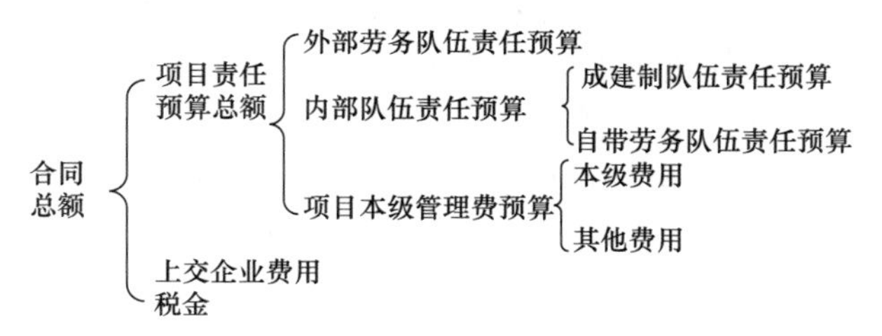

4.6.2　责任预算与投标报价的区别

（1）作用不同：责任预算用于项目管理，投标报价是项目营销的一个部分。

（2）依据不同：责任预算更多地是以现场实际为依据，投标报价则是以国家政策和业主要求为依据。

4.6.3　责任预算编制体制

责任预算实行“两级责任预算编制体制”。工程公司负责项目部责任预算的编制和调整，项目部负责责任中心责任预算的编制和调整。

两级责任预算编制体制的建立，较好地解决了项目责任成本管理的及时性和自律性，同时生成了项目长调控基金，突出了责任成本管理工作中项目长的中心地位并强化了项目长第一责任人的权利。

4.6.4　责任预算的调整

责任预算实行动态管理是开展“零利润集体承包机制”的前提条件，发生了不应由责任中心承担的责任（比如施工方案调整，工作量发生增减，材料价格发生较大波动，或者遭受自然灾害造成损失等情形），都必须及时调整责任预算以确保责任预算与责任范围相吻合。关键的问题是明确哪些情况可以调，什么时候调，采取什么方式调？项目部的责任预算调整由工程公司确定，责任中心的预算调整则由项目管理层确定。

原则性的条件有三条：

（1）发生设计变更；

（2）材料价格波动达到一定幅度；

（3）不可抗力造成重大损失，索赔或保险赔偿不足以弥补的部分。

4.7　创效工作的基本思路

（1）研究合同，寻找合同的突破口

1）分析变更的方向。

2）查找业主违约责任，为变更和索赔找依据。

3）分析合同规定的计量规则，提高变更工作的技巧性。

（2）把握时机，找准创效工作切入点

变更创效工作，重点是关键时机的把握，错过了就很难弥补，必须抓住关键时机，争取把工作做在前面。选标段、分概算、出设计图、施工过程、竣工结算等各个阶段都存在创效机会。所谓预则立、不预则废，意味着对创效工作整体要有规划，各时期要做什么工作有明确的目标，也就是要踏准节奏，针对不同的实际情况，有计划按步骤实施。

（3）有的放矢，做有效益的变更

衡量变更工作的好坏，不能简单地按照变更增加规模的多少来考核。如果亏损的分项工程，增加数量越多，亏损越大，这样的变更做了不如不做，关键是要分析变更产生的净收益是增还是减，努力实现增盈减亏。

（4）优化设计，通过技术手段创效

深入研究设计图纸、概算资料等，通过寻找原设计可能存在的缺陷，有理有据地做设计院的工作，优化原设计结构和施工方案，让设计院按施工方意图改变设计，从而改变原有项目和单价，见图4-25。

图4-25　研究设计图纸

项目部针对工程特点，应在开工之初即编制整个工程的《深化设计管理工作计划》，指导工程深化设计工作，充分发挥技术的龙头作用。深化设计工作由项目总工程师牵头，各专业分包单位参与，充分利用各专业分包单位

“专业”的技术优势，从而在组织上保证深化设计工作的质量。

深化设计工作开始前，深化设计人员对原设计图纸、设计资料及相关规范要进行深入的了解，并结合工程的各专项施工方案，就工程的设计内容进行会商，对各部位进行有效的分析，并与设计院及业主保持密切的联系，及时解决过程中遇到的各种问题，保证深化工作保质保量地完成。深化设计完成后，立即走监理、设计、业主确认流程，“巩固”深化设计成果。

（5）提高认识，以积极的态度良好的心态促进创效工作

越是规范的建筑市场，变更索赔越规范，越是要光明正大地开展工作。同时，在从事这项工作的时候要特别注意克服畏难情绪，要经得起挫折并坚持下去，杜绝只干不算、只算不报、只报不要的惰性和畏难思想。不能局限于合同条款要求该办的变更索赔手续，即使现在不能验工计价，现在也必须积累资料，以备日后同建设单位清理概算用。

4.8 创效工作的基本方法

（1）明确分工，建立责任制

变更工作的第一责任人是项目经理，分管领导为总工程师，牵头单位是计划预算部门，其他如工程、物资、设备、财务等部门提供相关资料，配合开展变更索赔工作，见图4-26。

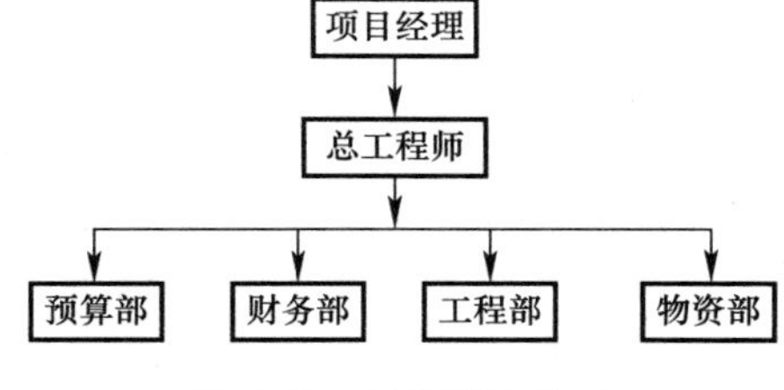

图4-26 工作岗位分工

（2）自下而上，做好设计单位工作

设计院的工作是创效工作的重点。设计院的工作不同阶段也各有所侧重，在投标前的选标段、分概算阶段把工程量加上去，确保我们选定的标段投资不被核减，这些都是由经营人员专职负责的，项目上的业务人员还较少涉及。

对项目而言，重点是项目上场后，如何开展对设计院的工作。从方法上讲，对设计院的工作一般是自下而上的，先私后公的。

（3）建立台账，规范管理变更索赔资料

变更索赔工作涉及各业务部门，资料比较多，如果平时不注意资料的归档整理，一旦统一调价工作开始了，相关资料找不着，签字盖章手续不完善，就会坐失良机。

图4-27 变更索赔台账

所以在资料方面没有别的省时省力的经验，只有一条：专人负责，认真、细致地建立登记台账，按规定的编号、标准、份数、签字手续把相关资料分类保管，资料不齐的，资料员要及时向各业务部门催要补齐，见图4-27。

（4）诚信为本，兼顾变更索赔的技巧性

变更索赔工作能否成功，虽然与人际关系的沟通是否到位有很大关系，但变更索赔的内容才是最关键的，也就是事实是第一位的，关

系是第二位的，这点不能本末倒置。

变更索赔工作必然要基于一定的事实，变更索赔的范围、金额于情于理都要讲得通，不讲诚信、信口开河、漫天要价，不仅业主和设计院没法核准变更索赔的要求，而且容易造成对施工方的不信任，给以后的工作造成麻烦。所以基本的原则是有理有据，并且站在为业主降低成本、减少风险的角度，这样提出的变更更容易为业主所接受。

4.9 奖金管理

4.9.1 资金计划

资金计划就是为维持企业的财务流动性和适当的资本结构，以有限的资金谋取最大的效益，而采取的关于资金的筹措和使用的一整套计划。

（1）根据工程进度编制资金计划。

（2）加速资金周转，合理安排资金。

（3）资金使用原则：以收定支，先内后外，先急后缓，先多后少，不得透支。

4.9.2 资金紧张的原因

（1）拖欠工程款严重。

（2）自有资金不足。

（3）非生产性固定资产占用资金。

（4）工程款结算效率低。

（5）可支配资金统筹不够。

（6）项目经理不善于驾驭资金。

（7）其他问题。

4.9.3 怎样控制和指导项目部使用好资金

（1）抓好在建工程进度款的合同履约率。

（2）控制好进度计划，及时清退周转器材，以减少器材外租抵押金和租赁费支出。

（3）选用有一定垫付能力的外包队伍。

（4）增强资金回收的力度。

（5）联合进行批量定点采购，以节约使用资金。

（6）抓紧竣工工程的定案结算工作，及时回收工程尾款。

（7）坚决停建无资金工程。

（8）试行专款专用。

5 施工合同管理

5.1 工程合同管理的定义

工程项目建设过程中所有参与者相互之间通过合同对工程项目的管理称为工程合同管理。工程合同管理是项目管理的核心，见图 5-1。

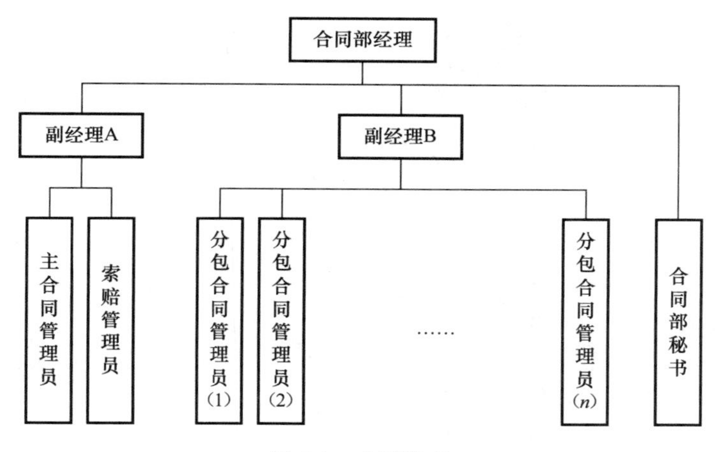

图 5-1 合同管理

5.2 建设工程合同管理主要内容

建设工程合同管理主要有 4 个内容（合同相关方见图 5-2）。

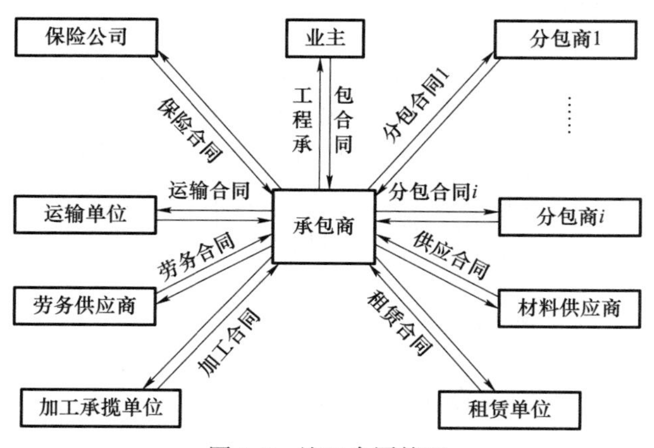

图 5-2 施工合同管理

（1）合同订立前的管理。

（2）合同订立中的管理。

（3）合同履行中的管理。

（4）合同发生纠纷时的管理。

5.3 建设工程合同体系

建设工程合同体系，见图 5-3。

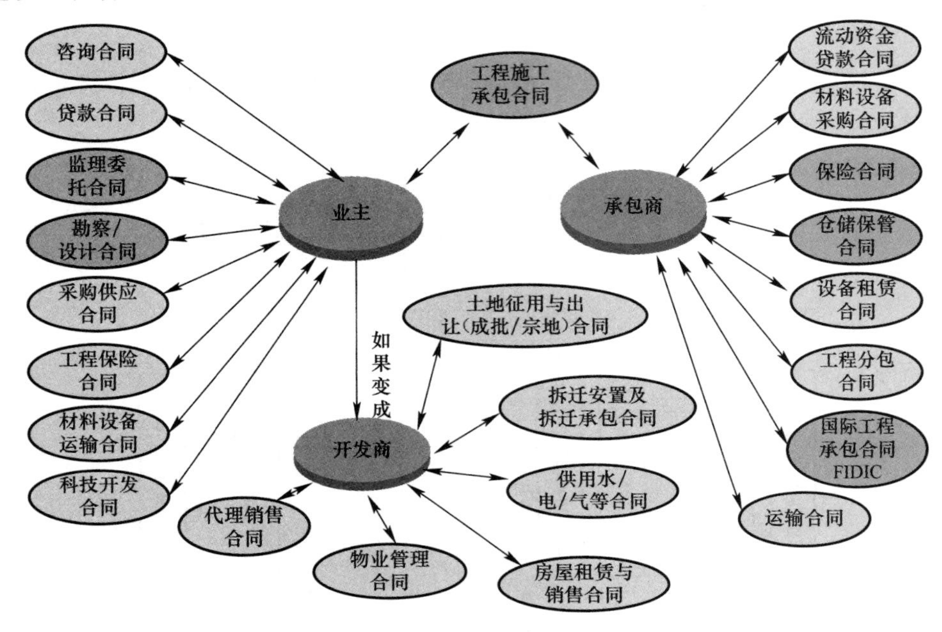

图 5-3 合同体系

5.4 施工合同管理

5.4.1 什么是施工合同

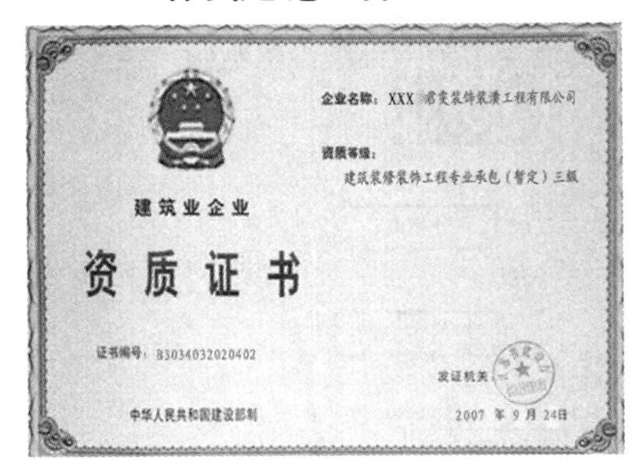

图 5-4 承包人资质证书

施工合同即建筑安装工程承包合同，是发包人和承包人为完成商定的建筑安装工程，明确相互权利、义务关系的合同。

发包人一般只能是具有国家批准建设项目的法人，必须拥有国家批准的建设项目，落实投资计划，并且应当具备相应的协调能力。

承包人则必须是具有相应的从事施工资质的法人，见图 5-4。

5.4.2 施工合同特征

施工合同具有如下特征。

(1) 合同主体的严格性：建设工程施工合同的承包人，除了在经工商行政管理部门核准的经营范围内从事经营活动外，应当遵守企业资质等级管理的规定，不得超级承揽任务。

(2) 合同标的的特殊性：施工合同的标的是各类建筑产品，建筑产品是不动产，建造过程中往往受到自然条件、地质水文条件、社会条件、人为条件等因素的影响。这就决定了每个施工合同的标的物不同于工厂批量生产的产品，具有单件性的特点。所谓“单件性”是指不同地点建造的相同类型和级别的建筑，施工过程中所遇到的情况不尽相同，在甲工程施工中遇到的困难在乙工程施工中不一定发生，而在乙工程施工中可能出现甲工程施工中没有发生过的问题，相互间具有不可替代性。

(3) 合同履行期限的长期性：由于建筑物的结构复杂、体积大、建筑材料类型多、工作量大，使得建筑物的施工工期都较长（与一般工业产品的生产相比）。

(4) 计划性和程序的严格性：签订建设工程施工合同，必须以建设计划和具体建设设计文件已获得国家有关部门批准为前提。签订建设工程施工合同须以履行有关法定审批程序为前提，这是由于建设工程施工合同的标的物为建筑产品，需要占用土地，耗费大量的资源，属于国民经济建设的重要组成部分。凡是没有经过计划部门、规划部门的批准，不能进行工程设计，建设行政主管部门不予办理报建手续及施工许可证，更不能组织施工。在施工过程中，如需变更原计划项目功能的，必须报经有关部门审核同意。

(5) 要求采用书面形式。

(6) 合同履行监督的严格性：有关主管部门在各自的职权范围内，依照法律、行政法规规定的职责，运用指导、协调、监督等行政手段促使合同当事人依法订立、变更、履行、解除、终止合同和承担违约责任，制止和查处利用合同进行的违法行为，调解合同纠纷，维护合同秩序。

(7) 合同种类的多样性和内容的复杂性：建筑产品是一种特殊商品，涉及土建、机电安装、装饰、材料采购及劳动力输入、机械投入、资金信贷等诸多方面。建筑产品生产主体的多元化，决定了建筑企业合同种类的多样性和内容的复杂性。

5.4.3 《建设工程施工合同（示范文本）》简介

《建设工程施工合同（示范文本）》GF-2017-0201 已由住房城乡建设部、国家工商行政管理总局于 2017 年联合发布，原《建设工程施工合同（示范文本）》GF-2013-0201 同时废止。

与《建设工程施工合同（示范文本）》GF-2013-0201 相比，2017 版《建设工程施工合同（示范文本）》GF-2017-0201 的修改见表 5-1。

2017版《建设工程施工合同（示范文本）》与2013版修改部分对照表　　表5-1

部分	序号	2017版施工合同	2013版施工合同
通用合同条款	1.1.4.4缺陷责任期	缺陷责任期：是指承包人按照合同约定承担缺陷修复义务，且发包人预留质量保证金（已缴纳履约保证金的除外）的期限，自工程实际竣工日期起计算	缺陷责任期：是指承包人按照合同约定承担缺陷修复义务，且发包人预留质量保证金的期限，自工程实际竣工日期起计算
	14.1竣工结算申请	除专用合同条款另有约定外，竣工结算申请单应包括以下内容： （3）应扣留的质量保证金。已缴纳履约保证金的或提供其他工程质量担保方式的除外	除专用合同条款另有约定外，竣工结算申请单应包括以下内容： （3）应扣留的质量保证金
	15.2缺陷责任期	15.2.1缺陷责任期从工程通过竣工验收之日起计算，合同当事人应在专用合同条款约定缺陷责任期的具体期限，但该期限最长不超过24个月。 单位工程先于全部工程进行验收，经验收合格并交付使用的，该单位工程缺陷责任期自单位工程验收合格之日起算。因承包人原因导致工程无法按合同约定期限进行竣工验收的，缺陷责任期从实际通过竣工验收之日起计算。因发包人原因导致工程无法按合同约定期限进行竣工验收的，在承包人提交竣工验收报告90天后，工程自动进入缺陷责任期；发包人未经竣工验收擅自使用工程的，缺陷责任期自工程转移占有之日起开始计算。 15.2.2缺陷责任期内，由承包人原因造成的缺陷，承包人应负责维修，并承担鉴定及维修费用。如承包人不维修也不承担费用，发包人可按合同约定从保证金或银行保函中扣除，费用超出保证金额的，发包人可按合同约定向承包人进行索赔。承包人维修并承担相应费用后，不免除对工程的损失赔偿责任。发包人有权要求承包人延长缺陷责任期，并应在原缺陷责任期届满前发出延长通知。但缺陷责任期（含延长部分）最长不能超过24个月。 由他人原因造成的缺陷，发包人负责组织维修，承包人不承担费用，且发包人不得从保证金中扣除费用	15.2.1缺陷责任期自实际竣工日期起计算，合同当事人应在专用合同条款约定缺陷责任期的具体期限。但该期限最长不超过24个月。 单位工程先于全部工程进行验收，经验收合格并交付使用的，该单位工程缺陷责任期自单位工程验收合格之日起算。因发包人原因导致工程无法按合同约定期限进行竣工验收的，缺陷责任期自承包人提交竣工验收申请报告之日起开始计算；发包人未经竣工验收擅自使用工程的，缺陷责任期自工程转移占有之日起开始计算。 15.2.2工程竣工验收合格后，因承包人原因导致的缺陷或损坏致使工程、单位工程或某项主要设备不能按原定目的使用的，则发包人有权要求承包人延长缺陷责任期，并应在原缺陷责任期届满前发出延长通知，但缺陷责任期最长不能超过24个月
	15.3质量保证金	经合同当事人协商一致扣留质量保证金的，应在专用合同条款中予以明确。 在工程项目竣工前，承包人已经提供履约担保的，发包人不得同时预留工程质量保证金	经合同当事人协商一致扣留质量保证金的，应在专用合同条款中予以明确

续表

部分	序号	2017 版施工合同	2013 版施工合同
通用合同条款	15.3.2 质量保证金的扣留	发包人累计扣留的质量保证金不得超过工程价款结算总额的 3%。如承包人在发包人签发竣工付款证书后 28 天内提交质量保证金保函，发包人应同时退还扣留的作为质量保证金的工程价款；保函金额不得超过工程价款结算总额的 3%。 发包人在退还质量保证金的同时按照中国人民银行发布的同期同类贷款基准利率支付利息	发包人累计扣留的质量保证金不得超过结算合同价格的 5%，如承包人在发包人签发竣工付款证书后 28 天内提交质量保证金保函，发包人应同时退还扣留的作为质量保证金的工程价款
	15.3.3 质量保证金的退还	缺陷责任期内，承包人认真履行合同约定的责任，到期后，承包人可向发包人申请返还保证金。 发包人在接到承包人返还保证金申请后，应于 14 天内会同承包人按照合同约定的内容进行核实。如无异议，发包人应当按照约定将保证金返还给承包人。对返还期限没有约定或者约定不明确的，发包人应当在核实后 14 天内将保证金返还承包人，逾期未返还的，依法承担违约责任。发包人在接到承包人返还保证金申请后 14 天内不予答复，经催告后 14 天内仍不予答复，视同认可承包人的返还保证金申请。 发包人和承包人对保证金预留，返还以及工程维修质量、费用有争议的，按本合同第 20 条约定的争议和纠纷解决程序处理	发包人应按 14.4 款（最终结清）的约定退还质量保证金
专用合同条款	15.3 质量保证金	关于是否扣留质量保证金的约定：________。 在工程项目竣工前，承包人按专用合同条款第 3.7 条提供履约担保的，发包人不得同时预留工程质量保证金	关于是否扣留质量保证金的约定：________
工程质量保修书	三、缺陷责任期	工程缺陷责任期为____个月，缺陷责任期自工程通过竣工验收之日起计算	工程缺陷责任期为____个月，缺陷责任期自工程实际竣工之日起计算

5.4.4 施工合同文件的组成

目前我国的《建设工程施工合同（示范文本）》借鉴了国际上广泛使用的 FIDIC 土木工程施工合同条款，由住房城乡建设部、国家工商行政管理总局联合发布，主要由合同协议书、通用合同条款、专用合同条款 3 部分组成，并附有承包人承揽工程项目一览表、发包人供应材料设备一览表、工程质量保修书等 11 个附件。

5.4.5 施工合同文件的优先解释顺序

根据《中华人民共和国招标投标法》及国家部委有关招标投标的管理办法，很多工程建设项目必须经过招标投标程序来确定承包人。虽然合同协议书只有区区数页，但合同组成文件数量众多，各文件制定的时间存在差异，加之工期较长，施工期间又会产生许多文件，各文件相互之间难免发生矛盾。当合同双方因采用不同的合同条款而产生分歧时，要正确应用合同文件的优先顺序原则化解纠纷。

九部委《中华人民共和国标准施工招标文件》中通用合同条款第 1.4 款是关于合同文件优先顺序的规定。第 1.4 款规定，组成合同的各项文件互相解释，互为说明，除专用合同条款另有约定外，解释合同文件的优先顺序如下：

（1）合同协议书；

（2）中标通知书；

（3）投标函及投标函附录；

（4）专用合同条款；

（5）通用合同条款；

（6）技术标准和要求；

（7）图纸；

（8）已标价工程量清单；

（9）其他合同文件。

根据以上合同解释的原则，重要的问题、最后确定的事宜和需要特别承诺或变通的条款应写入优先顺序在前的文件。如双方当事人对合同文件的解释顺序有特殊约定的，双方应在“专用合同条款”中明确约定，并优先于“通用合同条款”的约定。

变更的协议或文件其效力高于其他合同文件签署在后的协议，或文件效力高于签署在先的协议或文件。

5.4.6 合同文件出现矛盾或歧义的处理程序

（1）由双方协商解决。

（2）可以提请负责监理的工程师做出解释。

（3）按照合同约定的争议解决方式处理。

按照通用条款的规定，当合同文件内容含糊不清或不一致时，在不影响工程正常进行的情况下，由发包人和承包人协商解决。双方也可以提请负责监理的工程师做出解释。双方协商不成或不同意负责监理的工程师的解释时，按合同约定的解决争议的方式处理。

对于实行“小业主、大监理”的工程，可以在专用条款中约定工程师做出的解释对双方都有约束力。如果任何一方不同意工程师的解释，再按合同约定的解决争议的方式处理。

5.4.7 订立施工合同应具备的条件

（1）项目符合国家建设程序，初步设计和总概算已经批准、落实。

（2）工程项目已经列入国家或地方年度基本建设计划。

（3）具有满足施工需要的设计文件和有关技术资料。

（4）建设资金和主要建筑材料设备来源已经落实。

（5）招标投标工程，中标通知书已经下达。

（6）合同当事人双方均有合法资格和履行合同的能力。

5.4.8 订立施工合同的程序方式

（1）订立建筑工程施工合同应符合下列原则：

1）合同当事人的法律地位平等。一方不得将自己的意志强加给另一方；

2）当事人依法享有自愿订立合同的权利，任何单位和个人不得非法干预；

3）当事人确定各方的权利和义务应当遵守公平原则；

4）当事人行使权利、履行义务应当遵循诚实信用原则；

5）当事人应当遵守法律、行政法规和社会公德，不得扰乱社会经济秩序，不得损害社会公共利益；

订立建筑工程施工合同的谈判，应根据招标文件的要求，结合合同实施中可能发生的各种情况进行周密、充分的准备，按照“缔约过失责任原则”保护企业的合法权益；

（2）承包人与发包人订立建筑工程施工合同应符合下列程序：

1）接受中标通知书；

2）组成包括项目经理的谈判小组；

3）草拟合同专用条款；

4）谈判；

5）参照发包人拟定的合同条款或《建设工程施工合同（示范文本）》与发包人订立建筑工程施工合同；

6）合同双方在合同管理部门备案并缴纳印花税。

5.4.9 发包人工作

（1）负责土地征用、拆迁、平整施工场地等工作，使施工场地具备施工条件，在开工后继续负责解决上述工作遗留的问题。

（2）将施工所需水、电、通信线路从施工场地外部接驳至专用条款约定的地点，保证施工期间的需要。

（3）开通施工场地与城乡公共道路间的通道，满足施工运输的需要。

（4）向承包人提供施工场地的工程地质勘查资料，以及施工现场及毗邻区域内供水、排水、供电、供气、供热、通信、广播电视等地下管线资料，气象和水文观测资料，相邻建筑物和构筑物、地下工程的有关资料。

（5）办理施工许可证及其他所需证件，办理临时用地、停水、停电、中断道路交通、爆破作业等的申请批准手续。

（6）组织承包人和设计单位进行图纸会审和设计交底。

（7）协调处理施工场地周围地形关系问题和做好邻近建筑物、构筑物、古树名木的保护工作。

（8）双方约定的其他工作。

虽然通用条款规定上述工作内容属于发包人的义务，但发包人可以将上述部分工作委托承包人办理，具体内容可以在专用条款内约定，其费用由发包人承担。属于合同约定的发包人的义务，如果发包人不按合同约定完成，导致工期延误或给承包人造成损失时，发包人应赔偿承包人的有关损失，延误的工期相应顺延。

5.4.10 承包人工作

（1）根据发包人的委托，在其设计资质允许的范围内，完成施工图设计或与工程配套的设计，经监理工程师确认后使用，发生的费用由发包人承担。如果属于设计施工总承包合同或承包工作范围内包括部分施工图设计任务，则专用条款内需要约定承担设计任务单位的设计资质等级及设计文件的提交时间和文件要求（可能属于施工承包人的设计分包人）。

（2）向工程师提供年、季、月工程进度计划及相应进度统计报表，约定应提供计划、报表的具体名称和时间。

（3）按工程需要提供和维修非夜间施工使用的照明、围栏设施，并负责安全保卫。需要约定具体的工作位置和要求。

（4）按专用条款约定的数量和要求，向发包人提供在施工现场办公和生活的房屋及设施，发生的费用由发包人承担。需要约定设施名称、要求和完成时间。

（5）遵守有关部门对施工场地交通、施工噪声以及环境保护和安全生产等的管理规定，按管理规定办理有关手续，并以书面形式通知发包人，发包人承担由此发生的费用，因承包人责任造成的罚款除外。约定需承包人办理的有关内容。

（6）已竣工工程未交付发包人之前，承包人按专用条款约定负责已完成工程的成品保护工作，保护期间发生损坏，承包人自费予以修复。要求承包人采取特殊措施保护的单位工程的部位和相应追加合同价款，在专用条款内约定。

（7）按专用条款的约定做好施工现场地下管线和邻近建筑物（包括文物保护建筑）、构筑物、古树名木的保护工作。约定需要保护的范围和费用。

（8）保证施工场地符合环境卫生管理的有关规定。交工前清理现场达到专用条款约定的要求，承担因自身原因违反有关规定造成的损失和罚款。根据施工管理规定和当地的环保法规，约定对施工现场的具体要求。

（9）承包人应做的其他工作。

5.4.11 工程师及其职权

工程实行监理的发包人委托的监理工程师职权：按照国家监理规范及有关规定，同时依照监理合同、施工合同等相关内容和权利进行施工全过程监理，行使合同规定或隐含的职权，代表发包人负责监督和检查工程的质量、进度，试验和检验承包人使用的与合同工程有关的材料、设备、工艺，及时向承包人提供指令、批准和通知，见图 5-5。

发包人派驻施工现场的代表职权：负责本项目全过程的建设管理及联系、沟通、协调工作。

图 5-5 监理工程师检查施工

5.4.12 施工合同的进度控制条款

(1) 合同双方约定合同工期

合同工期按总日历天数计算，包括开工日期、竣工日期和合同工期的总日历天数，见图 5-6。

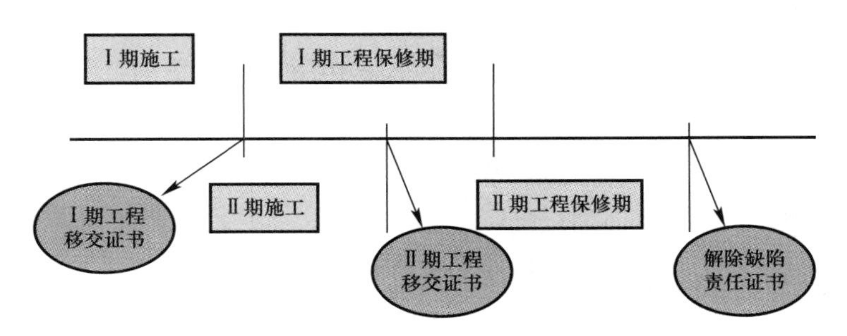

图 5-6 合同工期+缺陷责任期

(2) 承包人提交进度计划

将施工组织设计和工程进度计划提交给工程师。

群体工程中单位工程分期进行施工的处理，见图 5-7。

序号	项目名称	进度计划（总工期280天）													
		20	40	60	80	100	120	140	160	180	200	220	240	260	280
1	施工准备														
2	土方开挖														
3	干砌石														
4	勾缝														
5	土方回填														
6	钢筋混凝土														
7	清理场地														
8	竣工验收														

图 5-7 单位工程施工进度计划横道图

(3) 工程师对进度计划予以确认或提出修改意见

说明：

1) 工程师对进度计划予以确认的主要目的是为工程师对进度控制提供主要依据；

2) 工程师确认或提出修改意见，并不免除承包人对施工组织设计和工程进度计划本身的缺陷所应承担的责任。

(4) 延期开工

承包人要求延期开工的应当不迟于协议书约定的开工日期前 7 天，以书面形式向工程师提出延期开工申请。

只有非承包人原因或非承包人承担的风险造成的延期开工，工程师才予以批准。发包人原因造成的延期开工，工程师应以书面形式通知承包人；推迟开工日期，同时发包人应赔偿承包人延期开工造成的损失，并相应顺延工期。

(5) 暂停施工

工程师要求的暂停施工须事先向业主报告，并书面通知承包人，48 小时内提出书面处理意见。承包人实施后提出复工申请，工程师应于48小时内答复，工程师48小时内未答复、未提出处理意见的，承包人可自行复工。

（6）停工责任划分与索赔

建筑工程停工的原因有3种，发包人原因、承包人原因和工程师原因，根据责任的不同形成了不同的索赔内容。

因发包人原因造成暂停施工的，应由发包人承担所发生的费用，工期顺延，赔偿承包人由此造成的损失。

因承包人原因造成暂停施工的，应由承包人承担所发生的费用，工期不予顺延。

5.4.13 设计变更

（1）发包人对原设计进行变更

应提前14天以书面形式向承包人发出变更通知。如果变更仅涉及施工图设计修改的，需经原设计单位同意。如果变更超过原设计标准或批准的建设规模时，发包人应通知工程师审查后，由业主转交原设计单位进行修改，经原规划管理部门和其他有关部门审查批准后方可执行。

（2）承包人要求对原设计进行变更

合理化建议涉及对设计图纸进行变更，但须经工程师同意、有关部门审查批准，并由原设计单位提供变更后的相应图纸和说明。

工程师对设计变更的确认要有相应的表明变更意图的书面文件。

图5-8 工期顺延

5.4.14 工期可以顺延的工期延误

工期可以顺延的根本原因在于，这些情况属于发包人违约或者应当由发包人承担的风险，承包人在工期可以顺延的情况发生后14天内，以书面形式向工程师提出报告。工程师在收到报告后14天内予以确认答复，逾期不予答复，视为报告要求已经被确认，见图5-8。

经工程师确认的顺延工期应纳入合同工期，作为合同工期的一部分。

5.4.15 竣工验收阶段的进度控制

竣工验收程序：

（1）承包人提交竣工验收报告；

（2）发包人组织验收。

发包人在收到竣工验收报告后28天内组织有关部门验收，并在验收后14天内给予认可或者提出修改意见。

需修改后才能达到验收要求的，竣工日期为承包人修改后提请发包方验收的日期。

竣工验收合格的工程，竣工日期为承包人送交竣工验收报告的日期。

竣工验收阶段进度控制的主要工作内容有：发包人要求提前竣工应当与承包人进行协

商，并形成提前竣工的协议。发包人不按时组织验收，即从收到承包人送交的竣工验收报告之日起28天内不组织验收的，从第29天起发包人应承担工程保管及意外责任。甩项工程当事人双方应另行签订有关协议。

5.4.16 中间交工工程验收

中间交工项目亦需先进行工程预验收，预验收通过后，与业主单位一起进行中间交工工程验收。

发包人不按时组织验收的后果：

(1) 发包人收到承包人送交的竣工验收报告后28天内不组织验收，或者在验收后14天内不提出修改意见，则视为竣工验收报告已被认可；

(2) 发包人收到承包人送交的竣工验收报告后28天内不组织验收，从第29天起承担工程保管及一切意外责任。

未验收或验收未通过的工程，发包人不得使用，如强制使用，发包人承担责任，但并不免除承包人保修责任。

5.4.17 施工合同价款及调整

建设工程的特殊性决定了工程造价不可能是固定不变的，为了建设工程合同价款的合理性、合法性，减少履行合同甲乙双方的纠纷，维护合同双方利益，有效控制工程造价，合同履行过程中必然会发生各种干扰事件，使招标投标确定的合同价款不再合适，合同价款必须做出一定的调整，以适应不断变化的合同状态。

发生以下事项，发、承包双方应当按照合同约定调整合同价款：

①法律法规变化；②工程变更；③项目特征描述不符；④工程量清单缺项；⑤工程量偏差；⑥计日工；⑦现场签证；⑧物价变化；⑨暂估价；⑩不可抗力；⑪提前竣工（赶工补偿）；⑫误期赔偿；⑬施工索赔；⑭暂列金额；⑮发、承包双方约定的其他调整事项。

合同价款调整程序如下。

(1) 出现合同价款调增事项（不含工程量偏差、计日工、现场签证、施工索赔）后的14天内，承包人应向发包人提交合同价款调增报告并附上相关资料，承包人在14天内未提交合同价款调增报告的，视为承包人对该事项不存在调整价款请求。

(2) 出现合同价款调减事项（不含工程量偏差、施工索赔）后的14天内，发包人应向承包人提交合同价款调减报告并附相关资料，发包人在14天内未提交合同价款调减报告的，视为发包人对该事项不存在调整价款请求。

(3) 发（承）包人应在收到承（发）包人合同价款调增（减）报告及相关资料之日起14天内对其核实，予以确认的应书面通知承（发）包人，如有疑问，应向承（发）包人提出协商意见。发（承）包人在收到合同价款调增（减）报告之日起14天内未确认也未提出协商意见的，视为承（发）包人提交的合同价款调增（减）报告已被发（承）包人认可。发（承）包人提出协商意见的，承（发）包人在收到发（承）包人的协商意见后14天内既不确认也未提出不同意见的，视为发（承）包人提出的意见已被承（发）包人认可。

(4) 如发包人与承包人对合同价款调整的不同意见不能达成一致，只要不实质影响发、承包双方履约的，双方继续履行合同义务，直到其按照合同约定的争议解决方式得到处理。

(5) 经发、承包双方确认调整的合同价款，作为追加（减）合同价款，应与工程进度款或结算款同期支付。

合同价款的调整范围及调整方式如下。

(1) 按综合单价的包干形式结算，即在合同约定的承包范围内的承包项目的单价是按综合单价包死，不能调整，不论市场涨跌均不能调整，如合同约定钢筋制安费按 5000 元/t 结算，那么竣工时就只能按 5000 元/t 结算，不管你实际购买时的费用是 4000 元/t 还是 6000 元/t，均只能按 5000 元/t 结算，这就是按综合单价包干。

(2) 工程量按照竣工图调整是指合同中约定的工程量是可以调整的，而且是按照实际竣工图所示的工程量给予调整。该条款表达的意思是原合同内约定的工程量只是概算，并非最后结算的依据。比如，原合同约定需完成 100t 的钢筋制安工程量，但竣工时经计算发现实际完成了 110t 的工程量，那么，结算时就可以按照 110t 进行调整，而不是按照 100t 结算。需要指出的是，工程量按竣工图调整，作为工程量调整依据的竣工图，必须是经过合同双方确认的。

(3) 属于措施项目费的项目的费用按照该部分合同包干形式结算，无论实际情况如何结算时均不能调整，该条款表达的意思是合同内约定的属于措施项目费的项目的费用是包死的，即价格与工程量均不能调整，不论你赚还是亏！那么，在合同签订前，你就要仔细看看合同内哪些是措施项目，它的费用是高是低，工程量是真是假，有没有多算或少算，这些项目的费用在合同签订前就要好好算算，否则合同签完之后就不能调整了。结算时就要按合同约定结算，哪怕是你被人多算或漏算，都不能调整。

5.4.18 工程进度款支付

工程进度款的支付，是工程施工过程中的经常性工作，其具体的支付时间、方式都应在合同中做出规定。

(1) 时间规定和总额控制。建筑安装工程进度款的支付，一般实行月中按当月施工计划工作量的 50%支付，月末按当月实际完成工作量扣除上半月支付数进行结算，工程竣工后办理竣工结算的办法。在工程竣工前，施工单位收取的预付款（备料款）和工程进度款的总额，一般不得超过合同金额（包括工程合同签订后经发包人签证认可的增减工程价值）的 95%，其余 5%尾款，在工程竣工结算时除保修金外一并清算。承包人向发包人出具履约保函或其他保证的，可以不留尾款。

(2) 操作程序。承包人月中按当月施工计划工作量的 50%收取工程款时应填列特制的"工程付款结算账单"并提交给发包人或工程师确认后办理收款手续。每月终了时，承包人应根据当月实际完成的工作量以及单价、费用标准，计算已完工程价值，编制特制的"工程价款结算账单"和"已完工程量月报表"并提交给发包人或工程师审查确认后办理结算。一般情况下，审查确认应在 5 天内完成。

工程量的计量确认：

1) 承包人向工程师提交已完工程量的报告；

2) 工程师的计量。工程师的审核计量是支付工程进度款的依据。

5.4.19 变更价款的确定方法

(1)《建设工程工程量清单计价规范》GB 50500—2013 约定的工程变更价款的确定方法，除合同另有约定外，应按照下列办法确定。

1) 工程量清单漏项或设计变更引起的新的工程量清单项目，其相应综合单价由承包人提出，经发包人确认后作为结算的依据。

2) 由于工程量清单的工程数量有误或设计变更引起工程量增减，属合同约定幅度以内的，应执行原有的综合单价；属合同约定幅度以外的，其增加部分的工程量或减少后剩余部分的工程量的综合单价由承包人提出，经发包人确认后作为结算的依据。

(2)《建设工程施工合同（示范文本）》约定的工程变更价款的确定方法：

1) 合同中已有适用于变更工程的价格，按合同已有的价格变更合同价款；

2) 合同中只有类似于变更工程的价格，可以参照类似价格变更合同价款；

3) 合同中没有适用于或类似于变更工程的价格，由承包人提出适当的变更价格，经工程师确认后执行。

(3) FIDIC 施工合同条件下工程变更的估价。

FIDIC 施工合同条件（1999 年第一版）约定：各项工作内容的适宜费率或价格，应为合同对此类工作内容规定的费率或价格，如合同中无某项内容，应取类似工作的费率或价格。但在以下情况下，宜对有关工作内容采用新的费率或价格。

1) 第一种情况：

① 某项工作实际测量的工程量与工程量表或其他报表中规定的工程量相比变动大于 10%；

② 工程量的变化与该项工作规定的费率的乘积超过了中标合同金额的 0.01%；

③ 此工程量的变化直接造成该项工作单位成本的变动超过 1%；

④ 此项工作不是合同中规定的“固定费率项目”。

2) 第二种情况：

① 此工作是根据变更与调整的指示进行的；

② 合同没有规定此项工作的费率或价格；

③ 由于该项工作与合同中的任何工作没有类似的性质或不在类似的条件下进行，故没有一个规定的费率或价格适用。

每种新的费率或价格应考虑以上描述的有关事项对合同中相关费率或价格加以合理调整后得出。如果没有相关的费率或价格可供推算新的费率或价格，应根据实施该工作的合理成本和合理利润，并考虑其他相关事项后得出。

工程师应在商定或确定适宜费率或价格前，确定用于期中付款证书的临时费率或价格。

(4) 采用合同中工程量清单的单价和价格。

合同中工程量清单的单价和价格由承包商投标时提供，用于变更工程，容易被业主、承包商及监理工程师所接受，从合同意义上讲也是比较公平的。

采用合同中工程量清单的单价或价格有几种情况：一是直接套用，即从工程量清单上直接拿来使用；二是间接套用，即依据工程量清单，通过换算后采用；三是部分套用，即依据工程量清单，取其价格中的某一部分使用。

（5）协商单价和价格。

协商单价和价格是基于合同中没有或者有但不合适的情况而采取的一种方法。

5.4.20 竣工结算

竣工结算是指一个建设项目或单项工程、单位工程全部竣工，发、承包双方根据现场施工记录、设计变更通知书、现场变更鉴定、定额预算单价等资料，进行合同价款的增减或调整计算。

竣工结算应按照合同有关条款和价款结算办法的有关规定进行，合同通用条款中有关条款的内容与价款结算办法的有关规定有出入的，以价款结算办法的规定为准。

竣工结算的程序如下。

（1）承包人应在合同约定时间内编制完成竣工结算书，并在提交竣工验收报告的同时递交给发包人。承包人未在合同约定时间内递交竣工结算书，经发包人催促后仍未提供或没有明确答复的，发包人可以根据已有资料办理结算。对于承包人无正当理由在约定时间内未递交竣工结算书，造成工程结算价款延期支付的，其责任由承包人承担。

（2）发包人在收到承包人递交的竣工结算书后，应按合同约定时间核对。竣工结算的核对是工程造价计价中发、承包双方应共同完成的重要工作。按照交易的一般原则，任何交易结束，都应做到钱、货两清，工程建设也不例外。工程施工的发、承包活动作为期货交易行为，当工程竣工验收合格后，承包人将工程移交给发包人时，发、承包双方应将工程价款结算清楚，即竣工结算办理完毕。发、承包双方在竣工结算核对过程中的权、责主要体现在以下方面。

1）竣工结算的核对时间：按发、承包双方合同约定的时间完成。根据《最高人民法院关于审理建设工程施工合同纠纷案件适用法律问题的解释》（法释［2004］14号）第二十条规定："当事人约定，发包人收到竣工结算文件后，在约定期限内不予答复，视为认可竣工结算文件的，按照约定处理。承包人请求按照竣工结算文件结算工程价款的，应予支持。"发、承包双方不仅应在合同中约定竣工结算的核对时间，并应约定发包人在约定时间内对竣工结算不予答复，视为认可承包人递交的竣工结算。

2）合同中对竣工结算的核对时间没有约定或约定不明的，根据财政部、建设部印发的《建设工程价款结算暂行办法》（财建［2004］369号）中表1规定的时间进行核对并提出核对意见。

3）建设项目竣工总结算在最后一个单项工程竣工结算核对确认后15天内汇总，递交发包人后30天内核对完成。合同约定或《建设工程工程量清单计价规范》GB 50500—2013规定的结算核对时间含发包人委托工程造价咨询人核对的时间。

另外，《建设工程工程量清单计价规范》GB 50500—2013还规定："同一工程竣工结算核对完成，发、承包双方签字确认后，禁止发包人又要求承包人与另一个或多个工程造价咨询人重复核对竣工结算。"这有效地解决了工程竣工结算中存在的一审再审、以审代拖、久审不结的现象。

（3）发包人或受其委托的工程造价咨询人收到承包人递交的竣工结算书后，在合同约定时间内，不核对竣工结算或未提出核对意见的，视为承包人递交的竣工结算书已经认可，发包人应向承包人支付工程结算价款。承包人在接到发包人提出的核对意见后，在合同约定时间内，不确认也未提出异议的，视为发包人提出的核对意见已经认可，竣工结算办理完毕。发包人按核对意见中的竣工结算金额向承包人支付结算价款。

如果承包人未在规定时间内提供完整的工程竣工结算资料，经发包人催促后14天内仍未提供或没有明确答复，发包人有权根据已有资料进行审查，责任由承包人自负。

(4) 发包人应对承包人递交的竣工结算书进行签收，拒不签收的，承包人可以不交付竣工工程。

承包人未在合同约定时间内递交竣工结算书的，发包人要求交付竣工工程，承包人应当交付。

(5) 竣工结算书是反映工程造价计价规定执行情况的最终文件。工程竣工结算办理完毕，发包人应将竣工结算书报送工程所在地工程造价管理机构备案。竣工结算书是工程竣工验收备案、交付使用的必备文件。

(6) 工程竣工结算办理完毕，发包人应根据确认的竣工结算书在合同约定时间内向承包人支付工程竣工结算价款。

(7) 工程竣工结算办理完毕后，发包人应按合同约定向承包人支付工程价款。按合同约定发包人应向承包人支付而未支付的工程款视为拖欠工程款。

经确认的竣工结算报告为结算依据；如果发包人逾期未答复，未经确认的竣工结算报告也可作为结算依据。

5.4.21 竣工结算中的违约责任

发包人收到竣工结算报告及结算资料后28天内无正当理由不支付工程竣工结算价款的，承包人进行催告，56天内仍不支付的，承包人行使优先受偿权。

发包人未按照约定支付建设工程价款是行使优先受偿权的前提条件之一，承包人应当催告发包人在合理期限内支付工程价款，并在合理期限内行使其优先受偿权。

5.4.22 承包人的优先受偿权

优先受偿权即非担保物权之优先受偿权，是法律规定的特定债权人优先于其他债权人甚至优先于其他物权优先受偿权人受偿的权利。它是一种不表现为抵押权、质权、留置权等物权权能的优先受偿权，故称“狭义的优先受偿权”。优先受偿权是法定受偿权的一种，是法律规定的某种权利人优先于其他权利人实现其权利的权利。

发包人未按照约定支付建设工程价款是承包人行使优先受偿权的前提条件之一。

《中华人民共和国民法典》第八百零七条规定，发包人未按照约定支付价款的，承包人可以催告发包人在合理期限内支付价款。发包人逾期不支付的，除根据建设工程的性质不宜折价、拍卖外，承包人可以与发包人协议将该工程折价，也可以请求人民法院将该工程依法拍卖。建设工程的价款就该工程折价或者拍卖的价款优先受偿。

那么，承包人给予发包人多长的履行期限方为合理呢？《最高人民法院关于建设工程价款优先受偿权问题的批复》第四条规定：“建设工程承包人行使优先权的期限为六个月，自建设工程竣工之日或者建设工程合同约定的竣工之日起算。”该规定限定的是承包人行使优先受偿权的期限，即承包人与发包人协议折价或申请人民法院依法拍卖的期限。那么，在此之前尚需给予发包人支付价款的期限就只能在六个月内。

优先受偿权的实现方式有两种：协议方式、拍卖方式。

如果将工程价款的优先受偿权定性为特殊的留置权，适用时需满足留置权的一般条件，即承包人只有因建设工程合同而合法占有发包人的建设工程，方可享有优先受偿权。承包人从根据建设工程合同的约定进场施工起，即合法占有了发包人的建设工程，直至承包人将竣工工程移交给发包人或承包人中途退场。承包人移交了建设工程或中途退场后，即不能主张优先受偿权。如果工程价款的优先受偿权是一种法定抵押权，抵押权的特征之一即为不转移抵押物的占有，因而不以合法占有建设工程为前提条件，承包人即使在移交了建设工程或中途退场之后仍有优先受偿权。显然，不同的法律定性对适用条件的要求不同，但是从《中华人民共和国民法典》第八百零七条条文字面看，并无承包人合法占有建设工程的要求。

5.4.23 不可抗力损失承担

所谓不可抗力，是指合同订立时不能预见、不能避免并不能克服的客观情况，包括自然灾害，如台风、洪水、冰雹；政府行为，如征收、征用；社会异常事件，如罢工、骚乱三方面。

根据《建设工程工程量清单计价规范》GB 50500—2013 的规定，对不可抗力造成的损失，根据责任不同，由发包方和承包方分别承担。具体如下：因不可抗力事件导致的费用，发、承包双方应按以下原则分别承担并调整工程价款。

（1）工程本身的损害、因工程损害导致第三人伤亡和财产损失以及运送至施工现场用于施工的材料和待安装设备的损害，由发包人承担；

（2）发包人、承包人人员伤亡由其所在单位负责，并承担相应费用；

（3）承包人施工机械设备的损失及停工损失，由承包人承担；

（4）停工期间，承包人应发包人要求留在施工现场的必要管理人员及保卫人员的费用，由发包人承担；

（5）工程所需清理、修复费用，由发包人承担。

5.4.24 工程转包与分包

根据《中华人民共和国建筑法》的有关规定，承包人非法转包、违法分包建设工程或者没有资质的实际施工人借用有资质的建筑施工企业名义与他人签订建设工程施工合同的行为无效。

分包必须符合 3 个条件：（1）须经发包人同意或者认可；（2）总承包人发包给分包人的是其总承包工程中的部分工程；（3）分包人须具有相应的资质条件。分包人按照分包合同的约定对总承包人负责，并与总承包人就分包工程对发包人承担连带责任。

违法分包的分类：未经发包人同意分包单位再分包；分包主体结构（或群体工程一半以上）工程；分包给资质不具备单位。

《中华人民共和国建筑法》都明确禁止承包单位将建设工程非法转包或者违法分包。《最高人民法院关于审理建设工程施工合同纠纷案件适用法律问题的解释（一）》第一条明确规定承包人转包、违法分包建设工程的行为无效。

6　施工进度控制

6.1　一般要求

6.1.1　进度控制目的

进度控制的目的是通过控制实现工程的进度目标，而工程的进度目标包括工程施工顺利、按期完成施工任务、履约合同工期。

进度控制的目的是通过控制实现工程的进度目标。如只重视进度计划的编制，而不重视进度计划必要的调整，则进度无法得到控制。为了实现进度目标，进度控制的过程也就是随着项目的进展，进度计划不断调整的过程。

当项目进度和安全有冲突时，要优先考虑处理安全重大隐患，再考虑施工进度。

6.1.2　进度控制目标

施工进度控制以实现《建设工程施工合同（示范文本）》约定的竣工日期为最终目标。

进度控制总目标应进行层层分解，逐一实施。

（1）按单位工程分解为分部、分项交工时间。

（2）按专业分解为土建、安装等专业竣工时间。进度控制目标见图 6-1。

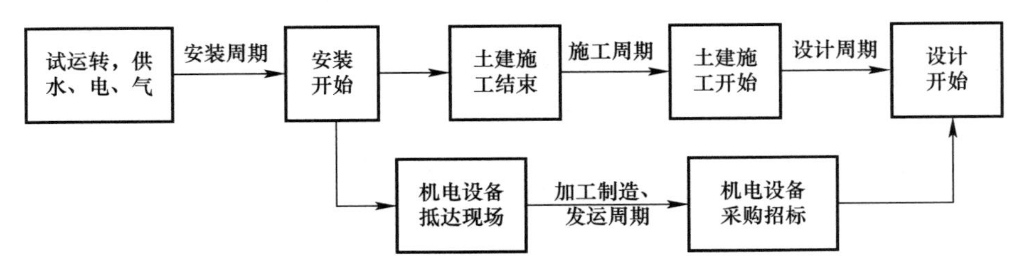

图 6-1　进度控制目标

6.1.3　项目经理部的进度控制程序

（1）根据施工合同确定的开工日期、总工期和竣工日期确定施工进度目标，明确计划开始日期、总工期和竣工日期，并确定项目分期分批的开工、竣工日期。

（2）编制详细的施工进度计划，施工进度计划应根据工艺关系、组织关系、搭接关系、起止时间、劳动力计划、机械计划及其他保证性计划等因素综合确定。

（3）向监理工程师提出开工申请报告，按指令日期开工。

（4）实施施工进度计划。

（5）实施施工进度计划过程中加强协调和检查，如出现偏差应及时进行调整，并不断预测未来施工进度情况。

（6）项目竣工验收前收尾阶段进度控制。

为了有效地控制施工进度，尽可能摆脱因进度压力而造成工程组织的被动，施工方有关管理人员应深化理解：

（1）整个建设工程项目的进度目标如何确定；

（2）有哪些影响整个建设工程项目进度目标实现的主要因素；

（3）如何正确处理工程进度和工程质量的关系；

（4）施工方在整个建设工程项目进度目标实现中的地位和作用；

（5）影响施工进度目标实现的主要因素；

（6）施工进度控制的基本理论、方法、措施和手段等。

6.1.4 施工进度计划的审核

项目经理对施工进度计划进行审核，并对施工进度负责。审核的主要内容包括：

（1）施工进度计划是否符合《建设工程施工合同（示范文本）》确定的工期要求，见表 6-1；

详细的进度安排　　表 6-1

序号	任务名称	工期	开始时间	完成时间
1	基坑支护、降排水、抗拔桩施工总工期	62 工作日	2014 年 4 月 14 日	2014 年 6 月 14 日
2	降水井施工	8 工作日	2014 年 4 月 14 日	2014 年 4 月 21 日
3	西侧、南侧和东侧降水井施工	6 工作日	2014 年 4 月 14 日	2014 年 4 月 19 日
4	北侧降水井施工	2 工作日	2014 年 4 月 20 日	2014 年 4 月 21 日
5	基坑支护施工	44 工作日	2014 年 4 月 14 日	2014 年 5 月 27 日
6	Ⅰ-Ⅰ剖面施工工期	38 工作日	2014 年 4 月 14 日	2014 年 5 月 21 日
7	表层障碍物探挖	3 工作日	2014 年 4 月 14 日	2014 年 4 月 16 日
8	护坡桩施工（每天完成 10 根）	3 工作日	2014 年 4 月 17 日	2014 年 4 月 19 日
9	护坡桩冠梁施工	5 工作日	2014 年 4 月 22 日	2014 年 4 月 26 日
10	第一步土方下挖	2 工作日	2014 年 4 月 27 日	2014 年 4 月 28 日
11	第一排锚杆施工（含上梁、张拉）	9 工作日	2014 年 4 月 29 日	2014 年 5 月 07 日
12	第二步土方下挖	2 工作日	2014 年 5 月 08 日	2014 年 5 月 09 日
13	第二排锚杆施工（含上梁、张拉）	9 工作日	2014 年 5 月 10 日	2014 年 5 月 18 日
14	土方下挖至抗拔桩施工作业面	3 工作日	2014 年 5 月 19 日	2014 年 5 月 21 日

（2）施工进度计划中的内容是否有遗漏；

（3）施工顺序安排是否符合施工程序要求；

（4）资源供应计划是否能保证施工进度计划的实现，供应是否均衡，能否满足施工进度计划要求；

（5）施工图纸及有关的技术经济资料是否到位，能否满足施工进度计划要求；

（6）各专业分工与计划的衔接是否明确、合理，施工进度计划是否相协调；

（7）对实施进度计划的风险是否分析清楚，有无对策；

（8）各项保证进度计划实现的措施考虑得是否周到、可行、有效。

6.2 建设工程施工进度的影响因素

6.2.1 工程建设相关单位的影响

影响建设工程施工进度的单位不只是施工单位，事实上，只要是与工程建设有关的单位，如建设单位、监理单位、设计单位、政府部门、物资供应单位、运输单位、通信单位、供电单位，其工作进度的拖后必将对施工进度产生影响，所以各单位应该及时办理相关工程手续，避免因手续不齐全而影响整个工程施工进度。垃圾消纳手续见图 6-2。

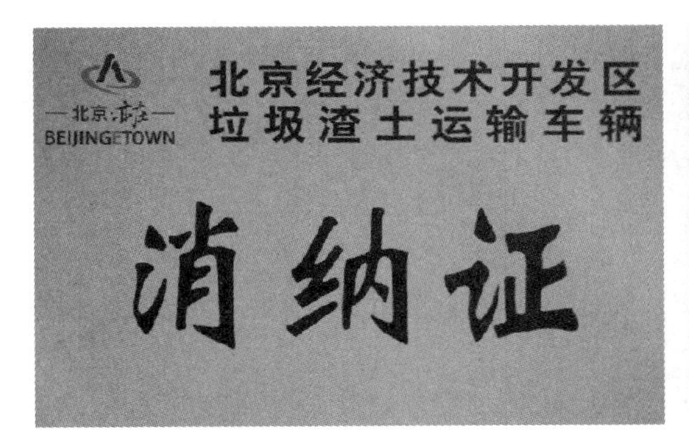

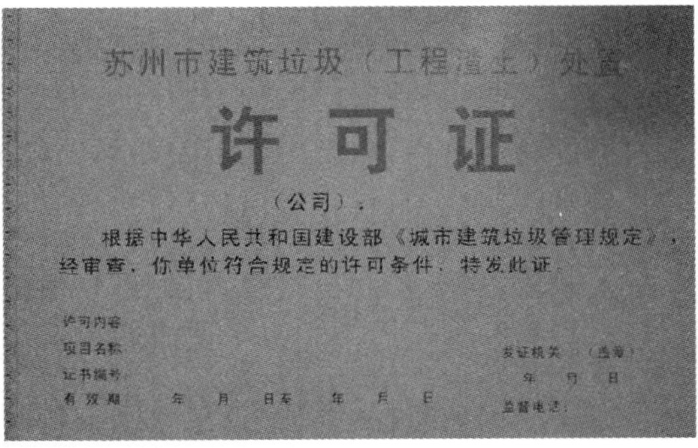

图 6-2　垃圾消纳手续

实际案例：

在某老旧住宅小区增层、改造的施工过程中，在明知建筑物西侧有一根附近博物馆主要供电电缆的情况下，建设单位迟迟没能提供地下管线的详细情况，为了不影响博物馆的正常供电，施工单位不能按时进行基础施工，致使整个工期受到了严重影响。

6.2.2 物资供应进度的影响

施工过程中需要的材料、构配件、机具和设备等如果不能按期运至现场或者是运抵现场后发现其质量不符合有关标准的要求，都会对施工进度产生影响。

如甲供钢筋进场后未经复试就提前加工，后经复试不合格出现退场现象，见图 6-3。

图 6-3　钢筋不合格

6.2.3 资金的影响

工程施工的顺利进行必须有足够的资金作保障。一般来说，资金的影响主要来自业主，由于没有及时给足工程预付款，或者是由于拖欠了工程进度款，这些都会影响到施工单位流动资金的周转进而影响施工进度，见表 6-2。

项目支出预算表（单位：千元） **表 6-2**

科目名称	项目支出			备注
	小计	发展建设类	专项业务类	
合计	30510.60	4450.00	26060.60	
201-一般公共服务支出	30510.60	4450.00	26060.60	
20107-税收事务	30510.60	4450.00	26060.60	
2010702-一般行政管理事务（税收）	5642.00		5642.00	
2010705-税务登记证及发票管理	14800.00		14800.00	
2010707-税务宣传	3060.00		3060.00	
2010708-协税护税	4250.00	4250.00		
2010799-其他税收事务支出	2758.60	200.00	2558.60	

6.2.4 设计变更的影响

在施工过程中出现设计变更是难免的，或者是由于原设计有问题需要修改，或者是由于业主提出了新的要求等，都会给施工进度带来影响。根据目前实际设计水平，因设计院的原因导致的变更相比业主提出的要求要少一些，所以大部分变更来自业主方。

6.2.5 施工条件的影响

在施工过程中一旦遇到气候、水文、地质及周围环境等方面的不利因素，必然会影响到施工进度。

例如，某工程的建设地点在黄埔开发区，由于施工场地位于淤泥冲积层，地下水位高，承包商根据图纸进入人工挖孔桩施工阶段，在施工期间不断地发生塌方、流砂事故，不但给施工人员带来生命安全问题，还给承包商带来工期和费用损失。

再如，“某某广场”进行土石方工程施工时，承包商发现了地下埋藏的文物，经考古学家考证地下原来是“南越王府的后花园”。由于处理地下文物，则必然影响到施工进度。

6.2.6 各种风险因素的影响

风险因素包括政治、经济、技术及自然等方面的各种可预见或者不可预见的因素。

政治方面的因素有战争、内乱、罢工等。

经济方面的因素有延迟付款、汇率变动、通货膨胀、分包单位违约等。

技术方面的因素有工程事故、试验失败、标准变化。

自然方面的因素有地震、洪水、台风等。

6.2.7 施工单位自身管理水平的影响

施工现场的情况千变万化，如果施工单位的施工方案不当、计划不周、管理不善、解决问题不及时等，都会影响建设工程的施工进度。所以作为施工单位应通过分析、总结吸取教训，及时改进。

将上述影响建设工程施工进度的因素归纳起来，有以下几点：

（1）在估计工程的特点及工程实现的条件时，过高地估计了有利因素和过低地估计了不利因素；

（2）在工程实施过程中各有关方面工作上的失误；

（3）不可预见事件的发生。

6.3 进度计划的控制

6.3.1 进度计划的调整

项目经理部的管理人员应实时掌握现场工程进度计划中各个分部、分项的实际进度情况，收集有关数据，并对数据进行整理和统计后对计划进度与实际进度进行对比分析和评价，根据分析和评价结果，提出可行的变更措施，对工程进度目标、工程进度计划和工程实施活动进行调整。

工程进度的调整一般是要避免的，但如果发现原有的进度计划已落后、不适应实际情况时，为了确保工期，实现进度控制的目标，就必须对原有的计划进行调整，形成新的进度计划，作为进度控制的新依据。而调整工程进度计划的主要方法有以下几种。

（1）压缩关键工作的持续时间：不改变工作之间的顺序关系，而是通过缩短网络计划中关键线路的持续时间来缩短已被延长的工期。具体采取的措施：组织措施，如增加工作面、延长每天的施工时间、增加劳动力及施工机械的数量等；技术措施，如改进施工工艺和施工技术以缩短工艺技术间歇时间、采用更先进的施工方法以减少施工过程或时间、采用更先进的施工机械等；经济措施，如实行包干奖励、提高资金数额、对所采取的技术措施给予相应补偿等；其他配套措施，如改善外部配合条件、改善劳动条件等。在采取相应措施调整进度计划的同时，还应考虑费用优化问题，从而选择费用增加较少的关键工作为压缩对象。

（2）不改变工作的持续时间，只改变工作的开始时间和完成时间。采用这种调整方式的情况有：对于大型工程项目，如小区工程可调整的幅度较大，这是由于它包含多项单位工程而单位工程之间的制约比较小，因此比较容易采用平行作业的方法来调整进度计划；对于单位工程项目，由于受工作之间工艺关系的限制，可调整的幅度较小，通常采用搭接作业的方法来调整进度计划。

当工期拖延得太多，或采取某种方法未能达到预期效果，或可调整的幅度受到限制时，还可以同时采用这两种方法来调整进度计划，以满足工期目标的要求。调整的同时还需要注意到无论采取哪种方法，都必然会增加费用，故施工单位在进行施工进度控制时还应该考虑到投资控制的问题。

6.3.2 进度计划的循环控制

施工进度控制包括“计划—实施—检查—处理”4个循环阶段。每经过一次循环得到一个调整后的新的施工进度计划。所以整个施工进度控制过程实际是一个循序渐进的过程，是一个动态控制的管理过程，直至施工结束，见图6-4。

6.3.3 进度计划的控制措施

（1）组织措施

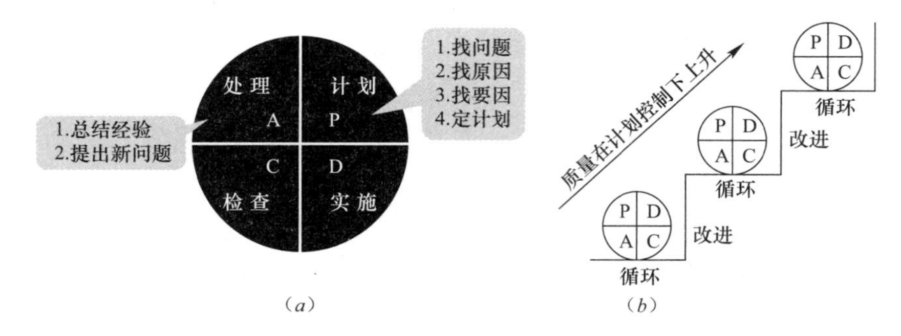

(a)　(b)

图 6-4　循环控制图

(a) PDCA 步骤图；(b) 循环控制

1）落实项目经理部的进度控制人员，细化具体控制任务和管理职能分工，见图 6-5。

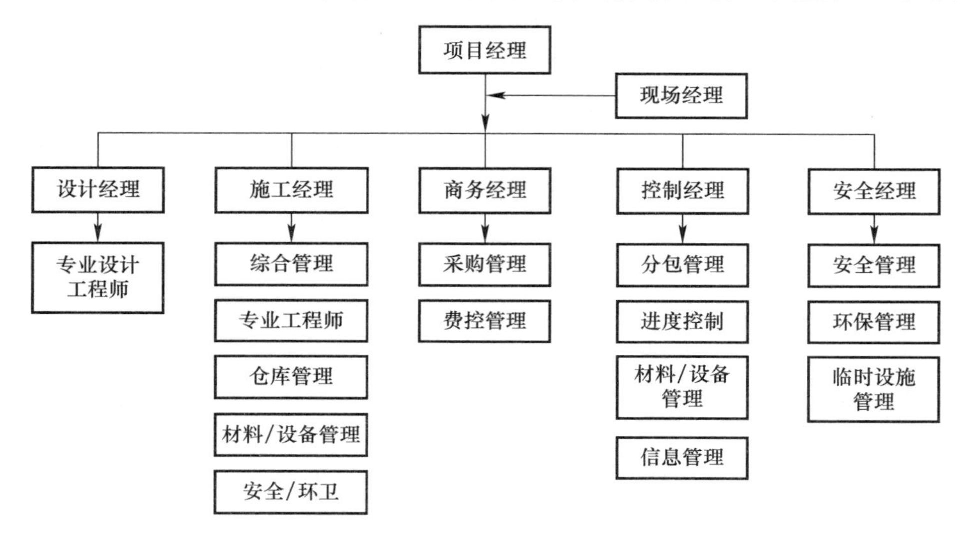

图 6-5　管理职能分工

2）进行项目分解，如按项目进展阶段分为总进度、各阶段进度、分部、分项进度，见表 6-3。

项 目 分 解　　**表 6-3**

序号	任务名称	工期	开始时间	完成时间
1	环境科学大楼施工进度总计划	525 工作日	2014 年 03 月 15 日	2015 年 08 月 21 日
2	施工准备	38 工作日	2014 年 03 月 15 日	2014 年 04 月 21 日
3	原地热水井、泵房、管线勘探	3 工作日	2014 年 03 月 15 日	2014 年 03 月 17 日
4	原地热水井、泵房、管线保护方案及论证	15 工作日	2014 年 03 月 18 日	2014 年 04 月 01 日
5	原地热水井、泵房、管线保护施工	20 工作日	2014 年 04 月 02 日	2014 年 04 月 21 日
6	临建搭设	30 工作日	2014 年 03 月 15 日	2014 年 04 月 13 日
7	基坑工程	140 工作日	2014 年 03 月 15 日	2014 年 08 月 01 日
8	基坑降水井施工	10 工作日	2014 年 03 月 15 日	2014 年 03 月 24 日
9	基坑降水	130 工作日	2014 年 03 月 25 日	2014 年 08 月 01 日
10	土方开挖、土钉墙护坡施工	15 工作日	2014 年 03 月 15 日	2014 年 03 月 29 日

续表

序号	任务名称	工期	开始时间	完成时间
11	土方开挖、护坡桩施工	25 工作日	2014 年 03 月 30 日	2014 年 04 月 23 日
12	土方开挖	15 工作日	2014 年 04 月 24 日	2014 年 05 月 08 日
13	地下结构施工	108 工作日	2014 年 05 月 09 日	2014 年 08 月 24 日
14	地上结构施工	65 工作日	2014 年 08 月 25 日	2014 年 10 月 28 日
15	结构验收计划	57 工作日	2014 年 09 月 24 日	2014 年 11 月 19 日
16	地基与基础结构验收	2 工作日	2014 年 09 月 24 日	2014 年 09 月 25 日
17	主体结构验收	2 工作日	2014 年 11 月 18 日	2014 年 11 月 19 日

3）确定进度协调工作制度，包括进度协调会开会时间、参加人员等。

4）建立进度计划审核制度和进度计划实施中的分析制度。

5）建立图纸审查、工程变更和设计变更管理制度。

6）对影响进度目标实现的干扰和风险因素进行分析，常见的干扰和风险因素有：

① 项目的使用要求改变或设计上因某种要求而造成的设计变更；

② 由建设单位提供的各种手续未及时办妥，如道路的临时占用、夜间施工许可证、施工图审查报告、工程规划许可证、项目施工许可证等；

③ 勘察资料不准确，特别是地质资料错误，如因孔位布置数量不够或位置不合理、钻孔深度不到位或取样数量不到位等造成的地质勘察资料不准确，而引起设计上的错误，见图 6-6；

④ 设计、施工中采用不成熟的工艺，技术方案不当，或工人的技术水平不够而打乱正常施工过程；

⑤ 图纸供应不及时、不配套、出现重大差错，使工程受阻；

⑥ 外界条件配套问题，如交通运输受阻，水、电供应条件不具备等；

⑦ 计划不周，导致停工待料，相关专业脱节，工程无法正常进行，见图 6-7；

图 6-6 地质勘察复查

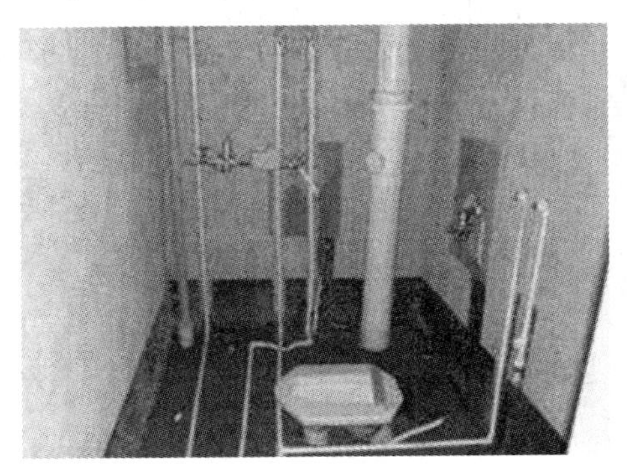

(a)

(b)

图 6-7 停工待料

(a) 实例 1；(b) 实例 2

⑧ 各单位、专业、工序间交接、配合上的矛盾，打乱计划安排；

⑨ 材料、构配件、机具、设备供应不及时，品种、规格、数量、时间不满足工程的需要；

⑩ 地下埋藏文物的保护、处理影响；

⑪ 社会干扰，如节假日交通限行、市容整顿、卫生检查限制等；

⑫ 安全、质量事故的调查、分析、处理及争执的调解、仲裁等；

⑬ 有关部门审批手续延误；

⑭ 建设单位由于资金方面问题，未及时向施工单位或材料、设备供应单位拨款，见图 6-8；

（a）　　（b）

图 6-8　资金出现问题

（a）资金链断裂；（b）工程价款有分歧

⑮ 突发事件影响，如恶劣气候、地震、台风、临时停水、停电、社会动乱等，见图 6-9；

⑯ 建设或监理单位超越职权无端干涉，因而造成指挥混乱。

（2）技术措施

先进、合理的技术是施工进度的重要保证，采用平行流水作业、立体交叉作业等施工方法以及先进的技术手段、施工工艺、新技术等可以加快施工进度，见图 6-10。

图 6-9　突发事件

图 6-10　先进施工方法

（3）合同措施

有效的合同措施也可以为加快施工进度服务，例如：为加快土方开挖进度，可将开挖土方划分为几个工作段，分别招标；同时使各分包单位的工期与进度计划工期相互协调等，见图 6-11。

(4) 经济措施

经济措施是用经济利益的增加或减少作为调节或改变个人或者组织行为的控制措施，其表现形式包括价格、资金、罚款、奖励等经济杠杆来为建设单位的工期要求服务。

(5) 信息管理措施

主要通过计划进度与实际进度的动态比较，并及时商定采取有效措施进行进度协调。

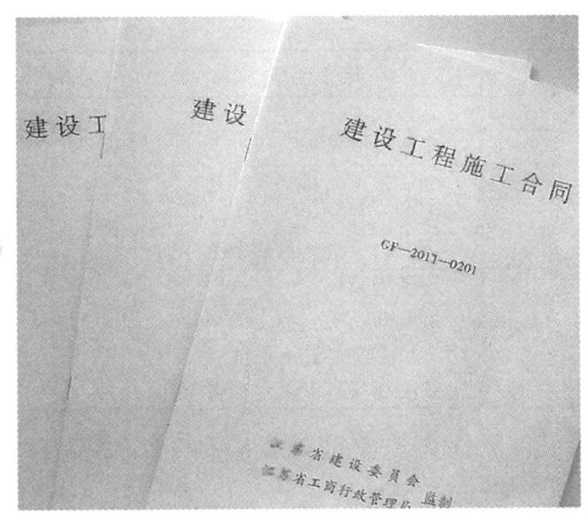

图 6-11 完善的合同

6.4 加快施工进度的有效途径

(1) 施工进度计划的检查与调整

1) 定期进行施工进度计划执行情况检查，为调整施工进度计划提供信息，检查内容包括：

① 检查期内实际完成和累计完成情况；

② 参加施工的人力、机械设备数量及生产效率；

③ 是否存在窝工，窝工人数、机械台班数及其原因；

④ 进度偏差情况；

⑤ 影响施工进度的其他原因；

2) 通过检查找出影响施工进度的主要原因，采取必要措施对施工进度计划进行调整，调整内容包括：

① 增减施工内容、工程量；

② 持续时间的延长或缩短；

③ 资源供应调整。

3) 调整施工进度计划要及时、有效，调整后的施工进度计划要及时下达执行。

(2) 做好各项施工准备工作

1) 做好各项施工准备工作，是确保工程施工顺利、加快工程施工进度的有效途径。

① 施工准备工作要有计划、有步骤、分阶段进行，要贯穿于整个工程项目建设的始终。准备工作不充分就仓促开工，往往出现缺东少西、时间延误、窝工、停工、返回头来补做的现象，影响工程施工进度，因此要尽量避免，见表 6-4。

某高层公寓群的主要施工准备工作计划 表 6-4

序号	施工准备工作内容	负责单位	涉及单位	要求完成时间
1	民房及其他单位占用房拆迁	业主单位		第 1 年度 5 月
2	现场测量网控制	施工队		第 1 年度 3 月
3	平整场地、施工道路	施工队		第 1 年度 4 月
4	施工水、电设施	施工队、专业队		第 1 年度 6 月

续表

序号	施工准备工作内容	负责单位	涉及单位	要求完成时间
5	暂设用房	施工队		第 1 年度 4～12 月
6	了解出图计划、设计意图	项目技术组		第 1 年度 4～6 月
7	编制施工项目管理规划	项目技术组		第 1 年度 4～10 月
8	大型机具计划	项目生产组		第 1 年度 4～10 月
9	成品、半成品、加工品计划	施工队	专业队	第 1 年度
10	设计大模板	项目技术组		第 2 年度 5 月
11	试验预贴陶瓷锦砖墙板	公司构件厂	项目经理部	第 1 年度 1 月
12	解决存土、卸土场地	业主机械施工公司	项目经理部	第 1 年度 5 月
13	解决新车路占用慢车道	业主单位	项目经理部	第 1 年度 10 月

② 做好施工前的调查研究，做到心中有数、有的放矢。实地勘察，搜集有关技术资料，如：水文地质资料、气象资料、图纸、标准及有关的资料。

了解现场及附近的地形地貌、施工区域地上障碍物及地下埋设物、土层地质情况、交通情况、周围生活环境、水电源供应情况、图纸设计进度等情况及其他相关要求，以便进行施工组织，见图 6-12。

③ 做好施工组织设计与主要工程项目施工方案编制和贯彻工作，使其真正成为工程施工过程中的依据性文件。要避免工程临近完工时才编制完成，只能应付资料而不能指导工程施工的现象，见图 6-13。

图 6-12　施工现场勘察

××××乳品厂锅炉安装工程

施工组织设计

编制：×××

审核：×××

审批：×××

图 6-13　编制施工组织设计

④ 做好现场施工准备，为施工进度计划按期实施打下良好的基础，见图 6-14。

(a)

(b)

图 6-14　做好施工前准备工作

(a) 临建搭设；(b) 三通一平

a. 现场三通一平。

b. 临建规划与搭设。

c. 组织机构进驻现场。

d. 组织资源进场。

⑤ 做好冬、雨期施工准备工作，以确保施工进度计划的实现。工程面临冬、雨期施工时，要提前做好准备，从技术措施到物资准备，要满足工程施工进度计划的要求，见图 6-15。

图 6-15 雨期施工准备

⑥ 做好安全、消防、保卫准备工作，确保施工进度计划顺利实施，见图 6-16。

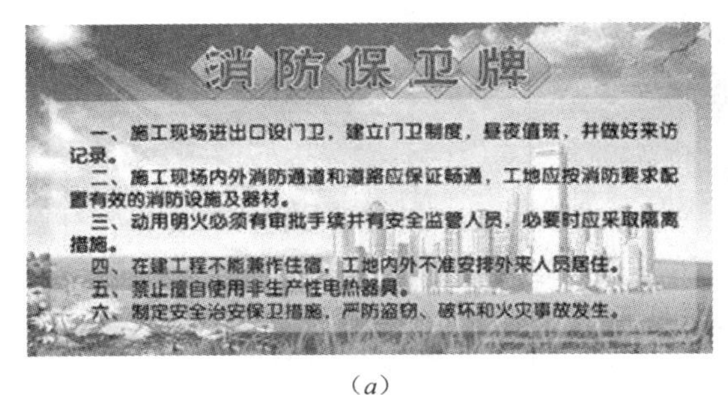

(*a*)

(*b*)

图 6-16 安全消防工作

(*a*) 消防保卫牌；(*b*) 消防演练

a. 组织机构设置。

b. 防护措施。

c. 物资准备。

2) 避免施工过程中的影响事件发生，是确保施工进度计划顺利实施、加快施工进度的有效途径。

① 安全文明工地创建工作要从进驻现场开始，按标准要求创建，并始终保持，避免报检前返工整改所进行的重复工作，影响工程施工进度，见图 6-17。

(*a*)

(*b*)

图 6-17 安全文明施工展示

(*a*) 实例 1；(*b*) 实例 2

② 及时做好技术交底，使员工明确安全生产、工程质量标准和目标要求，避免因交

底不清而引起影响工程施工进度的事件发生。

③ 及时发现专业工种配合不当和施工顺序、时间发生变化等问题，采取措施进行调整，消除因此给工程施工进度带来的影响，见图 6-18。

④ 及时与资源供应单位或部门签订供需合同，明确责任，减少纠纷，避免因此而影响工程施工进度。

图 6-18 施工中分工合作

⑤ 及时核对工程施工进度完成情况和工程款拨付情况，避免因工程款不到位而影响工程施工进度，见图 6-19。

(*a*)

(*b*)

图 6-19 及时拨付工程款

(*a*) 支票支付；(*b*) 现金支付

(3) 采取科学有效的保证措施

1) 对于施工期长、用工多的主要施工项目的关键工序，可优先保证其人力、物力投入等相应措施，在保证安全、质量的前提下加快工程施工进度，以达到按期或提前完工的目的，见图 6-20。

2) 查找施工进度计划关键线路间或非关键线路间的主要矛盾，分析相互间的关系所在，采取交叉作业或改变施工顺序、时间等方式，有效地缩短控制线路，见图 6-21。

3) 积极采用和推广“四新”技术（新技术、新工艺、新材料、新设备），以提高工效来缩短施工时间。

4) 将进度控制工作进行责任分工，同时加强组织协调力度，及时解决好工程施工过程中发生的工种配合、工序穿插作业问题，及时处理好各单位间的工作配合问题，以达到工程顺利施工的目的，见图 6-22。

图 6-20 关键工序施工

图 6-21 采取措施加快施工进度

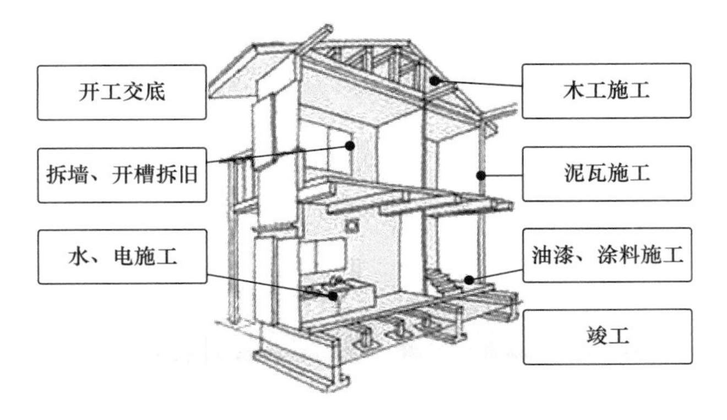

图 6-22 施工步骤分解

5）将成品保护列入进度控制范围进行控制，以减少或避免返工整改现象发生，见图 6-23。

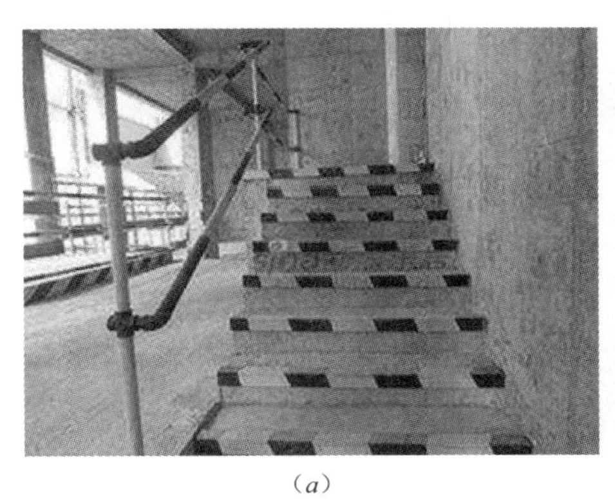

(a)

(b)

图 6-23 成品保护

(a) 楼梯保护；(b) 地面保护

6）有效地缩短开工准备时间和工程竣工收尾时间，以及对施工过程关键线路的施工进度进行有效控制，是加快工程施工进度的主要途径。

(4) 及时提交和签证结算

在工程竣工后，施工单位应按照合同约定的内容，及时提交和签证工程中间结算和竣工结算，作为催讨工程进度款和清理工程拖欠款的依据。做好工程进度款的催讨工作，使资金及时到位，满足工程施工需要，以达到进度控制的目的，见图 6-24。

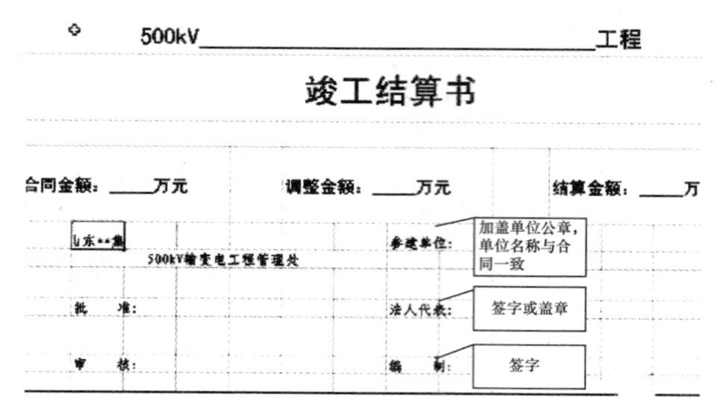

500kV____________________工程

竣工结算书

合同金额：_____万元　　调整金额：_____万元　　结算金额：_____万

山东**集

500kV输变电工程管理处

参建单位：

加盖单位公章，单位名称与合同一致

批　　准：

法人代表：

签字或盖章

审　　核：

编　　制：

签字

图 6-24　竣工结算

7 施工项目内外关系组织与协调

7.1 施工项目组织协调的概念和目的

施工项目组织协调是指以一定的组织形式、手段和方法，对施工项目中产生的关系不畅进行疏通，对产生的干扰和障碍予以排除的活动。施工项目组织协调是施工项目管理的一项重要职能，项目经理部应该在项目实施的各个阶段，根据其特点和主要矛盾，动态地、有针对性地通过组织协调及时沟通、排除障碍、化解矛盾，充分调动有关人员的积极性，发挥各方面的能动作用，协同努力，提高项目组织的运转效率，以保证项目施工活动顺利进行，更好地实现项目总目标。围绕实现项目的各项目标，以合同管理为基础，组织协调各参建单位、相邻单位、政府部门全力配合项目的实施，以形成高效的建设团队，共同努力去实现工程建设目标。

组织协调可使矛盾的各个方面居于统一体中，解决它们之间的界面问题、不一致和矛盾，使系统结构均衡，使项目实施和运行过程顺利。在项目实施过程中，项目经理是协调的中心和沟通的桥梁。在整个项目的目标规划、项目定义、设计和计划以及实施控制等工作中有着各式各样的协调工作，例如项目目标因素之间的协调，项目各子系统内部、子系统之间、子系统与环境之间的协调，各专业技术方面的协调，项目实施过程的协调，各种管理方法、管理过程的协调，各种管理职能如成本、合同、工期、质量等的协调，项目参加者之间的组织协调等。所以，协调作为一种管理方法已贯穿于整个项目和项目管理的全过程。在各种协调中，组织协调具有独特的地位，它是其他协调有效性的保证，只有通过积极地组织协调才能实现整个系统全面协调的目的。现代项目中参加单位非常多，形成了非常复杂的项目组织系统，各单位有不同的任务、目标和利益，它们都企图指导、干预项目实施过程。项目中组织利益的冲突比企业中各部门的利益冲突更为激烈和不可调和，而项目管理者必须使各方面协调一致、齐心协力地工作，这就越发显示出组织协调的重要性，见图 7-1。

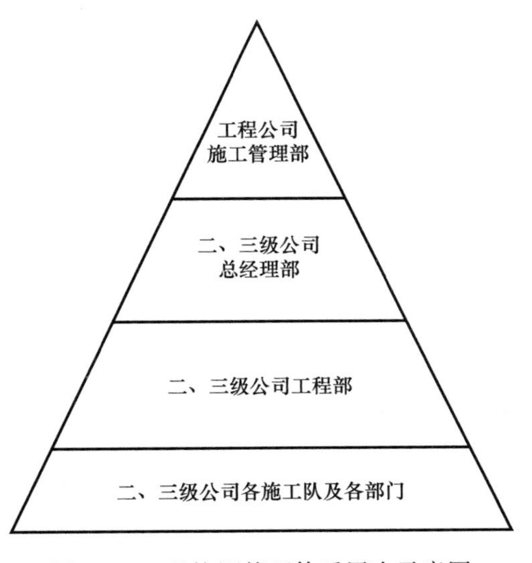

图 7-1　工程协调管理体系层次示意图

7.2 施工项目组织协调的范围与原则

7.2.1 施工项目组织协调的范围

施工项目组织协调的范围可分为内部关系协调和外部关系协调，外部关系协调又分为近外层关系协调和远外层关系协调，见图 7-2 和表 7-1。

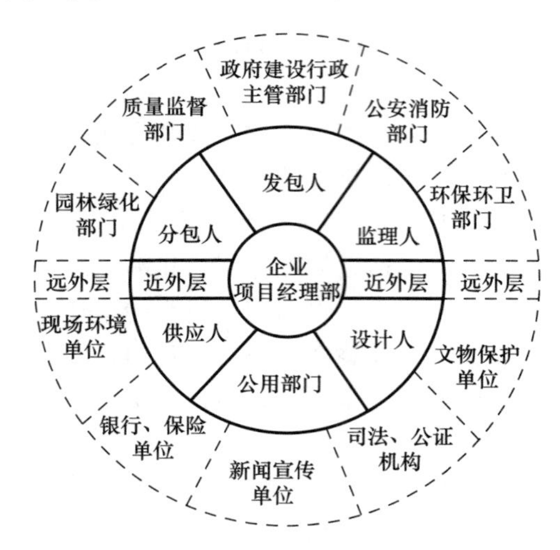

图 7-2 施工项目组织协调范围示意图

施工项目组织协调范围 表 7-1

协调范围		协调内容	协调对象
内部关系		领导与被领导关系	项目经理部与企业之间
		业务工作关系	项目经理部内部各部门之间、人员之间
		与专业公司有合同关系	项目经理部与作业层之间
			作业层之间
外部关系	近外层	直接或间接合同关系或服务关系	企业项目经理部与业主、监理单位、设计单位、供应商、分包单位、市政公用部门等之间
	远外层	多数无合同关系但要受法律、法规和社会道德的约束	企业项目经理部与政府、交通、环保、环卫、绿化、文物、消防、公安等部门之间

7.2.2 项目经理组织协调的范围

(1) 项目经理远外层组织与协调

政府建设行政主管部门。根据我国行业管理规定及法规、法律，政府的各行业主管部门（如发展改革委、园林局、交通局、供电局、电信局、住房城乡建设委、消防局、人防办、节水办、街道等）均会对项目的实施行使不同的审批权或管理权，如何能与政府的各行业主管部门进行充分、有效的组织协调，将直接影响项目建设各项目标的实现。根据以往与政府建设行政主管部门组织协调工作的经验，笔者认为，重点应注意以下几点：应充分了解、掌握政府各行业主管部门的法律、法规、规定的要求和相应办事程序，在沟通前应提前做好相应的准备工作（如文件、资料和要回答的问题），做到“心中有数”；充分尊重政府各行业主管部门的办事程序、要求，必要时先进行事先沟通，绝不能“顶撞”和敷衍；发挥不同人员的相应业绩关系和特长，不同的行业主管部门由不同的专人负责协调，以保持稳定的沟通渠道和良好的协调效果。

（2）项目经理近外层组织与协调

1）发包单位。业主代表项目的所有者，对项目具有特殊的权利，而项目经理为业主管理项目，最重要的职责是保证业主满意。要取得项目的成功，必须获得业主的支持。所以，作为项目经理，应该做到以下几点：项目经理首先要理解总目标、理解业主的意图、反复阅读合同或项目任务文件；让业主一起投入项目全过程，而不仅仅是给他一个结果；业主在委托项目管理任务后，应就项目前期策划和决策过程向项目经理做全面的说明和解释，提供详细的资料；项目经理应该自己指导项目实施和指挥项目组织成员。

例如在施工前期项目部制定了与发包单位的协调工作“三个服从”和“三制”。“三个服从”是指：发包人要求与项目部要求不一致但业主要求不低于或高于国家规范要求时，服从发包人的要求；发包人要求与项目部要求不一致但发包人可改善使用功能性时，服从发包人的要求；发包人要求超出合同范围但项目部能够做到时，服从业主的要求。“三制”是指：定期例会制，即定期召开发包人的碰头会，讨论解决施工过程中出现的各种矛盾及问题，理顺每一阶段的关系；预先汇报制，即每周五将下周的施工进度计划及主要施工方案和施工安排，包括质量、安全、文明施工的工作安排都事先以书面形式向发包人汇报，以便于业主监督，如有异议，项目部将根据合同要求及时予以修正；合理化建议制，即从施工角度及以往的施工经验来为发包人当一个好的参谋，及时为发包人提供各种提高质量、改善功能及降低成本的合理化建议，积极为发包人着想，争取使工程以最少的投资产生最好的效果。

2）分包单位。项目经理部与分包人关系的协调应按分包合同执行，正确处理技术关系、经济关系，正确处理项目进度控制、质量控制、安全控制、成本控制、生产要素管理和现场管理中的协作关系。项目经理部还应对分包单位的工作进行监督和支持。

例如装修工程与暖通的协调，首先要加强对暖通相关知识的了解，特别是此项工作由安装公司完成，我们一方面要积极配合好，另一方面也需了解他们的进度及做法，随时注意交叉施工的相关内容，注意协调控制风口的颜色、造型使其与装饰相统一，灯槽内的侧送风口其上口应与吊顶石膏板保持100mm距离，以防止顶面结露，对地下室不通风的房间建议增加通风循环系统，以控制室内温度，减少饰面开裂、发霉等，并应增加防水、防潮措施。通过协调相关施工中的注意事项，提前做好质量的预控，确保工程的正常使用。

例如基础、主体施工阶段，安装应紧密配合土建施工进度，按照设计图纸进行前期的预留、预埋工作，土建要配合安装做好隐蔽的预留、预埋产品保护，提供准确的测量放线基准。在主体施工阶段，土建砌筑抹灰应按设计图纸预留安装孔洞、槽，并采取在管槽面上加设钢丝网的防裂缝措施。为保证相互间创造工作面，安装、设备的预埋工作应按土建要求进度提前插入。装饰装修阶段，土建每月安排总控制计划，各个单位按总控制计划编制配套的作业计划，定期检查计划执行情况，并严格统一签字认可程序。由于装饰装修阶段立体交叉作业多，所以除按计划控制外还需采取立体工作量校定表方式跟踪监督，使各专业分包单位有一个统一的施工程序和控制程序。室外总平、安装调试、竣工收尾阶段，以工作项目内容为基准，采取划分控制点的方式确保后期工作不松懈，使工期有保证。同时，为保证顺利竣工，各专业分包单位必须及时提供交工资料，交由总承包单位审核，由现场协调小组统一指挥、监督。

例如××家园工程项目中钢筋工与水电工交叉作业的部分，可以分开来施工，一般应该由钢筋工先将板的底筋全部布置好后，水电工开始安装管道，然后钢筋工布置附筋，水电工再将管道绑扎好，最后由钢筋工安置垫块。也就是将工序合理安排，使之衔接顺畅。另外，在交叉作业时，已经完成的产品必须采取严格的保护措施，如加以遮盖、封拦、加标识或者与下一施工单位进行成品移交等，不要因后续施工操作对已完工成品造成损坏和污染。瓦工砌完砖墙后，应该暂缓木工的进场时间，现场管理人员对此应提前根据网络图编制工作流程，并命令工人严格按照工作流程进行施工，以避免出现抢工作面的现象。

3）监理单位。对于监理单位，应注意树立监理对现场管理的权威，尊重监理对于施工质量的否决权、施工调度权等国家、地方法律、法规赋予监理的合法权益。发现现场的施工质量、进度问题，要及时与监理进行沟通协商，坚持通过监理给施工单位发出相应的工作指令，同时，充分发挥监理在现场施工质量、工期和工程量计量方面的监督管理作用，应该加强与总监理工程师的沟通与协调，尤其是对现场施工重大问题的处理与决策，双方要力争能协商一致。例如在施工过程中接受监理单位的检查监督，落实监理单位提出的合理要求，确保监理在工作中的权威。施工中充分考虑项目参与各方的利益，严格按图施工，履行合同和规范标准，树立监理工作的公信力。

例如某工程在基础开挖过程中，出现局部小范围坍塌现象，施工人员立即上报项目部，项目部立即协调项目技术人员进行现场查看，并初步了解坍塌原因，项目经理立即上报监理，组织人员协商基坑加固方案，经监理单位当场确认签字后立即组织人员进行加固，避免了再次出现坍塌现象，并协调项目部人员加强巡视。

例如在施工全过程中，严格按照经业主及监理工程师批准的“施工组织设计”进行工程的质量管理。在分包单位“自检”和总承包单位“专检”的基础上，接受监理工程师的验收和检查，并按照监理工程师的要求予以整改。贯彻总承包单位已建立的质量控制、检查、管理制度，并据此对各分包单位予以检控，确保产品达到优良。对于自行分包的工程项目，总承包单位对整个工程产品质量负有最终责任，建设单位只认总承包单位，因而总承包单位必须杜绝现场施工分包单位不服从总承包单位和监理工程师监理的不正常现象。严格执行“上道工序不合格，下道工序不施工”的准则，使监理工程师能顺利开展工作。对可能出现的工作意见不一致的情况，遵循“先执行监理工程师的指导后予以磋商统一”的原则，在现场质量管理工作中，维护好监理工程师的权威性。

4）设计单位。在设计阶段，项目部应重点做好方案设计单位与初步设计、施工图设计单位之间的组织协调工作，组织协调工作的重点在于制定涵盖双方工作的设计进度计划，及时组织专项方案的论证会，以确保各阶段设计思路、原则的一致性。

例如结构施工前，应组织好图纸会审工作，各专业人员均需参加，特别注意管道井部位，各专业要根据实测实量的管道井平面，测出真正可以用来作为管道安装空间的平面尺寸，让各专业人员参照施工图进行合理布置。由于是几个专业交叉对一个部门进行会审，所示很多问题就会暴露出来，如位置重叠、距侧墙太近等问题都能在图纸会审过程中得到合理的解决，专业设计人员要根据现场的实际条件相互协调并相应调整管道位置，以满足设计和使用要求。提前协调避免了问题在施工过程中出现。

例如项目经理部可与设计院联系，进一步了解设计意图及工程要求。根据设计意图，完善施工方案，并协助设计院完善施工图设计；主持施工图审查，协助建设单位会同设计师、供应商（制造商）提出建议，完善设计内容和设备物资选型；对施工中出现的情况，除按建设单位、监理的要求及时处理外，还应积极修正可能出现的设计错误，并会同建设单位、设计单位、监理单位及分包单位按照总进度与整体效果要求，验收小样板间，进行部位验收、中间质量验收和竣工验收。办理分部、分项验收记录签字等事项，见图 7-3。

例如协调同设计院、业主一起参加设备、装饰材料等的选型、选材和订货，参加新材料的定样采购，见图 7-4。

图 7-3　协调竣工验收

图 7-4　新材料应用现场会

5）供应单位。对于施工单位的组织协调，应推行施工总承包制，通过招标和合同条件明确总承包单位、业主指定分包单位的工作范围，明确总承包单位对于分包单位的管理责任和权力。明确由总承包单位承担项目的质量、进度、安全、环保的整体责任，使总承包单位既有责任又有权力实施整体管理。对于由业主直接负责采购的材料、设备，要在采购合同中明确采购的交货时间、地点和相应的质量责任。总之，对于上述施工单位、供货单位的组织协调，以合同管理为基础，综合运用技术、经济、法律手段，使各方在各自利益不同的条件下，能以实现项目建设的大目标为原则，及时地沟通、协商，处理相互之间的矛盾和问题，使项目各单位形成一个高效的“建设团队”。

例如项目经理依据施工进度计划组织生产负责人编制材料用量计划，经项目经理或公司审核后，及时依据材料用量计划联系厂家组织材料进场，主要材料进场时，项目经理组织材料员、监理单位、建设单位等对进场材料进行现场检查（检查材料合格证、材料规格型号、外观质量等），符合要求后及时填写材料报验单，提交现场监理验收，监理应给出答复意见。对于需要复试的及时进行现场取样送检，如有不合格材料及时联系供应单位进行更换，避免因材料不合格造成窝工现象，见图 7-5。

图 7-5　防水进场验收

7.2.3 施工项目组织协调的原则

建设工程项目包含3个主要的组织系统——项目业主、承包商和监理，而整个建设项目又处于社会大环境中，项目的组织与协调工作既包括系统的内部协调，即项目业主、承包商和监理之间的协调，也包括系统的外部协调，如政府部门、金融组织、社会团体、服务单位、新闻媒体以及周边群众等的协调。项目组织协调工作包括人际关系的协调、组织关系的协调、供求关系的协调、配合关系的协调、约束关系的协调。组织协调是指以事实为依据，以法律、法规为准绳，在与控制目标一致的前提下，组织协调项目各参与方在合理的工期内保质保量完成施工任务。施工项目组织协调有以下原则。

(1) 遵守法律法规：守法是施工项目组织协调的必要原则，在国家和地方有关工程建设的法律、法规的许可范围内去协调、去工作。例如项目部由专人负责处理扰民和民扰问题，做到及时发现问题、及时解决问题。对可能发生的突发事件及外部干扰，在进行良好的沟通情况下取得业主和政府的支持，做好接待工作，了解居民困难，与他们沟通。对其中无理取闹者，配合政府进行处理。采取防扰民措施：做好与社区居委会、城管、环保等部门的沟通、协调工作；做好对施工现场噪声的控制；做好对周边环境的保护；做好对现场扬尘的控制。

(2) 公平、公正原则：要站在项目的立场上，公平地处理每一个纠纷，一切以最大的项目利益为原则。做好组织与协调工作，就必须按照合同的规定，维护合同双方的利益。这样，最终才能维护好业主的利益。例如项目管理人员与分包单位人员发生争执，作为管理者，一旦发生过激的行为如打架斗殴，不管谁对谁错，一律先清出现场（一定要分析事件的严重性、发生时间、原因、影响等），见图7-6。

图7-6 工地打人事件

例如协调工地噪声扰民问题，某社区综合服务配套工程所在工地为了赶工，频繁在夜间22：00～24：00之间施工，严重影响周边居民的生活。业主陈先生因饱受工地噪声困扰，向部门投诉多次，在微博上持续更新200多条“失眠日记”，与工地噪声抗争1个多月，事件发生后项目部做了两手准备：一方面，已经向市政集团打报告，由集团向市政府相关主管部门请求帮助协调；另一方面，主动和居民沟通协商解决办法。采取减少进出车辆和缩短施工时间等措施降低噪声，并请求海峡都市报帮忙协调记者赶到现场，发现工地运土车进出频率并不高，最多时场内共有3辆大型运土车。记者在附近居民家里听该工地机械作业发出的噪声，当车辆满载土方开出工地大门时，发动机的轰鸣声较为明显。在房内关窗状态下，记者通过手机App软件测量噪声大小，显示噪声在55dB左右，并没有明显超出环保部门规定的控制标准（55dB）。到了22：20，工地停工，运土车全部开出工地，附近居民房内顿时安静下来，从而保证了施工现场的正常施工。

(3) 协调与控制目标一致的原则：在工程建设中，应该注意质量、工期、投资、环境、安全的统一。协调与控制的目标是一致的，不能脱离建设目标去协调，同时要把工程的质量、工期、投资、环境、安全统一考虑，不能强调某一目标而忽视其他目标。例如施工单位目标与监理单位目标是一致的，即都是为了顺顺利利地把工程交给甲方，所以在与监理单位沟通时要牢牢围绕这个中心。

例如当工程有几个工种同时施工时，应根据每个工作面的开、竣工时间和安装路线，充分考虑各个施工单位的流水作业。这样既可以使工程进度得到保证，又能充分利用人力资源，避免浪费。施工时要严禁发生争抢工作面的现象，除审核施工单位在总计划中的安排外，还要求其做最短的协调计划，某个工作面谁先进入、谁跟进、何时进、何时退，都需明确规定。对于因某种原因而造成工期延误的，要求施工单位采取措施抢回，否则影响后续单位施工，要使施工始终处于有序、受控状态。相关施工单位要了解统一标高（包括地面完成面标高及吊顶完成面标高），轴线不能混乱，各专业单位不能随心所欲地自定标高，否则积累误差会导致恶果。标高应以建筑标高为准，结构标高、各安装标高与其一致。应督促总承包单位技术负责人做好标高交底工作，确保各施工单位在施工现场标高统一。

7.3 施工项目外部关系协调的内容与方法

建设工程项目包含5个主要的组织系统，即项目建设单位、监理单位、设计单位、分包单位及材料供应商，而整个建设项目又处于社会大环境中，故项目的组织与协调工作不仅包括项目的内部协调还应包括项目的外部协调，内部协调即与建设单位、监理单位、设计单位、分包单位及材料供应商的协调，外部协调即与政府部门、金融组织、社会团体、服务单位、新闻媒体以及周边群众等的协调。

7.3.1 与建设单位协调的内容与方法

（1）与建设单位协调的内容：双方洽谈、签订施工项目承包合同；双方履行施工项目承包合同约定的责任，保证项目总目标实现；依据合同及有关法律解决争议纠纷，在经济问题、质量问题、进度问题上达到双方协调一致。

（2）与建设单位协调的方法：项目经理部协调与发包人之间关系的有效方法是执行合同。项目经理首先要理解总目标和发包人的意图，反复阅读合同或项目任务文件。对于未能参加项目决策过程的项目经理，必须完整了解项目构思的基础、起因、出发点，了解目标设计和决策背景。如果项目管理和实施状况与发包人的预期要求不同，发包人将会干预，并且会去改变这种状态。尽管有预定的目标，但发包人通常是其他专业或领域的人，可能对项目懂得很少，解决这个问题比较好的办法是：使发包人理解项目和项目实施的过程，减少非程序干预；项目经理做出决策时要考虑到发包人的期望，经常了解发包人所面临的压力，以及发包人对项目关注的焦点；尊重发包人，随时向发包人报告情况；加强计划性和预见性，让发包人了解承包商和非程序干预的后果；项目经理有时会遇到发包人、监理及其他相关部门检查，项目经理应很好地配合，并耐心解释说明，但不应当让他们直接指导项目实施和指挥项目组织成员。否则，会有严重损害整个工程实施效果的危险。项目经理部与建设单位之间的关系协调应贯穿于项目管理的全过程。协调的目的是搞好协作，协调的方法是执行合同，协调的重点是资金问题、质量问题和进度问题。

例如某民营工程结算，甲乙双方原为朋友，标底价1000万元，合同价800万元，按设计图纸内容采用总价合同。竣工后双方在结算过程中，产生争议。甲方认为，原图纸上设计的地面水泥砂浆面层实际未施工，应扣除；原图纸上无乳胶漆，实际已施工，但订立合同时的预算文件中包含此内容，乙方要求增加乳胶漆造价的要求不能满足。乙方不同意这一意见，理由是水泥砂浆面层虽未施工，但按原浆收面进行了处理，且预算文件中无此内容；关于乳胶漆，虽预算文件中包含，但设计图纸上无此内容，必须增加。双方争议较大，诉至当地造价站，造价站组织 3 名造价师进行协调。协调意见为：关于水泥砂浆面层，为设计图纸内容，应包含在总价内，未施工应予扣除，但应增加实际施工的原浆收面部分的造价；关于乳胶漆，原设计图纸无此内容，实际按甲方要求施工，此部分造价应予增加。

例如项目经理依据施工进度及合同拨付款节点，及时组织人员核算实际完成工程量，计算应付工程款金额。项目部审核后，上报建设单位现场项目负责人，并督促尽快办理拨款手续，依据实际拨款进度向公司汇报拨款情况，以免造成农民工工资不能及时发放的情况发生。

7.3.2　与监理单位协调的内容与方法

（1）与监理单位协调的内容：按现行国家标准《建设工程监理规范》GB/T 50319 的规定，接受监理单位的监督和相关的管理；接受业主授权范围内的监理指令；通过监理工程师与发包单位、设计单位等关联单位经常协调沟通；与监理工程师建立融洽的关系。

（2）与监理单位协调的方法：项目经理部应及时向监理机构提供有关施工计划、统计资料、工程事故报告等，应按现行国家标准《建设工程监理规范》GB/T 50319 的规定和施工合同的要求，接受监理单位的监督和管理，搞好协作配合；项目经理部应充分了解监理工作的性质、原则，尊重监理人员，对其工作积极配合，始终坚持双方目标一致的原则，并积极主动地工作；在合作过程中，项目经理应注意现场签证工作，遇到设计变更、材料改变或特殊工艺以及隐蔽工程等应在规定的时间内得到监理人员的认可，并形成书面材料，尽量减少与监理人员的摩擦；项目经理应严格地组织施工，避免在施工过程中出现较敏感的问题，一旦这些敏感问题被监理方指出，项目经理应以事实为依据，阐述己方的观点，当与监理方意见不一致时，项目经理应本着相互理解、互相配合的原则与监理方进行协商，且项目经理部应尊重监理方的最终决定。例如在某工程的实施中，在对监理公司的配合方面，应做好如下工作：严格按照相关相求为监理工程师在项目现场提供良好的工作条件，为监理工程师在现场顺利开展工作提供保障。严格按照文件规定要求及时全面地提供施工组织设计、施工方案、现场检查申请、材料报批、分包商选择等书面资料，使监理工程师及时充分地了解并掌握分包单位（投标人）相关工作的进展，对工程项目的实施实行全面有效的监理，见图 7-7。

图 7-7　监理工程师进行隐蔽验收

积极组织工程相关各方参加监理例会，听取业主、监理工程师、设计工程师对工程施工的指导意见，认真落实各方对分包单位

(投标人)提出的要求,当要求总承包商提交书面资料时,要及时提交相关资料,确保监理工程师及时做出决定所需的相关证明资料,保证整个工程的顺利实施。按监理工程师同意的格式和详细程度,向监理工程师及时提交完整的进度计划,以获得监理工程师的批准。无论监理工程师何时需要,保证随时以书面形式提交一份为保证该进度计划而拟采用的方法和安排的说明,以供监理工程师参考。

对监理工程师在现场检查中提出的口头或书面整改要求,要及时按要求进行整改后请监理工程师再次验收,最大限度地缩短整改时间,为后续工作创造条件。在任何时候如果监理工程师认为工程或其任何区段的施工进度不符合批准的进度计划或竣工期限的要求,则保证在监理工程师的同意下,立即采取必要的措施加快施工进度,以使其符合竣工期限的要求。现场验收申请、审批资料的申报要提前提交监理工程师,为监理工程师正常的验收和审批留有足够的时间。

积极教育员工(包括专业班组作业人员)要尊重监理人员,对监理工程师提出的要求要积极响应,避免无视监理指示乃至抵触现象的发生。在施工全过程中,严格按照经发包方及监理工程师批准的“施工大纲”“施工组织设计”对施工单位进行质量管理。在执行“自检、互检、交接检”三检制度的基础上,接受监理工程师的验收和检查,并按照监理要求,予以整改。贯彻已建立的质量控制、检查、管理制度,并据此对各施工工种予以检控,确保产品达到优良。对整个工程产品质量负有最终责任,任何专业工程的失职、失误均视为本公司的工作失误,因此要坚决杜绝现场施工不服从监理工程师工作的不正常现象发生,使监理工程师的一切指令得到全面执行。

所有进入项目现场的成品、半成品、设备、材料、器具,均主动向监理工程师提交产品合格证或质量保证书,按规定使用前需进行物理化学试验检测的材料,主动递交检测结果报告,保证所使用的材料、设备不给工程造成浪费。按部位或分项、工序检验的质量,严格执行“上道工序不合格,下道工序不施工”的准则,使监理工程师能顺利开展工作,对可能出现的工作意见不一致的情况,遵循“先执行监理工程师的指导后予以磋商统一”的原则,在现场质量管理工作中,维护好监理工程师的权威性,见图 7-8。

图 7-8 监理工程师对材料进行检查

7.3.3 与设计单位协调的内容与方法

(1)与设计单位协调的内容:与设计单位的沟通与协调,主要由项目技术总工负责牵头,先与甲方工程师进行沟通,然后由甲方工程师负责与设计单位就发现的问题进行协调与沟通,沟通后必须形成书面文件,由甲方工程师负责将书面文件下发至监理方与项目经理部。项目经理部接到书面文件后应及时进行认真的核对,若书面文件与事实不符,项目技术总工应在第一时间与甲方工程师进行再次沟通协调,若核对后无异议,所下发的书面文件应由资料员统一登记、保存,使用时办理领用手续,资料员还应做好资料下发记录。

(2)与设计单位协调的方法:项目部应要求甲方组织设计单位参加设计交底会、工程例会及其他专题会；工程设计变更、工程洽商等由设计单位下发的书面文件，应由项目部各专业工程师与设计单位各专业负责人进行确认；项目部经理应重视与总设计师的沟通、协调。

例如某工程的工程技术部将与该工程的设计单位进行友好协作，以获得设计单位大力支持，保证工程符合设计单位的构思、要求及国家有关规范、规定的质量要求，主要协调措施为：如果中标，即与设计单位联系，进一步了解设计意图及工程要求，根据设计意图提出施工方案。向设计单位提交的方案中，包括施工可能出现的各种工况，协助设计单位完善施工图设计。向设计单位提交根据施工总进度计划而编制的设计出图计划书，积极参与设计的深化工作。主持施工图审查，协助业主会同建筑师、供应商（制造商）提出建议，完善设计内容和设备物资选型。

组织地方专业主管部门与建筑师联系，向设计单位提供需主管部门协助的专项工程，例如外配电、水、环保、消防、网络通信等的设计、施工、安装、检测等资料，完善整体设计，确保联动调试的成功和使用功能的实现。对施工中出现的情况，按驻场建筑师、监理的要求及时处理，并会同发包方、建筑师、施工方按照总进度与整体效果要求，验收小样板间，进行部位验收、中间质量验收、竣工验收等。根据发包方指令，组织设计方参加机电设备、精装修用料等的选型、选材和订货，参加新材料的定样采购。定期交换项目部对设计内容的意见，用丰富的施工经验来完善细部节点设计，以达到最佳效果。如遇业主改变使用功能或提高建设标准或采用合理化建议需进行设计变更时，项目部须积极配合，若需部分停工，则及时改变施工部署，尽量减少工期损失。

7.3.4 与分包单位协调的内容与方法

（1）与分包单位协调的内容：选择具有相应资质等级和施工能力的分包单位；双方履行分包合同，按合同处理经济利益、责任，解决纠纷；分包单位接受项目经理部的监督、控制。

（2）与分包单位协调的方法：要求分包单位严格按照分包合同执行；每道工序施工前必须对分包单位进行技术交底及下发相关资料；施工过程中必须加强动态控制，严格要求分包单位按照图纸、规范进行施工；若分包单位未按照施工规范施工，项目部应立即下发整改通知单，并且要求分包单位在限时内整改完毕，若分包单位未能按照要求整改到位，项目部应下发罚款通知单，并且安排专人进行整改；项目部应对分包单位的工作进行监督和支持。项目经理部加强与分包单位的沟通，及时了解分包单位的情况，发现问题及时处理，并以平等的合同双方的关系支持分包单位的活动，同时加强监管力度，避免问题的复杂化和扩大化。

例如协调调压室及压力管道工程斜井开挖及管道安装，浙江××队尽快清理斜井下部的虚渣、积水，以便于安装工区安设弯管，要求于2021年3月16日完成并交面；各危险源需悬挂警示标志（加强保护，谁破坏谁赔偿）；各工作面需配备一定数量的灭火器械，特别是压力钢管的焊接，在焊接过程中容易导电，进而引发火灾，必须配置灭火器；用电线路及开关柜要按规范布置；各交通道路路口要设置警示、指示标志；严禁酒后驾车；特种设备必须设专人指挥和导向，并做好相关运行记录和维修保养记录；各洞口必须设置安全防护栏，并挂安全标识牌，施工人员防护用具必须佩戴齐全，各施工作业面设置专人进行瞭望监护；闲暇时间不允许施工人员去其他施工作业面观望或逗留，以免带来不必要的损失；浙江××队加强抽排下平段积水，确保文明施工；各协作队伍每项工作施工完毕后，必须清除在施工过程中产生的垃圾和废旧材料，做到工完、料净、场地清。

例如水电施工的协调，分公司工程管理科是力能供应的管理职能部门，相关专业工地是负责实施单位，生产区的用水设施的维修和日常管理由机炉工地负责，用电管理由电控工地负责。各专业工地必须严格执行有关规定，如出现故障必须报告水电管理人员，因施工需要各专业需增加负荷或管理时，事先填写工程联系单，交项目工程管理科审核批准，由专业人员负责施工。

例如对分包单位劳动力协调，专业分包单位应将进入现场的施工人员名单及照片向总承包单位申报，由项目经理部安全环保部门审查后办理施工现场出入证，专业分包单位须提供劳务人员的三证复印件（身份证、务工证、健康证）及特殊工种的相应操作证及上岗证。专业分包单位应派专人管理外来劳动力的使用，开展必要的消防与治安方面的教育工作，所有进入现场的施工人员应接受政府职能部门的有关监督检查工作，违反规定者应由专业分包单位承担有关责任。各专业分包单位有责任约束本单位的员工遵守政府部门发布的有关政府、法令、法规及施工现场的各项有关规定，确保现场文明施工有序进行。

例如混凝土浇筑过程中预留、预埋的协调，在混凝土结构施工期间，项目经理部要求各专业分包单位和其他承包单位根据施工进度计划安排，在混凝土浇筑 11 天前提交各种预留、预埋在混凝土结构中的各种洞口、槽口、埋件等的尺寸、位置、质量标准等相关资料，由项目经理部工程部负责汇总、核对后提前 7 天报监理工程师及设计师审批，审批完成后由项目部负责预留、预埋施工。在混凝土施工过程中，项目经理部按照专业分包单位和其他承包单位要求进行预留、预埋的套管、固定件、锚栓等由专业分包单位负责提供，专业分包单位对所提供材料的材质负责。埋件安装完成后混凝土浇筑前，为避免出现差错造成缺陷，专业分包单位作为埋件的使用方，必须对埋件进行检查验收，并在验收文件上签字。若在混凝土浇筑时，设计师或专业分包单位不能提供埋件的具体资料，为避免延误混凝土浇筑，项目经理部将会同监理工程师进行协商，按照监理工程师的指示安装有关埋件。

例如垂直运输机械的协调，项目部将免费向专业分包单位及其他承包单位提供现场已有的棚架、爬梯、工作台、升降设备等，各分包单位应每周以书面形式向项目经理部提出下周的材料运输量的申请，以便总承包单位调配安排提升设备的运输计划。各分包单位应无条件服从项目部的管理规定。

例如地下室外墙预埋协调，安装管线施工的协调顺序为先室外后室内，室内的顺序是先立管主干管后分支管，为了充分利用时间和空间，开展立体交叉施工，为下一步层楼管线全面安装创造条件，当土建结构施工到 2/3 高度时，可安装各管中的立管，包括给水排水管、消防水管、空调水管和卫生间全部立管等，其顺序是自下而上进行。这一施工部署对加快工程进度和缩短工期是十分有用的。

7.3.5 与材料供应商协调的内容和方法

（1）与材料供应商协调的内容：项目经理部与材料供应商应该依据材料供应合同，充分利用价格招标、竞争机制和供求机制做好协作配合。项目经理部应在项目部日常管理实施规划的指导下，做好材料需求计划，并认真进行市场调研，在确保材料质量和供应的前提下选择供应商。为了保证双方的顺利合作，项目经理部应与材料供应商签订供应合同，并力争使得供应合同具体、明确。为了减少资源采购风险，提高资源利用效率，供应合同应就供应数量、规格、质量、时间和配套服务等事项进行明确。项目经理部应有效利用价格机制和竞争机制与材料供应商建立可靠的供求关系，确保材料质量和使用服务。

（2）与材料供应商协调的方法：通过市场调研，在确保材料质量和供应的前提下选择供应商；项目经理部与材料供应商签订供应合同，且严格监督材料供应商履行合同；项目经理部应在项目部日常管理实施规划的指导下，做好材料需求计划；充分利用好价格招标、竞争机制和供求机制等方法与材料供应商做好协作配合。

例如在施工前应对工程所需的贵重材料和大宗材料的采购方式、供应渠道做出妥当的安排。编制物资供应计划控制表，所需材料根据表中最迟进场时间提前 5 天开始每天监控，确保材料按时或提前进场。选择信誉可靠、实力雄厚的供应商，并进行供应商评价。根据施工进度及时提供各种材料采购计划，对需检验的材料要留足够的检验周期。按总进度计划制定的控制节点，组织协调工作会议，检查本节点的实施情况，制定、修正、调整下一个节点的实施要求。签订完善的合同，根据合同来履行材料的采购任务。会同发包方代表定期（半月）或不定期地组织对工程材料、技术资料等的检查，并制定必要的奖罚制度，奖优罚劣，直至中断合同。作者所在项目经理部以周为单位，提出工程简报，向业主和各有关单位反映、通报材料采购进展状况及需要解决的问题，使业主和各有关单位了解工程的进行情况，及时解决施工中出现的困难和问题。

7.3.6 与公用部门协调的内容与方法

（1）与公用部门协调的内容：在业主取得有关公用部门批准文件及许可证后，项目经理部方可进行相应的施工活动；遵守各公用部门的有关规定，合理、合法施工；项目经理部应根据要求向有关公用部门办理各类手续，例如对现场施工人员进行身份备案。

（2）与公用部门协调的方法：在施工活动中主动与公用部门密切联系，取得配合与支持，加强计划性，以保证施工质量、进度要求；充分利用发包人、监理工程师的关系进行协调。

例如我方积极主动地与当地公交、交通、城管、市政、园林、环保环卫、自来水公司、电力公司、燃气公司等各社会公共部门取得联系，向他们通报情况，听取他们的意见，了解政府及主管部门的最新管理信息，按要求办理相关手续，制定相应的管理制度，使施工行为符合政府及主管部门的管理规定，以取得当地政府及主管部门的支持、信任与配合。为工程施工的顺利进行打下了良好的基础。主要工作如下：在业主取得有关公用部门批准文件及许可证后，项目经理部方可进行相应的施工活动；在工程开工前，与各部门取得联系，并办理政府各部门规定的手续。

例如临建审批、夜间施工、污水排放等。遵守各公用部门的有关规定，合理施工、合法施工。项目经理部应根据施工要求向有关公用部门办理各类手续：到交通管理部门办理通行路线图和通行证；到市政部门办理街道临建审批手续。在施工活动中主动与社会公用部门密切联系，建立定期沟通制度，及时向有关部门汇报施工管理情况，以期获得有力的支持。

例如施工现场工人进场前，协调分包单位对施工现场施工人员身份进行统计并备案，与驻地派出所联系申请办理暂住证，并及时领取发放。协调分包单位对现场特种作业人员进行合格证书审核备案，杜绝无证上岗情况的出现。

7.3.7　与远外层关系协调的内容与方法

项目部与远外层的联系部门主要有政府建设行政主管部门、安全监察部门、质量监督部门、消防部门、环保环卫部门、园林绿化部门、文物管理部门。

(1）与远外层关系协调的内容

1）与政府建设行政主管部门协调的相关内容：项目经理部应接受政府建设行政主管部门领导的审查，按规定办理好项目施工合同备案等手续，在施工活动中发生合同纠纷时，项目部应委托政府建设行政主管部门参与调解或仲裁。在施工活动中，应主动向政府建设行政主管部门请示汇报，取得支持与帮助。例如办理施工合同备案应提前协调准备备案相关材料，如中标通知书、合同书；工程项目中标项目负责人的建造师注册证书和职业印章、身份证及安全生产考核合格证书或小型项目负责人的证书、身份证及项目负责人安全生产考核合格证书；项目技术负责人、安全员、施工员、质检员、资料员、材料员相关资料等。

2）与安全监察部门协调的相关内容：项目经理部应按规定办理安全资格认可证、安全施工许可证、项目经理安全生产资格证，且在施工中应接受安全监察部门的检查、指导，发现安全隐患及时整改、消除。例如在安全监察部门检查前，应提前组织人员对施工现场进行排查，指派专人对安全监察部门提出的疑问进行详细耐心的解说，并提前协调资料员准备施工现场的安全施工资料以方便安全监察部门检查。安全监察部门检查资料时资料员要寸步不离安全监察部门人员，以备随时提供需要的资料，见图7-9、图7-10。

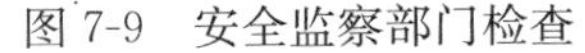
图7-9　安全监察部门检查

图7-10　资料检查

3）与质量监督部门协调的相关内容：项目经理部应及时办理建设工程质量监督通知单等手续，接受质量监督部门对施工全过程的质量监督、检查，对所提出的质量问题及时整改，按照相关规定向质量监督主管部门提供有关工程质量文件和资料。例如组织协调质量监督站对基础钢筋进行验收，验收前组织项目部人员进行自检，自检合格后方可报验，并对施工现场进行清理，保持验收道路通畅，指派专人进行解答，做到施工场地工完、料净、场地清，见图7-11。

图 7-11 质量监督站进行资料检查

例如协调质量监督管理部门做好地基验收，地基验收前应组织人员按规范要求做好钎探工作，并准备钎探记录以备质量监督人员审查。对提出的问题及时处理更改，并及时向质量监督部门上报处理结果，见图 7-12。

4）与消防部门协调的相关内容：施工现场必须有消防平面布置图，且须符合消防规范的要求，在办理施工现场消防安全资格认证审批后方可施工。施工过程中随时接受消防部门对施工现场消防的临时检查，对存在的问题应及时整改，竣工验收后还须将有关文件报消防部门进项消防验收，若存在问题，应立即返修，见图 7-13。

图 7-12 地基验槽

图 7-13 接受消防安全检查

5）与环保环卫部门协调的相关内容：施工前项目经理部需向环保环卫部门提交运输不遗撒、污水不外流、垃圾清运等环保保证措施方案和通行路线图，经审批后方可实施。施工过程中须注意文明施工，减少环境污染，配合环保部门做好施工现场的噪声检测，搞好环保环卫、厂容厂貌、安全等工作，施工时应尊重社区居民及环保环卫部门意见，改进工作，取得社区居民的谅解、配合和支持，见图 7-14。

图 7-14 环保部门检查

6）与园林绿化部门协调的相关内容：项目所在地如因建设需要砍伐树木时，必须向园林绿化主管部门提出申请，待园林绿化部门回复后方可继续施工，若因建设需要临时占用城市绿地和绿化带，须办理临建审批手续，经市园林部门、城市规划部门、公安部门同意，并报当地政府批准，见图 7-15。

7）与文物管理部门协调的相关内容：在文物较密集地区进行施工，项目经理部应事先与省市文物管理部门联系，进行文物调查或勘探工作，若发现文物要共同商定处理办法。在施工过程中发现文物的，项目经理部有责任和义务妥善保护文物和现场，并报政府文物管理部门，及时采取处理措施。例如施工现场发现文物，应及时按照相关程序向文物管理部门报告，并协调施工现场对发现的文物进行保护等工作，见图 7-16。

郑州市砍伐（移植、修剪）树木
临时占用拆除绿地许可证

发证机关：
发证日期：

图 7-15 办理树木砍伐证

图 7-16 施工现场文物保护

（2）与远外层关系协调的方法：项目经理部与远外层关系的协调应在严格守法、遵守公共道德的前提下，通过加强计划性和通过建设单位或监理单位进行协调补充。远外层关系的协调应以公共原则为主，在确保自己工作合法性的基础上，公平、公正地处理工作关系，提高工作效率。与政府有关部门的协调，着重注意以下 3 个方面：

1）应充分了解、掌握政府各行业主管部门的法律、法规、规定的要求和相应办事程序，在沟通前应提前做好相应的准备工作（如文件、资料和要回答的问题），做到"心中有数"；

2）与政府各行业主管部门进行协调时绝不能出现"顶撞"和敷衍等现象；

3）发挥不同人员的相应业绩关系和特长，不同的政府主管部门由不同的专人负责协调，以保持稳定的沟通渠道和良好的协调效果。

总之，与政府部门的协调要从两个方面入手，即感情方面和业务方面。感情方面：逢年过节要做工作，平时经常安排活动联系友谊等。业务方面：要严格把握质量问题，赚钱要有原则，质量第一、安全第一，两个第一要把握好。遇到问题及时与监理、甲方等各部门进行沟通，不能欺上瞒下，否则最终倒霉的是自己。

7.4 施工项目内部关系协调的内容与方法

7.4.1 施工项目内部关系协调的内容

施工项目内部关系的协调包括人际关系的协调、组织关系的协调及协作配合之间的关系协调。

（1）人际关系的协调。人际关系的协调通常包括项目部内部人际关系的协调以及与关联单位的人际关系的协调，协调的对象主要是各项相关工作结合时的相关负责人。例如项

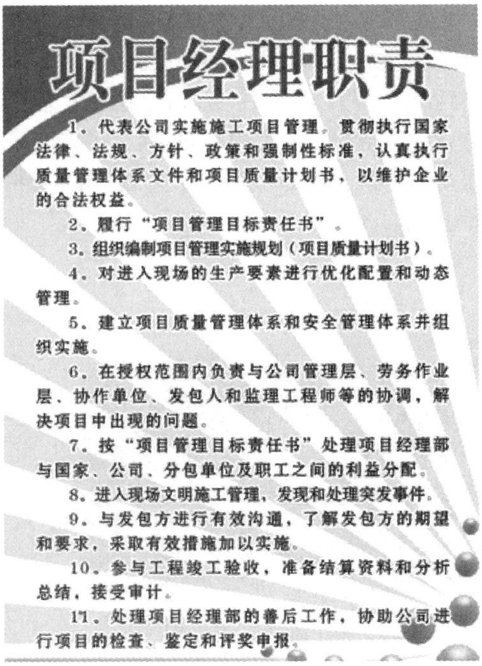

图 7-17　项目经理职责

目部内部人际关系的协调，项目经理所领导的项目经理部是项目组织的领导核心。通常，项目经理不直接控制资源和具体工作，而是由项目经理部中的职能人员具体实施控制，这就使得项目经理与职能人员之间以及各职能人员之间存在界面和协调。例如项目经理与技术专家的沟通，技术专家往往对基层的具体施工了解较少，只注重技术方案的优化，注重数字，对技术的可行性过于乐观，而不注重社会和心理方面的影响。项目经理应积极引导，发挥技术专家的作用，同时注重全局、综合和方案实施的可行性。建立完善、实用的项目管理系统，明确各自的工作职责，许多项目经理对管理程序寄予很大的希望，认为只要建立科学的管理程序，要求大家按程序工作，职责明确，就可以比较好地解决组织沟通问题，见图 7-17。

例如生产经理负责协助项目经理实施施工安全、生产管理，组织完善和制定工程项目部各项目施工生产管理制度，根据工程总体安全生产计划目标对工程施工进度进行控制，并对总体施工进度、生产进度负责，负责对各项施工生产进行考核，对施工生产机构设置、资源配置等主要问题向项目经理提出建议，以保证工程生产进度，听取生产管理部门及工区关于工程进展的动态汇报，解决工程进度存在的问题并提出改进意见，协调解决现场施工中出现的重大问题等。

（2）组织关系的协调。组织关系的协调通常包括项目部与企业管理层以及分包单位、劳务作业层之间的关系。例如项目经理部与企业管理层关系的协调，主要依靠严格执行“项目管理目标责任书”来实现，在党务、行政和生产管理上，根据企业党委和经理的指令以及企业管理制度来进行。项目经理部受企业有关职能部、室的指导，二者既是上下级行政关系，又是服务与服从、监督与执行的关系，即企业层次生产要素的调控体系要服务于项目层次生产要素的优化配置，同时项目生产要素的动态管理要服从于企业主管部门的宏观调控。企业要对项目管理全过程进行必要的监督调控，项目经理部要按照与企业签订的责任状，尽职尽责、全力以赴地抓好项目的具体实施。在经济往来上，根据企业法人与项目经理签订的“项目管理目标责任书”，严格履约，按实结算，建立双方平等的经济责任关系；在业务管理上，项目经理部作为企业内部项目的管理层，接受企业职能部、室的业务指导和服务。一切统计报表，包括技术、质量、预算、定额、工资、外包队的使用计划及各种资料都要按系统管理和有关规定准时报送主管部门。

其主要业务管理关系如下。

1）计划统计。项目管理的全过程、目标管理与经济活动，必须纳入计划管理。项目经理部除每月（季）度向企业报送施工统计报表外，还要根据企业法人与项目经理签订的“项目管理目标责任书”所定工期，编制单位工程总进度计划、物资计划、财务收支计划。

坚持月计划、旬安排、日检查制度。

2）财务核算。项目经理部作为公司内部一个相对独立的核算单位，负责整个项目的财务收支和成本核算工作。整个工程施工过程中，不论项目经理部成员如何变动，其财务系统管理和成本核算责任不变。

3）材料供应。工程项目所需三大主材、地材、钢木门窗、构配件及机电设备，由项目经理部按单位工程用料计划报公司供应，公司提供加工、采购、供应、服务一条龙式服务。凡是供应到现场的各类物资必须在项目经理部调配下统一建库、统一保管、统一发放、统一加工，按规定结算。栋号工程按施工预算定额发料，运用材料成本票据结算。工程所需机械设备及周转材料，由项目经理部上报计划，公司组织供应。设备进入工地后由项目经理部统一管理调配。

4）预算及经济洽商签证。预算合同经营管理部门负责项目全部设计预算的编制和报批，选聘到项目经理部工作的预算人员负责所有工程施工预算的编制，包括经济洽商签证和增减账预算的编制报批。各类经济洽商签证要分别送公司预算管理部门、项目经理部和作业队存档，作为审批和结算增收的依据。

质量、安全、行政管理、测试计量等工作，均通过业务系统管理，实行从决策到贯彻实施，从检测控制到信息反馈全过程的监控、检查、考核、评比和严格管理。项目经理部与水电、运输、吊装分公司之间的关系，是总包与分包的关系。在公司协调下，通过合同明确总分包关系，各专业服从项目经理部的安排和调配，为项目经理部提供专业施工服务，并就工期、服务态度、服务质量等签订分包合同。

（3）协作配合之间的关系协调。协作配合之间的关系协调通常包括项目部各部门之间、上下级之间、管理层与作业层之间以及与各近外层协作单位之间的协调。

例如项目经理部内部供求关系的协调，内部供求关系涉及面广，关系比较复杂，协调工作量相对较大，而且存在很大的随机性。这就要求组织内部制定明确、具体的资源需求计划，并对照计划提前部署，严格执行。在实施过程中应充分加强调度工作，做到资源分配的平衡。项目经理部进行内部供求关系的协调应做好以下工作。

1）做好供求计划的编制平衡，并认真执行计划。项目经理部进行内部劳务、原材料、设备等资源的供求协调是比较重要的一环，如果供求关系不畅或供求失调，将直接影响项目的实施进度和技术质量，影响项目总体目标的实现。因此，为了确保供求关系的和谐，要求供应部门根据实际需求认真编制供应计划，提前做好采购和准备工作；使用部门也应及时与供应部门联系，协助供应部门做好计划，并提前予以提示。在计划实施过程中，供求双方应该严格执行计划，如果实际需求与供应计划出现偏差时，应以项目管理的总目标和供需合同为原则认真做好使用平衡工作，确保目标不受影响，同时应积极准备或积极处理，尽快纠正偏差。

2）充分发挥调度系统和调度人员的作用，加强调度工作，排除障碍。在供求关系的协调工作中，调度工作是关键环节。供求关系出现问题时，对供和求的合理调整与平衡工作由调度人员来进行。调度人员应充分了解使用环节的必需性和可缓性，认真分析施工作业的关键因素，提前做好预测，及时准备。另外，调度人员也应充分了解市场，预测市场的波动，对计划供求的资源提前做好准备；如果由企业内部市场供应，则应提前与市场管理部门联系，做好准备。

例如工程进行到中后期阶段的时候，大量机电设备安装、精装修插入，造成立体交叉施工，这对总承包单位的综合协调管理能力是一个严峻的挑战，也使得总承包单位协调管理能力成为影响工程工期的一项重要因素。总承包单位要对整个工程进行协调管理，无论是业主指定分包还是总承包单位自行分包的项目均有责任、义务纳入到本工程统一管理中来，对整个建筑工程的施工质量、安全、进度的和谐统一负有协调管理的责任，对各专业分包商有监督管理、协调服务的责任和义务。作者所在单位在大型工程总包管理上有着丰富的管理经验，能确保工程优质、按期完工，向业主交付一个满意的工程，为此，需要做好以下工作：积极主动为业主服务，有效协调工程各方的工作关系，争取政府相关部门的有力支持；对设备、材料的选型、订货、加工制造进行监控，对设备、材料的质量标准和档次进行严格界定和把关；严格、有效地控制施工工程质量；在施工和管理方面大力采用先进的科学技术和运用计算机技术；对工程实施阶段进行科学合理的计划、安排和有效策划、组织与协调，确保关键线路和主导工期；对各专业分包商严格控制、管理、协调、服务以及统一协调各专业分包商相互之间的密切配合，以上的协调管理可以确保工程的顺利施工。

7.4.2 施工项目内部关系协调的方法

（1）正确对待员工，重视人的能力建设。正确对待员工是搞好项目人际关系协调的基础。项目管理者要以新的管理理念来协调项目内部的人际关系，不要把人只看成是项目管理的基本要素之一，这种以“经济人”假设为基础和前提的物本管理，见物不见人，强调的是给人以经济和物质鼓励，把协调工作简单化。在项目管理实践中既要把人看作“社会人”，以人为本，以行为科学的理论指导协调工作，又要把人看作“能力人”，以能力为本，大力开发人力资源，营造一个能发挥创造能力的环境，充分调动人的创造能力和智力，为实现项目目标服务，见图 7-18。

图 7-18 节日慰问

（2）做好激励工作。激励是协调工作的重要内容。在项目中每个员工都有自己的特性，他们的需求、期望、目标等各不相同，项目管理者应根据激励理论，针对员工的不同特性采用不同的方法进行激励。在工程项目中常用的方法主要有工作激励、成果激励、批评激励和教育培训激励。工作激励是通过分配恰当的工作来激发员工内在的工作热情；成果激励是指通过正确评估工作成果给员工以合理的奖惩，从而保证员工行为的良性循环；批评激励是指通过批评来激发员工改正错误行为的信心和决心；教育培训激励是指通过思想教育、技术和能力培训等手段，来提高员工的素质，从而激发其工作热情，见图 7-19、图 7-20。

（3）及时处理各种冲突。冲突是指由于某种差异而引起的抵触、争执或争斗的对立状态。员工之间在利益、观点、掌握的信息以及对事件的理解方面都可能存在差异，有差异就有可能引起冲突。这种冲突在很多情况下有一个过程，项目管理者要及时处理好各种冲突，以减少由于冲突所造成的损失。

图 7-19　召开表彰大会

图 7-20　安全生产培训

例如某大坝施工中村民干扰，从 2015 年某爆破公司进入工地到 2020 年初，当地村民对施工场地进行了上百次干扰，面对村民的干扰，工程师在某爆破公司和村民之间做了大量工作，一方面要求村民遵纪守法，不能干扰国家的工程建设；另一方面为了消除爆破引起村民的不安心理，要求某爆破公司严格检查每次爆破的孔距、排距、药量，在爆破时注意观察对周边村民的实际影响。必要时某爆破公司应减少一次起爆药量和总爆破方量。如果由于某爆破公司爆破的冲击和飞石对村民造成了直接损失，则理应由某爆破公司给予补偿。每次爆破，工程师始终坚守现场观察、了解实情，为正确协调解决问题提供了可靠依据，另外，如果属于当地政府遗留的问题则由业主出面去处理。工程师的意见反馈给业主后，很快引起了业主有关领导和部门的重视。他们立即召开专门会议研究解决办法，对石料场爆破确实给村民造成影响的应给予补偿，并达成协议。同时协调政府部门加大宣传力度，支持大坝工程建设，充分利用政府行为，彻底解决附近村民对工程的干扰问题，保证了工程建设顺利进行。从此以后，大坝施工再也没有发生过干扰。

（4）合理地设置组织机构和岗位。根据组织设计原则和组织目标，合理设置组织机构和岗位，既要避免机构出现人浮于事，又要防止机构不全、缺人少物的情况出现；明确每个机构和岗位的目标职责和合理的授权，建立合理的责权利系统；根据项目组织目标和工作任务来确定机构和岗位的目标职责，并根据职责建立执行、检查、考核和奖惩制度；建立规章制度，明确各机构在工作中的相互关系；通过制度明确各个机构和人员的工作关系，规范工作程序和评定标准。

例如大型机械的协调一般由机修工地负责，必要时由总工、经理进行协调。各使用单位必须提前一天将第二天的机械使用计划报到机修工地，机修工地根据各专业工地的机械使用计划和工程例会上的有关要求统筹规划、合理安排。如出现矛盾或特殊情况，由经理或总工根据现场实际情况协调解决。

例如现场总平面的协调，依照施工组织设计中的各阶段现场平面布置要求，由经理室、总工室负责组织实施与协调，并对各专业工地及有关部门的执行与实施情况进行监督管理。各专业工地对现场施工平面的要求，必须以书面形式提出申请报工程部，工程部对申请中提出的要求进行审核，在认为有必要时进行规划与调整，经总工或经理批准后，由工程部组织现场协调实施。

总之，内部协调应注重语言艺术和感情交流。协调不仅是方法问题、技术问题，更多的是语言艺术、感情交流。同样的一句话，在不同的时间、地点，以不同的语气、语速说出来，给当事人的感觉大不一样。所以，有时我们会看到，尽管协调意见是正确的，但由于表达方式不妥，反而会激化矛盾。而高超的协调技巧和能力则往往起到事半功倍的效果，令各方面都满意。在协调的过程中，要多做换位思考，换个角度看问题，把自己放在对方的立场上来想，多做感情交流，在工作中不断积累经验，才能提高协调能力。

7.5 项目组织协调工作出现问题的原因及解决办法

7.5.1 出现问题的原因

无论是民用住宅、工业厂房，还是公共建筑，一栋高质量、高标准的建筑工程，从工程技术、施工管理的角度来看，各专业之间的协调与配合是至关重要和不容忽视的。即使是一个普通的工程，施工中各专业协调的好坏，也直接关系到工程的质量与品质。

例如某住宅工程分包水电的安装队，在埋设开关线时没有注意到门的开启方向，结果门安装好后，发现开关的位置正好在门后边，使用起来十分不便，不得已只好把粉刷好的墙面凿开，重新埋管改线路。再如是某甲方人员按电梯生产厂家提供的电梯尺寸，让设计院设计电梯井施工图。而设计人员也没有多问，就按原尺寸进行设计，结果电梯运到现场后发现，电梯轿厢尺寸比电梯井的尺寸大了200mm，这时大家才又翻图纸核对，发现设计人员把电梯厂家标注的净空尺寸当成电梯井的轴线尺寸，但此时发现已没有办法，只好将电梯轿厢改小。某22万m^2住宅小区，框架结构，共64台电梯，由于电梯工程为甲方单独分包，电梯土建配套图的电梯圈梁做法标注为每层楼面上去2200mm，施工总包单位口头向建设单位提出做法有问题，建设单位没有引起重视，导致最后电梯进场安装时发现圈梁位置基本全错，由于电梯井道除了框架异型柱外其余均为填充墙，增加型钢固定在楼层梁上，增加了造价，原因主要是电梯土建配套图错误，该损失由建设单位负责。应表述：比如从电梯地坑底上面900mm起，每2200mm（或根据不同电梯厂家要求）设置圈梁，并在电梯土建配套剖面图上把圈梁标高档距标注清楚。在工程施工过程中，出现和产生这样问题的例子并不少见，像消防、煤气安装等，由于是由有关部门指定的专业施工队施工，与土建及其他专业队之间配合往往会出现一些问题。这些问题到了工程主体完工被发现时已很难处理。不得已只好改线路、打楼板，把一栋好好的建筑搞得乱七八糟，面目全非，并因此带来了种种问题和隐患。

很多建筑物，就其各专业本身，如建筑的外形、使用功能、结构、安全合理性等，不论在设计还是在施工方面的质量，都能得到很好地控制和保证。但各专业在工程施工中的交叉配合与协调工作，经常处理得不尽如人意。到了工程施工的后期，由于这些问题，往往出现返工，造成工程投资的极大浪费，并且影响工期，有的还会影响到建筑物的使用功能，严重的甚至还会带来质量问题和安全隐患。由此可见，工程施工中各专业的协调管理工作不仅很重要，而且也很必要。作为业主（甲方）或者监理，在工程的设计阶段以及施工过程中，如何做好这项管理工作呢？出现上述问题的原因可以说很多，牵涉到设计、施工、甲方、监理及多专业技术工种和多单位部门的方方面面，总的来说这些问题主要由两方面的原因引起，一方面是技术质量，另一方面是管理。

（1）技术质量方面

由于现代建筑的科技含量越来越高，其涉及的专业也越来越多，有水电、空调、通风、消防、对讲、监控、电视、电话、宽频网，等等。同时，安装的质量及技术要求也越来越高。每一个专业既有自己的特定位置空间、技术要求，同时又必须满足其他专业施工的时间顺序和空间位置的合理需求。如果在技术上不能充分全面考虑，特别是一些交叉部位的细节，如果考虑不周，则极易产生问题。再者，由于现代建筑的个性化，每一栋建筑都是一件特有的产品，每一条管线、每一台设备都有特定的要求，这也就增加了技术工作的难度，增加了各专业之间出现矛盾和问题的可能性。同时由于新技术、新产品的不断出现和应用，若施工人员未能及时掌握，也会带来问题。

例如施工中应尽量减少交叉作业，必须交叉时，施工负责人应事先协调组织交叉作业各方进行技术交底，商定各方的施工范围及安全注意事项；各工序应密切配合，施工场地尽量错开，以减少干扰；无法错开的垂直交叉作业，应组织人员搭设严密、牢固的防护隔离设施，使交叉作业场所的通道保持畅通；对有危险的出入口组织人员设置围栏或悬挂警告牌，以免出现混乱和发生安全事故。

(2) 管理方面

在现行的管理体制下，施工单位的分包现象普遍存在，分包单位在工作范围的界定上很难做到十分明确。主观上各单位在利益的驱使下，总希望相关单位承担更多的工作。这往往造成工序上的遗漏，人为带来一些问题，增加了协调管理的复杂性。此外，施工组织管理不健全，存在着人员责任不明确，或者是专业人员思想麻痹等现象，他们认为这么大的工程项目，出现一些小问题，返工是正常的，没什么大不了，反正以后总有办法补救处理，加之施工人员、管理人员的水平素质参差不齐，都会给施工中各专业的协调工作带来困难与不便，这也是产生问题的重要原因。

再者，由于各专业的分工协调不尽如人意，每一个专业的技术管理人员，对其他专业的工作、工序以及技术、质量要求很难全面了解和掌握，即便是本专业的问题，也会由于是新产品、新技术，对其性能与施工工序不太熟悉，这无疑给协调工作带来更多的问题。从理论上讲，协调工作并不十分复杂，只要我们在施工中能严格按规范要求做好每一道工序，也许就不会出现上面所说的矛盾，至少会大大减少问题的出现。但在实际工作中，由于上述人为的、技术上、管理上的因素，各专业之间存在的问题和矛盾是非常突出的。

例如因不同标段总承包单位管理不到位，现场综合管理达不到万科的工程管理要求，所以需协调监理对施工单位的管理，提高监理和总承包单位的管理水平，在短期内改变现场施工状况。在工程招标后，立即组织中标总承包单位全体管理人员见面会，有意考察总承包单位管理人员的基本情况，对他们的组织架构、人员分工、个人特长、秉性进行分析，提前了解对其管理重点。工程开工后，在基础施工阶段，总承包单位逐渐暴露出其弱点，表面上看是进度计划滞后、文明施工方案迟迟不落实，但究其实质是管理思想落后、个别管理人员责任心差、综合能力低下，项目部发现上述问题后，多次组织不同形式的沟通协调会，制定整顿整改目标，但效果不明显。项目部领导进行专题分析后认为，首先应加大总承包单位管理人员月度考核制度的执行力度，对施工现场管理人员的专业技能、安全文明施工、现场解决问题的能力、与业主及监理的配合情况等综合素质能力进行考核，同时明确如两次达不到要求，按照合同规定要求退场，通过这项制度的实行，先后责令 4 人退场，极大地提高了管理人员的危机感，增强了管理人员的工作责任心。彻底解决了进度滞后的问题。

例如××家园工程中，针对管理方面协调问题，应该采用基于技术信息流动模式的协调管理方法。由于资质较老的工人具有一种封闭意识，自然对于外界信息技术了解比较少，管理人员宜采取口头模式与其进行经常性的交流，比如某一环节的有关新的规范应该及时向其传达。对于现场管理人员不在现场这一问题，最好采取有力的措施，项目部可以通过会议形式，明确管理人员的职责，明确奖惩制度以提高管理人员的积极性。

7.5.2 解决办法

实现项目协调工作的手段主要有4个方面，作为项目管理部应充分认识协调工作的重要性，加强管理，建立科学的管理模式，不断地从工作中汲取经验教训，平时还应注意提高专业技术管理人员、施工人员的业务水平和综合素质，只有这样协调工作才能得以实现。

(1) 充分认识协调工作的重要性。工程中各专业的交叉部位多数都是一些小的东西，一般情况下对工程影响不大。但有时也会出现一些较大的问题，很难补救，甚至无法挽救。即便是这些小的问题，如果事先不设法考虑解决，事后处理起来也很麻烦，有时甚至要花几倍的代价，而且还会影响工程的质量，造成经济损失。作为工程的建设者、管理者，从设计、监理到施工的各单位首先要从对业主、用户负责的角度认识问题，要从履行合同中自己的责任义务的角度，认真对待协调问题。另外，从提高行业标准、施工和管理水平上讲，做好各专业的协调工作也是十分必要的。作为管理人员首先要认识到协调工作的重要性，才有可能真正做好协调管理工作。

例如交通与施工运输协调，作者所在公司项目管理部都是在工程开工前协助业主与交通管理部门联系协调，对施工场地范围及周边的公共交通合理布置并公告，规定施工运输线路，施工单位应保证按交通部门的要求组织施工线路。在施工现场及周边，项目管理部将配合监理公司监督和检查施工单位是否派有专职人员负责维持秩序和指挥交通。

例如当地村民之间的工作协调，尊重当地风俗习惯，要入乡随俗。在施工进场前要派人搞好社情、乡俗调查，使员工尽快适应新环境，主动搞好与地方的关系，增进团结。只有真诚地尊重和爱护当地政府和群众，才能得到政府和群众的理解与支持。避免与村民发生冲突。

(2) 加强管理，建立科学的管理模式。一直以来，我们的施工管理更多地趋于表面形式。工地办公室的各种图表，给人的感觉是管理得井井有条，而实际问题解决得怎么样，却要打个问号。虽然这些工作也很重要，对施工有重要的指导作用，但如果我们过于追求这些，势必有纸上谈兵之嫌，反而束缚了施工管理人员的手脚，不利于工程管理工作的改进和提高。这里所强调的加强管理，是指在现有管理水平的基础上，针对影响工程质量品质的一些关键问题，从技术上、人事制度上建立更有效的、更加科学的管理体制，明确每一个施工人员的目标责任，从而达到进一步提高管理水平的目的。

在建设项目中可实行界面管理，因为大量的矛盾、争执和损失都发生在界面上。不同项目单元的人员具有不同的价值观，导致不同职能部门之间存在潜在的冲突，在解决冲突的过程中，当冲突某一方的看法正确的时候，可以选择这一方的方案用以解决冲突；当冲突双方的方案正确与否无法判定时，可以选择专家协调模式来解决建设项目组织内部的界面冲突。

例如基础外墙止水套管施工协调，在基础工程施工时机电专业应及时配合土建做好强弱电专业的电缆穿墙防水套管（带有止水环）预埋工作。该阶段，土建工长应提醒机电专业严格控制套管的轴线、标高、位置、尺寸、数量、材质、规格等方面要符合设计图纸的要求，必要时，应亲自检验。在土建合模前，土建工长应重点检查外墙止水套管的牢固性，在浇筑混凝土时，混凝土应自然流淌到套管下方，然后随着振捣漫过套管。严禁直接向套管上方浇筑混凝土和用振捣棒直接振捣套管。若多个套管并排设置（一般开闭站、变配电室、市政给水排水常见），止水环要求贯通，形成止水板带，此种做法给混凝土浇筑带来较高要求，必须做到密实，此处浇筑土建工长应做到旁站。拆完模板后，机电专业应立即在外侧加焊盲板或采取其他措施来防止在穿管连接市政管道前从该套管处向室内进水。

例如文明施工及成品保护的协调，土建与机电专业移交前，均应完善场地文明施工、移交文字手续、确认工期、成品保护协议等工作。尽量将湿作业安排在机电安装前完成，若机电安装调试完成后还有湿作业，应加强对土建施工人员在安全、成品保护等方面的交底。机电专业在进行强弱电间施工时，必须保证其作业面干燥，临水管、消防管尽量远离作业面，还应协调水专业在进行试水、清洗管道时要避免影响电专业，必要时应在门口做临时简易挡水台。在实际施工中经常发生这种情况：机电专业完成强弱电间设备安装调试等作业后，不主动向土建方移交，并且有意留置一定数量的强弱电间作为其现场材料库房，以方便使用。即使在移交机电专业前所有土建工作都已完成，机电完成后也需要修补完善，而且总承包合同一般情况下采取“交钥匙”形式，临近竣工前，强弱电间的控制权一定要在土建方手里。土建工长要结合总控计划积极跟踪机电进展，若发生机电专业滞后或者不主动移交情况，一定要及时沟通、下发工作联系单或其他文字函件。

例如避雷接地连接的协调，根据设计要求，做好基础底板中的接地连接。对于有桩基施工的建筑物，一般防雷接地体都采用柱内主筋，在破桩接桩后，采用镀锌圆钢或镀锌扁钢引出、引上留出测试接地电阻的干线及接地测试端子板。用于接地的主筋一般是柱子对角线上的两根主筋，土建工长应关注焊缝不得破坏主筋的有效截面面积，专业工人用以标记避雷引上线的油漆不得污染钢筋，在浇筑底板混凝土前应确认专业验收完毕，并将“混凝土浇筑申请单”会签完毕。

例如项目经理部成立协调联络部，部内设多名联络员分别负责每个分包单位的联络和协调工作，每项分包工作都有专人管理协调，职责明确，责任到人，做到凡事有人管、有人帮助解决。成立以专人主管各分包单位在生产、生活及消防安全方面的协调工作，并配以闭路电视监控系统，用于贵重设备、防火安全重点部位和已完成装修重要部位的监控，减少成品损坏、丢失情况。结构施工阶段坚持每周例会制度，解决土建施工、预留、预埋及施工中的协调问题。在装修、安装阶段项目部建立每天下午 4 点召开施工现场生产调度会制度，各分包单位负责人必须准时参加，听取施工调度安排、协调各方及各工种工序穿插有关问题，解决现场生产、安全、质量、文明施工出现的问题，对于会议决定，各分包单位必须认真执行。由项目部会同业主代表、监理工程师定期或不定期地组织对工程进度、工程质量、现场标准化、安全生产、工程技术资料等进行检查，制定必要的奖惩制度，实行奖优罚劣。

（3）加强协调管理包括以下具体措施。

1）技术协调。提高设计图纸的质量，减少因技术错误带来的协调问题。设计图纸的好坏直接关系到工程质量的优劣。图纸会签又关系到各专业的协调，设计人员对自己设计的部分，一般都较为严密和完整，但与其他人的工作就不一定能够一致。这就需要在图纸会签时找出问题，并认真改正，从图纸上加以解决。同时，图纸会审与交底也是技术协调的重要环节。图纸会审应将各专业的交叉与协调工作列为重点。进一步找出设计中存在的技术问题，再从图纸上解决问题。而技术交底是让施工队、施工班组充分理解设计意图，了解施工的各个环节，从而减少交叉协调问题。

例如书面协调，当会议或者交谈不方便或不需要时，或者需要精确地表达自己的意见时，就会用到书面协调的方法。书面协调方法的特点是具有合同效力，一般常用于以下几方面：不需双方直接交流的书面报告、报表、指令和通知等；需要以书面形式向各方提供详细信息和情况通报的报告、信函和备忘录等；事后对会议记录、交谈内容或口头指令的书面确认。

例如对机电及管线工程协调，为有关机电工程及时编制并提供经协调后的与机电工程相关的土建项目及机电工程管线图纸。该图纸应提前经设计、监理（或建设单位）审核。在编制“已协调机电土建及管线图”时，必须保证各机电系统管线定位及安装次序不会产生任何矛盾，所有设备（或管道）均能达到整齐、合理、整洁的外观，占用空间合理，并为工程设备（或管道）检修提供足够的空间。若在编制上述图纸时发现与原设计有矛盾，或图纸中的设计意图无法实现时，应立即将问题通知建设单位（或监理单位），及时与原设计沟通，并预留足够的时间给有关人员对机电设备图纸进行修改。项目经理部做好机电工程管道与管道间、管线（或设备）与设备间的协调工作，以保证设备或管道能在不影响正常安装和运行的情况下尽量少占用结构空间，并防止机电系统设备或管道在安装上出现问题，保证机电各项工程顺利进行。例如布管穿插配合事项协调：工艺规范一般要求在板底层钢筋绑扎完毕后进行布管作业，但是机电专业工人经常在模板安装验收完毕后就进行接线盒定位放线及管道走向放线工作，在工期紧的条件下，只要不影响钢筋工铺设底层钢筋作业，可以同时进行。梁钢筋、板底层钢筋绑扎完毕后，机电工人应立即开始布管工作。影响其进度的关键工序是钢管摵弯、接地跨接线焊接、套丝接口、PVC管胶接。大多数情况下，此阶段机电施工应无条件跟进土建施工，但是作为土建工长，应积极配合其工作进展，以下工作要过问，必要时要亲自管控。其一，集中使用电焊机，要保证其临电供应和二级配电箱数量、位置合理；其二，材料的现场存放与运输，塔式起重机或者其他运输机械配合其场内垂直与水平运输；其三，若该阶段施工赶在休息时间应提前做好与机电专业沟通协调工作，调整作息时间，尽量减少工作面闲置；其四，土建与机电之间不可避免会出现一些矛盾与摩擦，要及时发现、及时协调消除，避免事态扩大与激化，以大局为重，若在结构施工期间出现土建与专业配合不畅，将会对工期、质量产生不良影响。

2）管理协调。协调工作不仅要从技术方面下功夫，更要建立一整套健全的管理制度。通过管理减少施工中各专业的配合问题，建立以甲方、监理为主的统一领导，由专人统一指挥，解决各施工单位的协调工作，作为甲方管理人员、监理人员，首先要全面了解、掌握各专业的工序及设计的要求。这样才有可能统筹各专业的施工队伍，保证施工的每一个环节有序到位。建立由管理层到施工班组逐级的责任制度。在责任制度的基础上建立奖惩制度，提高施工人员的责任心和积极性。建立严格的隐蔽验收与中间验收制度，隐蔽验收与中间验收是做好协调管理工作的关键。此时的工作已从图纸阶段进入实物阶段，各专业之间的问题也更加形象与直观，问题更容易被发现，同时也最容易解决和补救。通过各部门的认真检查，可以把问题减少到最小。

在项目实施过程中需要合理调配人力资源及施工设备，合理优化工艺、土建结构和设备配置，合理安排项目周期，控制施工风险，实现项目成本最小化、效益最大化。

例如建立以项目经理为责任人的质量问题责任制度，见图 7-21。

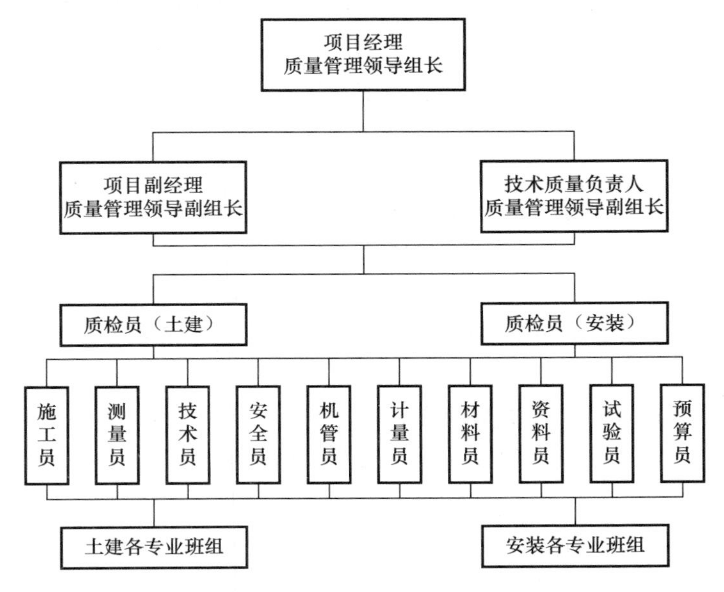

图 7-21 质量问题责任制度流程图

3）组织协调。建立专门的协调会议制度，施工中甲方、监理人员应定期组织召开协调会议，解决施工中的协调问题。对于较复杂的部位，在施工前应组织专门的协调会议，使各专业队伍进一步明确施工顺序和责任。这里需要强调的一点是，不论是会签、会审还是隐蔽验收，制定的所有制度绝不能是一个形式，而应是实实在在的，或者说所有的技术管理人员对自己的工作、签名应承担相关责任。这些只有在统一领导下，并设立相关的奖罚措施，才有可能一级一级落到实处。

例如项目管理部每周召开一次协调会议，参加人员包括：业主；项目管理部项目经理及相关人员；监理单位项目总监理工程师及其他有关监理人员；施工单位项目经理及其他有关人员。需要时，还可邀请其他有关单位代表参加。会议的主要议题是：对上次会议存在问题的解决和纪要的执行情况进行检查；工程进展情况；对下月（或下周）的进度预测；施工单位投入的人力、设备情况；施工质量、加工订货、材料的质量与供应情况；有关技术问题等。会议记录（或会议纪要）由公司项目管理部形成纪要，经与会各方认可，然后分发给有关单位。会议纪要内容如下：会议时间及地点；出席者姓名、职务及他们代表的单位；会议中发言者的姓名及发言的主要内容；决定事项；各事项分别由何人何时执行。会后项目管理部落实专人对协调内容督促检查，见图 7-22。

(4) 以前工作中的经验教训：施工中会出现各种各样的问题，协调管理也不例外，作为技术管理人员，要善于不断地总结前人的或者是以前工作中的经验教训。

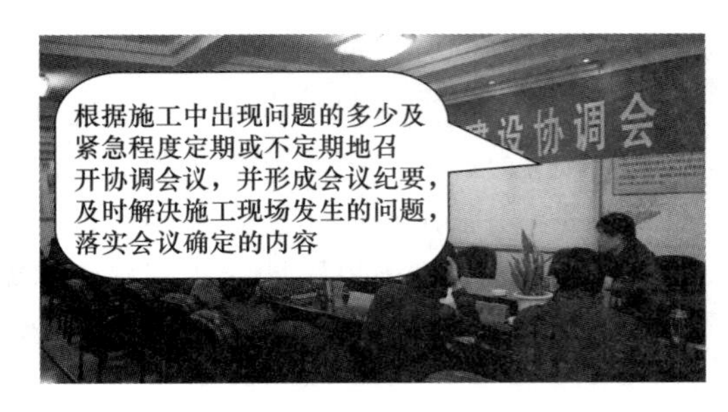

图 7-22 项目协调会

施工中协调部分的常见问题：1）电气部分与土建的协调：各种电气开关与门开启方向之间的关系，暗埋线管过密（配电箱出线处等）对梁板的影响，线管在施工中的堵塞等；2）给水排水与建筑结构的协调：卫生间等地方给水排水管线预留孔洞与施工后卫生洁具之间的位置及标高关系，部分穿楼板水管的防渗漏；3）建筑的外表、功能与结构的关系：各种预制件、预埋件、装饰与结构的关系，施工的特点、要求；4）各辅助专业之间的协调：各种消防、通风管线穿梁时，楼面净空是否影响结构与使用，大型设备的安装通道、附件的预埋精度，以及弱电系统、控制系统等。

例如对主体结构与外幕墙工程施工的协调，在主体结构施工时要及时按幕墙埋件图埋放预埋件，并固定牢固。主体结构施工精度应严格控制在有关规范允许范围之内，对于幕墙工程有特殊要求的部位，主体结构施工将提高精度要求，确保将来幕墙安装达到设计要求。在塔式起重机和施工升降机的调配使用中将充分考虑幕墙工程的垂直运输问题，并将在一定楼层设置水平卸料平台，作为幕墙材料从地面运输到楼层内的中转平台。也可结合现场情况与幕墙工程专业分包商充分协商，确定主楼一定的楼层专门用作幕墙材料在楼内的堆放层。主体外围结构若有任何设计变更需及时通知幕墙工程专业分包商，以便及时根据设计变更改变幕墙相应的深化设计，避免幕墙加工制作与现场结构不一致。主体结构施工时要采取防护及成品保护措施，防止高空坠物对幕墙工程造成损坏。

（5）提高专业技术管理人员、施工人员的业务水平和综合素质。产品质量的好坏与从业人员的水平素质密不可分，在做好管理的同时，应加强对施工管理人员的技术培训，提高其专业水平，以及对新技术产品的了解和掌握。培养施工人员的敬业精神与细致的工作作风，施工中不遗琐碎，不留后患。施工中的协调工作，牵涉面广且又琐碎。只有突出各专业协调对施工的重要性，加强这方面的管理，同时做好每一部分的工作，才有可能把问题、隐患消灭在萌芽状态，保证工程质量。

例如上海中心项目中的协调与配合，从 2008 年 11 月 29 日打下第一根桩到 2014 年 11 月，整整 6 年时间，同济大学建筑设计研究院（集团）有限公司（TJAD）的上海中心项目团队一直扑在项目上，为项目的推进做了大量的工作。施工配合的周期如此之长、程度如此细致深入，是与上海中心的巨型体量和复杂结构密切相关的，这样的项目对施工配合的要求远超过一般项目。上海中心的“高”所带来的是与之相关的各个专业的难题，无论是对于设计深化还是施工本身来说，都是全新的挑战和摸索，因为当时在国内还没有可以借鉴的实例。因此，TJAD 的施工配合几乎没有停过，而且是大负荷的配合工作。施工现场本就是千变万化的，更何况是这样巨大和复杂的项目！一方面，随着项目的推进、市场的变化，业主的需求也在不断地调整。另一方面，从工地本身来说，在工序以及具体的施工细节方面也不断产生新的问题，这些都需要设计人员进行现场的诊断和排除。

自始至终，除了派驻人员作为现场代表一直驻扎在工地，TJAD 的主要设计人员也一直在服务于这个项目，来自不同工种、不同专业的设计人员每天都奔波在工地上，基本每天都要在工地召开碰头会，这些从成堆的会议记录就可以看出。甚至在某些关键阶段，设计人员还在工地上进行了长期的现场办公。在项目收尾阶段，TJAD更是投入了大量的人员在现场参加巡视，进行问题的检查和梳理。除了现场排查和解决问题，TJAD还对施工进行了现场优化。“我们并没有因为设计已经交付了，就停止了对设计的研讨，而是随着项目的推进，不断地进行现场优化。”TJAD的上海中心项目经理介绍说，“特别是在幕墙支撑方面。原来美方的设计采用的是一种工艺要求比较特别的体系，这个体系带来了采购和造价上的问题，我们和上海建工等单位采用了全新的思路对钢结构的节点部位等做了创新性的优化处理，最终基本上达到了全国产化。这大大节约了建造成本，为业主带来了非常大的社会效益和经济效益。同时在6年时间里，弱电方面的产品和技术都在不断地发展和更新，在施工配合过程中，我们也在不断地进行技术优化，试图把最新的科技融入项目中。”

在上海中心项目的实践中，TJAD也在积极探索结合BIM应用的项目集成交付(BIM/IPD)来突破目前这种设计、施工、运维分割的模式，通过集成性、复合性来达到整个设计行业的精益化。在设计过程中，TJAD始终将BIM作为技术协调的主线。团队设计人员建立了建筑、结构、水暖电等各工种的三维模型，并与施工图保持完全的一致性，同时注重BIM在整个信息流上的延续性，让设计深化单位也以此三维模型为工具进行深化设计，将各个阶段的工作都能整合到BIM的平台上共同完成。上海中心的BIM应用在多个方面得到了充分的肯定，幕墙设计就是其中之一，在幕墙支撑、环梁、玻璃板块、内外擦窗机等方面的精确定位、几何碰撞、几何测量及测量后生产修正上，BIM都起到了不可替代的作用。基建深化设计也通过BIM进一步地精细化，与施工单位在施工现场或专题会议中都以BIM模型作为讨论媒介，为理解复杂几何形态的变化提供了帮助，提高了项目的直观性。从BIM应用的角度来讲，上海中心是非常成功的设计案例，也因此获得“创新杯”BIM设计大赛——BIM应用特等奖。通过这个项目，TJAD自身在BIM的平台搭建、团队建设和具体技术应用方面都得到了全面的提高。由此看来，上海中心给TJAD带来的不仅是艰难的挑战，更是难得的机遇。

总之，一个成功的项目经理，除了能承担基本职责外，还应具备一系列技能，懂得如何激励员工的士气，如何取得客户的信任；同时，他们还应具有极强的领导能力、培养员工的能力，良好的沟通能力和人际交往能力，以及处理和解决问题的能力。施工中的协调工作，牵涉面广且又琐碎，突出了各专业协调对施工的重要性，项目经理需要加强这方面的管理，同时做好每一部分的工作，才有可能把问题、隐患消灭在萌芽状态，只有这样才能促使工程质量、施工进度、项目成本等目标的实现。

随着改革开放的不断深入，生活水平的不断提高，人们也更注重追求舒适的居住环境及人与自然的和谐。建设企业取得了蓬勃的发展，行业竞争激烈，对项目管理者在处理内外部关系上提出了更高的要求。项目经理要在人际关系上做到游刃有余，必须具备较高的素质及涵养。首先，要博学多识、眼光开阔、通情达理，要具有现代科学管理技术、心理学等基础知识，树立好自己的形象；其次，要多谋善断，灵活多变，具有独立解决问题和分析沟通的能力。主意多，点子多，办法多，要善于选择最佳的主意和办法，当机立断地去执行。当情况发生变化时，能随机应变地追踪决策，见机处理。要知人善任，善与人同；知人所长，晓人所短，用其所长，避其所短；尊贤爱才，大公无私，不任人唯亲，不任人唯资，不任人唯顺，不任人唯合；宽容大度，有容人之量，善于与人求同存异，与大家同心同德，与下层共享荣誉和利益，吃苦在先，享受在后，关心别人胜于关心自己。公道正直，以身作则，要求别人做到的自己首先做到，立下的制度纪律自己首先遵守，铁面无私，赏罚分明，建立管理权威，提高管理效率。在哲学素养方面，项目经理必须讲究效率的“时间观”，能取得人际关系主动权的“思维观”，在处理问题注意目标方向构成因素相互关系的“系统观”。项目经理除了要具备以上这些素质要求，在现场还要处理好与甲方及监理等社会各方面的公共关系，客观上要运用好现代公共关系学，主观上要端正态度，有谦虚好学的精神及“三人行必有我师”的思想。施工项目进场前要先行和甲方及监理取得联系，协调好甲方、监理及原有施工单位的关系，取得场地中、图纸上没有的现场、技术资料，向甲方和土建单位取得现场标高及地方资料、管线分布图，便于项目进场施工。初次交往给人留下一个大方得体、不卑不亢、言语谦虚、行动迅速的好印象，为以后的联系交流做好铺垫。

在项目施工中怎样和甲方及监理处理好关系，没有固定规律可循，一切在于项目经理的素质和行为能力。一个真正好的项目经理定能在各种关系的处理中游刃有余、魅力四射。

8　建设工程索赔管理

8.1　建设工程索赔的概念和重要性

8.1.1　建设工程索赔的基本概念

建设工程索赔通常是指在工程合同履行过程中，对于并非自己的过错，而是应由对方承担责任的情况造成实际损失向对方提出经济补偿和（或）时间补偿的要求。而业主对于属于承包商应承担责任造成的，且实际发生了的损失，向承包商要求赔偿，称为反索赔。

业主的反索赔一般数量较小，而且处理方便，可以通过冲账、扣拨工程款、扣保证金等方式实现对承包商的索赔；而承包商对业主的索赔则相对比较困难一些。承包商在处理索赔事件时，往往会十分重视索赔依据、证据的收集，组织精兵强将参与索赔谈判和调解，对索赔费用或工期的计算更是不遗余力，往往忽视了索赔报告编写这重要一环。而承包商要取得索赔的成功，组织编写高质量的索赔报告在索赔事件处理中能起到事半功倍的作用。索赔报告是向对方提出索赔要求的正式书面文件，是承包商对索赔事件处理的预期结果。

工程索赔是建筑工程管理和建筑经济活动中承、发包双方之间经常发生的管理业务，正确处理索赔对有效地确定、控制工程造价，保证工程顺利进行有着重要意义；另外索赔也是承、发包双方维护各自利益的重要手段。

例如某工程在施工期经常性停电导致工期延误。由于承担施工供电的是农电电网，事故停电、拉闸限电、造纸厂和石材厂电压负荷频繁变化且没有规律，导致施工现场停电频繁，致使项目部正在施工中的人员和设备被迫停工，影响了施工正常进行，进度总计划受到严重干扰，部分工期节点被迫后延。

据统计，从 2004 年 11 月开工至 2007 年 12 月 31 日，电网停电累计 2130 小时，折合 88.75 天。招标文件 1.9.2 原文为："为确保供电设施的安全运行，发包人将有计划地安排临时及事故停电检修，每年累计停电时间不超过 360 小时，为完成此类维修及维护而导致的电力供应中断给承包商带来的不便，发包人不负任何责任，用电风险由承包人自行承担。"

据此，承包人理解为：发包人应当有计划地安排临时及事故停电检修，有计划停电每年不超过 360 小时，无计划停电不应当在发包人免责之内，因此，发包人应当承担无计划停电的责任。根据统计，开工以来共发生电网停电累计 2130 小时，有计划停电累计 447.9 小时。根据业主关于 2006 年 6 月 17 日以前发生各类影响事件包含在 8 月 10 日前延长工期内的要求，2006 年 6 月 17 日后停电统计：

（1）2006 年进口停电累计 867 小时，其中有计划停电 135 小时。

(2) 2006年出口停电累计104.83小时，其中有计划停电39.83小时。

(3) 2007年进出口停电累计251.54小时，其中有计划停电114.83小时。

合计停电1223.37小时（51天），其中有计划停电289.66小时（12天）。因此，2006年6月17日后停电造成工期影响为39天。

根据本工程施工合同“通用合同条款”20.1发包人的工期延误可知“非承包人原因造成的工期延误”应由发包人承担，所以施工期经常性停电事件造成的工期延误应认定为发包人工期延误，应进行工期延误索赔。然而施工单位必须从诸多影响事件中发现和找出拖延工期的原因，才能提出有说服力的索赔要求。同时，承包商索赔权的论证要充分，计算依据要合理，逻辑分析要严密，日常工作中主管部门还要具备良好的索赔和合同管理的意识，积累大量充分而具体的索赔论据，详细的证据能够让监理和业主承认索赔要求的合理性，从而在索赔工作中占据主动，为最终的工期索赔成功打下很好的基础。

8.1.2 索赔是合同管理的重要环节

索赔与合同管理有直接的联系，合同是索赔的依据。整个索赔处理的过程是执行合同的过程，所以常称施工索赔为合同索赔。承包商从工程投标之日开始就要对合同进行分析。项目开工以后，合同管理人员要将每日实施合同的情况与原合同分析的结果相对照，一旦出现合同规定以外的情况，或合同实施受到干扰，承包商就要研究是否就此提出索赔。日常的单项索赔的处理可由合同管理人员来完成。对于重大的一揽子索赔，要依靠合同管理人员从日常积累的工程文件中提供证据，供合同管理方面的专家进行分析。因此，要想索赔必须加强合同管理。

在合同报价中最主要的工作是计算工程成本，承包商按合同规定的工程量和责任、合同所给定的条件以及当时项目的自然、经济环境做出成本估算。在合同实施过程中，由于这些条件和环境的变化，使承包商的实际工程成本增加，承包商为挽回实际工程成本的损失，只有通过索赔这种手段才能得到补偿。

“低中标、勤索赔、高结算”是承包工程的国际惯例，指望通过招标投标获得一个优惠的高价合同是不现实的，通过勤于索赔、精于索赔的先进履约管理，从而获得相对高的结算造价则是完全有可能的。因此，必须切实把索赔作为合同造价履约管理最重要的工作。从某种意义上讲，以造价为中心，就是以索赔为中心，造价管理就是索赔管理，尤其是签订合同时是难以确定合同造价的，履约过程中的增项、工程变更、材料更换、条件变化都只能通过扎实的、有效的索赔才能实现。总之，施工索赔是利用经济杠杆进行项目管理的有效手段，对承包商、业主和监理工程师来说，处理索赔问题水平的高低，反映了他们对项目管理水平的高低。随着建筑市场的建立和发展，索赔将成为项目管理中越来越重要的问题。

8.2 建设工程索赔的起因和分类

8.2.1 建设工程索赔的起因

索赔可能由以下一个或多个方面引起。

(1) 发包人违约，包括发包人和工程师没有履行合同责任，没有正确地行使合同赋予的权力，工程管理失误，不按合同支付工程款等。例如因业主提供的招标文件中的错误、漏项或与实际不符，造成中标施工后突破原标价或合同报价造成的经济损失；业主未按合同规定交付施工场地；业主未在合同规定的期限内完成土地征用、青苗树木补偿、房屋拆迁及清除地面、架空和地下障碍等工作，导致施工场地不具备或不完全具备施工条件；业主未按合同规定将施工所需水、电、通信线路从施工场地外部接至约定地点，或虽接至约定地点但没有保证施工期间的需要；业主没有按合同规定开通施工场地与城乡公共道路的通道或施工场地内的主要交通干道不满足施工运输的需要、没有保证施工期间的畅通；业主没有按合同的约定及时向承包商提供施工场地的工程地质和地下管网线路资料，或者提供的数据不符合要求；业主未及时办理施工所需各种证件、批文和临时用地、占道及铁路专用线的申报批准手续而影响施工；业主未及时将水准点与坐标控制点以书面形式交给承包商；业主未及时组织有关单位和承包商进行图纸会审，未及时向承包商进行设计交底；业主未妥善协调处理好施工现场周围地下管线和邻近建筑物、构筑物的保护而影响施工顺利进行；业主没有按合同的规定提供应由业主提供的建筑材料、机械设备；业主拖延承担合同规定的责任，例如拖延图纸的批准、拖延隐蔽工程的验收、拖延对承包商所提问题进行答复等，造成施工延误；业主未按合同规定的时间和数量支付工程款；业主要求赶工；业主提前占用部分永久工程；因业主中途变更建设计划，例如工程停建、缓建造成施工力量大运迁、构件物质积压倒运、人员机械窝工、合同工期延长、工程维护保管和现场值勤警卫工作增加、临建设施和用料摊销量加大等造成的经济损失；因业主供料无质量证明，委托承包商代为检验，或按业主要求对已有合格证明的材料和构件、已检查合格的隐蔽工程进行复验所发生的费用；因业主所供材料亏方、亏吨、亏量或设计模数不符合定点厂家定型产品的几何尺寸，导致施工超耗而增加的量差损失；因业主供应的材料、设备未按合同规定地点堆放的倒运费用或业主供货到现场后由承包商代为卸车堆放所发生的人工和机械台班费。

(2) 合同错误，包括合同条文不全、错误、矛盾、有歧义，设计图纸、技术规范错误等。例如合同条款用语含糊、不够准确；合同条款存在漏洞，对实际可能发生的情况未做预料和规定，缺少某些必不可少的条款；合同条款之间存在矛盾；某些条款中隐含着较大风险，对单方面要求过于苛刻，约束不平衡，甚至发现某些条文是一种圈套。另外，用词不严谨导致双方对合同条款的理解不同，从而引起工程索赔，例如“应抹平整”“足够的尺寸”等，像这样的词容易引起争议，因为没有给出“平整”的标准和多大的尺寸算“足够”。图纸、规范是“死”的，而建筑工程是千变万化的，人们从不同的角度对它的理解也有所不同，这个问题本身就构成了索赔产生的外部原因。

(3) 合同变更和设计变更，包括双方签订新的变更协议、备忘录、修正案，发包人下达工程变更指令等。例如设计变更或设计缺陷引起的索赔，因设计漏项或变更而造成人力、物力、资金的损失和停工待图、工期延误、返修加固、构件物资积压、改换代用以及连带发生的其他损失；因设计提供的工程地质勘察报告与实际不符而影响施工所造成的损失；按图施工后发现设计错误或缺陷，经业主同意采取补救措施进行技术处理所增加的额外费用；设计驻工地代表在现场临时决定，但无正式书面手续的某些材料代用、局部修改或其他有关工程的随机处理事宜所增加的额外费用；新型特种材料和新型特种结构的试制、试验所增加的费用。例如在某高速公路的施工规范中“清理与掘除”和“道路填方”对路基的施工要求的提法不一致，在“清理与掘除”中规定：“凡路基填方地段，均应将路堤基底上所有树根、草皮和其他有机杂质清除干净”。而在“道路填方”中规定：“除非工程师另有指示，凡是修建的道路路堤高度低于1m的地方，其原地面上所有草皮、树根及有机杂质均予以清除，并将表面土翻松，深度为250mm”。承包商按施工规范中“道路填方”的施工要求进行施工，对有些路堤高于1m的地方的草皮、树根未予清除，而业主和监理工程师则认为未达到“清理与掘除”规定的施工要求，要求清除草皮和树根，由于有的路段树根较多（多达1000余棵树的树根），为此承包商向业主提出了费用索赔。

（4）工程环境变化，包括法律、市场物价、货币兑换率、自然条件的变化等。例如加速施工引起劳动力资源、周转材料、机械设备的增加以及各工种交叉干扰增大工作量等额外增加的费用；因场地狭窄以致场内运输距离增加所发生的超运距费用；因在特殊环境中或恶劣条件下施工所发生的降效损失和增加的安全防护费用；每季度由工程造价管理部门发布的建筑工程材料预算价格的变化；国家调整关于银行贷款利率的规定；国家有关部门关于在工程中停止使用某种设备、材料的通知；国家有关部门关于在工程中推广使用某些设备、施工技术的规定；国家对某种设备、建筑材料限制进口、提高关税的规定；在外资或中外合资工程项目中货币贬值也有可能导致索赔，见图8-1。

（5）不可抗力因素，例如恶劣的气候条件、地震、洪水、战争、禁运及因施工中发现文物、古董、古建筑基础和结构、化石、钱币等有考古、地质研究价值的物品所发生的保护等费用；异常恶劣气候条件造成已完工程损坏或质量达不到合格标准时的处置费、重新施工费等，见图8-2。

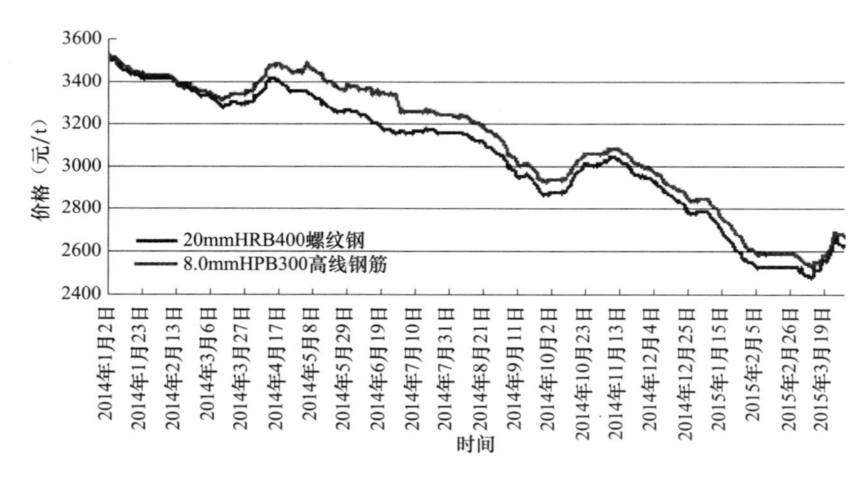

图8-1　2014年1月至2015年3月建筑钢材价格走势图

8.2.2　建设工程索赔的分类

（1）按索赔当事人分类。承包人与发包人之间索赔；承包人与分包人之间索赔；承包人或发包人与供货人之间索赔；承包人或发包人与保险人之间索赔。

（2）按索赔要求分类。工期索赔，即要求发包人延长工期，推迟竣工日期。费用索赔，即要求发包人补偿费用损失，调整合同价格。例如××隧洞右洞塌方造成洞内混凝土衬砌工期延长，2006 年 7 月 2 日凌晨 1 时许，××隧洞右洞洞口左侧墙及左侧顶拱部位洞口段发生塌方，进口左、右洞内停产停工。

2006 年 7 月 3 日监理部组织设计、业主及施工单位对洞口塌方部位进行现场勘察，随后在项目部会议室召开会议研究讨论处理方案，设计方分析了塌方原因，认为："××隧洞右洞进口左侧墙上存在一条宽 4～5m 的构造夹泥带，大气降雨加速了夹泥带饱和软化，造成地质条件恶化，同时下部根基岩石（夹泥带）牢固性差，左拱角和侧向推力很大，使拱架整体向右推移导致塌方"。同时初步提出了："左、右洞口同时后退开挖方案""管棚方案""锚固方案" 3 种处理方案。四方共同对关于右洞坍塌的原因分析达成了共识。

图 8-2 施工现场发现文物

2006 年 7 月 2 日凌晨洞口的大塌方发生后，受地质条件影响，此后一段时间内先后发生了 5 次较大规模塌方和多次小规模塌方。由于本次塌方事件造成项目部 80 多名施工人员停工，进口部位多台施工设备因洞口阻塞停产，至 8 月 15 日进口左、右洞受塌方影响全部停产停工。8 月 15 日至 10 月 21 日，项目部完成了 69m 高程以下部位混凝土浇筑施工。至 12 月 5 日完成了 378＋467～378＋487 段基础清理工作。并于 12 月 13 日完成了 378＋477～378＋487 段钢筋绑扎工作，至 2007 年 1 月 19 日，以满堂红排架、人工支立全断面模板、泵送混凝土、洞内保温升温取暖的方式，分三期完成了 378＋467～378＋487 段混凝土衬砌施工。

该事件的发生严重打乱了正常施工进度和工期计划，特别是右洞进度计划受到严重影响，各项资源受到严重破坏，因施工受到洞内作业面局限，人员和设备无法调节，导致部分人员和设备停产、窝工。鉴于上述发生的实际情况，塌方导致的停工停产以及因塌方部位处理工作，在隧洞主体工程关键线路上耗费了大量时间，破坏了工期进度计划和资源配置计划。右洞混凝土施工因此影响直线工期 205 天（2006 年 7 月 2 日～2007 年 1 月 25 日），左洞工期也因洞脸后退开挖方案错后。

根据《专题会议纪要》设计方所分析的塌方原因，承包人认为此次塌方为非承包人责任造成。根据本工程施工合同"通用合同条款" 20.1 发包人的工期延误，可知，"增加合同中任何一项工作内容""非承包人原因造成的工期延误"应由发包人承担，所以本次洞口塌方事件造成的工期延误应认定为发包人工期延误。

（3）按索赔事件的性质分类。工期拖延索赔——由于发包人未能按合同规定提供施工条件，例如未及时交付设计图纸、技术资料、场地、道路等，或非承包人原因发包人指令停止工程实施，或因其他不可抗力因素作用等造成工程中断，或工程进度放慢使工期拖延，承包人可对此提出索赔。不可预见的外部障碍或条件索赔——如果在施工期间，承包人在现场遇到一个有经验的承包人通常不能预见到的外界障碍或条件，例如地质与预计的（发包人提供的资料）不同，出现未预见到的岩石、淤泥或地下水等，承包人可对此提出索赔。工程变更索赔——由于发包人或工程师指令修改设计、增加或减少工程量、增加或删除部分工程、修改实施计划、变更施工次序，造成工期延长和费用损失，承包人可对此提出索赔，见表 8-1。工程终止索赔——由于某种原因，如不可抗力因素影响、发包人违约，使工程被迫在竣工前停止实施，并不再继续进行，使承包人蒙受经济损失，因此提出索赔。其他索赔如货币贬值、汇率变化、物价和工资上涨、政策法令变化、发包人推迟支付工程款等原因引起的索赔。

工程指令 **表 8-1**

编号：GCZL—001

项目名称	××××有限公司石狮新建工厂项目（一期）	归属合同编号	建筑施工合同
工程承包商	××××建筑工程公司	监理公司	××××监理有限公司
实施时间	2013.11.18	完成时间	
附件明细： 详见施工图纸：总图工程；图号：S20-00-03、S20-00-07			
指令内容	关于取消厂区东面与×××有限公司的所有实体围墙项目、厂区西面与××针织机械科技有限公司的所有实体围墙项目，相关工程量在竣工决算中给予扣减		
建设单位	工程技术部经理： 时间： （签章）		
	合约部经理： 时间： （签章）		
	技术顾问： 时间： （签章）		
	项目经理： 时间： （签章）		
备注：1. 各单位对工程指令内容有任何疑问，请询问经办工程师。2. 工程承包商在接到指令完成后 2 个工作日内报送返工量和隐蔽工程量，经监理公司、项目部工程师、合同预算部确认后实施本工程指令。确认过程必须在 2 个工作日内完成。3. 未经甲方书面确认并出具工程指令确认单，不能作为工程预算结算的依据			

（4）按索赔发生的原因分类。

1）延期索赔：延期索赔主要表现在由于业主的原因不能按原定计划的时间进行施工所引起的索赔。由于材料和设备价格的上涨，为了控制建设成本，业主往往自己直接订购材料和设备，再供应给施工的承包商，这样业主则要承担因不能按时供货而导致工程延期的风险。

例如某公司为了建设一个生产工厂，与一家设备安装公司签订了承包合同，其中比较昂贵的 3 台锅炉由业主直接供货。按合同规定，3 台锅炉应在开工后的第三个月、第六个月、第九个月先后运到施工现场，工程一年内完工，合同总价 890 万元。在最初的 6 个月内，已顺利安装第一台锅炉，在准备接着安装第二台锅炉时，设备安装公司接到通知，因生产厂家的工人罢工，余下的锅炉不能及时供给，何日供货不能确定，致使锅炉安装工作拖延 6 个月，共花了 18 个月的时间才完工。设备安装公司向业主提出索赔 148.8 万元损失的报告，包括增加的劳动成本、现场管理费用、小工具损失费用、公司管理费用等。业主驳回了小工具损失费用和公司管理费用的索赔，其理由是公司只做了合同规定的工作，而未完成额外的工作，承包商则认为现场使用的小工具作为时间的函数而消耗，现场小工具的丢失和被盗的损失是时间的函数，这个时间不是 12 个月，而是 18 个月，应增加 1/3 的小工具成本损失费 6.84 万元。

2）工程变更索赔：是指合同中规定的工作范围发生变化而引起的索赔。其责任和损失不如延期索赔那么容易确定，例如某分项工程所包含的详细工作内容和技术要求、施工要求很难在合同文件中用语言描述清楚，设计图纸也很难对每一个施工细节的要求都说得清清楚楚。另外由于设计中存在的错误和遗漏，或业主和设计者主观意志的改变都会向承包商发布变更设计的命令从而引起索赔。设计变更引起的工作量和技术要求的变化都可能被认为是工作范围的变化，为完成此变更可能增加时间，并影响原计划工作的执行，从而可能导致工期和费用的增加。

3）施工加速索赔：施工加速索赔经常是延期或工程变更索赔的结果，有时也被称为“赶工索赔”，施工加速索赔与劳动生产率的降低关系极大，因此又称为劳动生产率损失索赔。如果业主要求承包商比合同规定的工期提前完工，或者因工程前一阶段的工期拖延，要求后一阶段工程弥补已经损失的工期，使整个工程按期完工。那么承包商可以因施工加速成本超过原计划的成本而提出索赔，其索赔的费用一般应考虑加班工资、雇用额外劳动力、采用额外设备、改变施工方法、提供额外监督管理人员和由于拥挤、干扰加班造成的疲劳的劳动生产率损失所引起的费用的增加。在国外的许多索赔案例中对劳动生产率损失的索赔通常数量很大，但一般不易被业主接受。这就要求承包商在提交施工加速索赔报告中提供施工加速对劳动生产率产生消极影响的证据。

4）不利现场条件索赔：不利现场条件是指图纸和技术规范中所描述的条件与实际情况有实质性的不同或虽合同中未作描述，但是一个有经验的承包商无法预料的。一般是水文地质条件，也包括某些隐藏着的不可预知的地面条件。现场条件不可能确切预知是施工项目中的固有风险因素，承包商应把此种风险包括在投标报价中，因为出现了不利的现场条件一般应由承包商负责。因此，几乎所有的业主都会在合同中写入某些“开脱责任条款”。

例如：有的合同中写道，因合同工作的性质或施工过程中遇到的不可预见情况所造成的一切损失均由承包商自己承担。但实际上，如果承包商证明业主没有给出某地段的现场资料，或所给的资料与实际相差甚远，或所遇到的现场条件是一个有经验的承包商不能预料的，那么承包商对不利现场条件的索赔应能成功。不利现场条件索赔近似于工程变更索赔。不利现场条件索赔应归咎于确实不易预知的某个事实。例如现场的水文地质条件在设计时全部弄得一清二楚几乎是不可能的，只能根据某些地质钻孔和土样试验资料来分析和判断。要对现场进行彻底全面的调查将会耗费大量的成本和时间，一般业主不会这样做，承包商在短短的投标报价时间内更不可能做这种现场调查工作。这种不利现场条件的风险由业主来承担是合理的。

例如：NKDWS 是一个日处理 15 万 t 水的水处理厂项目，从世界银行贷款。合同金额为 200 万美元，工期为 29 个月，合同条件以 FIDIC 第四版为蓝本。合同要求在河岸边修建一个泵站，承包商在进行泵站的基础开挖时，遇到了业主的勘察资料并未指明的流砂和风化岩层，为处理这些流砂和风化岩层，造成了承包商工程拖期和费用增加。为此，承包商要求索赔：工期 17 天、费用 12504 美元。索赔论证：承包商在河岸边进行泵站的基础开挖时遇到了流砂，为处理流砂花了 10 天的时间，处理完流砂后，又遇到风化岩层，为了爆破石方又花了 7 天的时间。按照业主提供的地质勘察资料，河岸的基土应为淤泥和泥炭土，并未提及有流砂和风化岩层。合同条件第 12.2 款规定：“在工程施工过程中，承包商如果遇到了现场气候条件以外的外界障碍或条件，如果这些障碍和条件是一个有经验的承包商也无法预见到的，工程师应给予承包商相应的工期和费用补偿。”上述流砂和风化岩层，如果业主不在地质勘察资料中予以标明，在短短的投标期间，一个有经验的承包商也是无法预见到的。故承包商要求索赔相应的工期，多支出的人工费、材料费、机械费、管理费及利润。

费用索赔计算如下。

① 处理流砂的费用：人工费 1240 美元；施工机械费 1123 美元；加 15%的现场管理费 354 美元；加 5%的总部管理费 136 美元；加 3%的利润 86 美元。

② 处理风化岩层的费用：人工费 885 美元；材料费 2389 美元；施工机械费 1487 美元；加 15%的现场管理费 549 美元；加 5%的总部管理费 211 美元；加 3%的利润 133 美元。

③ 延期的现场管理费：管理费的提取采取按月平均分摊的方法。合同总价中的利润：2000000×3÷103＝58252 美元；合同总价中的总部管理费：（2000000－58252）×5÷105＝92464 美元；每月的现场管理费：（2000000－58252－92464）×15÷115÷29＝8318 美元；延期 17 天的现场管理费：8318÷30×17＝4714 美元；减去①、②项中包含的现场管理费：4714－354－549＝3811 美元。

④ 延期的总部管理费：延期的总部管理费的计算采用 Eichealy 公式，分摊到被延误合同中的总部管理费 A＝被延误合同金额/合同期内所有合同总金额×合同期内总部管理费总额，被延误合同每天的总部管理费 B＝A/合同期，索赔的延期总部管理费 C＝B×延期天数，在本合同期的 29 个月内，承包商共承包了 3 个合同，3 个合同的总金额为 425 万美元，3 个合同的总部管理费总额为 17 万美元。A＝2000000/4250000×170000＝80000 美元，B＝80000/881＝91 美元，C＝91×17＝1547 美元，减去①、②项中包含的总部管理费：1547－136－211＝1200 美元，合计索赔费用：12504 美元。

8.3 建设工程索赔成立的条件和依据

8.3.1 索赔成立的前提条件

索赔的成立，应该同时具备以下 3 个前提条件：

（1）与合同对照，事件已造成了承包人工程项目成本的额外支出，或直接工期损失；

（2）造成费用增加或工期损失的原因，按合同约定不属于承包人的行为责任或风险责任；

（3）承包人按合同规定的程序提交索赔意向通知和索赔报告。同时，施工项目索赔应具备下列理由之一：发包人违反合同给承包人造成时间、费用损失；因工程变更（含设计变更、发包人提出的工程变更、监理工程师提出的工程变更，以及承包人提出并经监理工程师批准的变更）造成时间、费用损失；由于监理工程师对合同文件的歧义解释、技术资料不确切，或由于不可抗力导致施工条件的改变，造成时间、费用的增加；发包人提出提前完成项目或缩短工期而造成承包人的费用增加；发包人延误支付造成承包人的损失；合同规定以外的项目进行检验，且检验合格，或非承包人的原因导致项目缺陷的修复所造成的损失或增加的费用；非承包人的原因导致工程暂时停工；物价上涨，法规变化及其他。

8.3.2 常见的建设工程索赔

（1）因合同文件引起的索赔：有关合同文件的组成问题引起的索赔；关于合同文件有

效性引起的索赔；因图纸或工程量表中的错误引起的索赔。

例如：小浪底水利枢纽在国际招标工程施工中，承包商曾提出过多项索赔要求。其中影响最大的是新《中华人民共和国劳动法》① 的实施，主要表现在两个方面：

1）改变了工作时间，合同中按每周 6 天考虑，而《中华人民共和国劳动法》规定为每周工作 5 天，且对加班时间给予总量限制；

2）提高了加班工资标准，将工作日、星期天及法定假日的加班工资标准从基本工资的 100％、150％和 200％分别提高到 150％、200％和 300％，这样既改变了承包商的施工进度安排，又提高了工资支出。为此，承包商提出索赔。任何不正常的变更都可能导致承包商的索赔。施工期间承包商利用一切合理的理由进行索赔而得到经济补偿就是较高管理水平的体现，他们先后多次提出索赔要求，所获得的索赔款是一个不小的数目。

（2）有关工程施工的索赔：地质条件变化引起的索赔；工程中人为障碍引起的索赔；增减工程量引起的索赔；各种额外的试验和检查费用偿付；工程质量要求的变更引起的索赔；关于变更命令有效期引起的索赔；指定分包商违约或延误造成的索赔；其他有关施工的索赔。例如工程量增加引起的索赔，某小型水坝工程系均质土坝，下游设滤水坝，土方填筑量 876150m^3，砂砾石滤料 78500m^3，中标合同价 7369920 美元，工期 1 年半。开始施工后，工程师先后发出 14 个变更指令，其中两个指令涉及工程量大幅度增加，而且土料和砂砾石滤料的运输距离也有所增加。因此，承包商提出了经济索赔和工期索赔。其中要求延长工期 4 个月，并提出经济补偿 431789 美元（表 8-2）。

经济索赔和工期索赔数量　　表 8-2

索赔项目	增加工程量	单价	数量（美元）
坝体土方	40250m^3（原为 876150m^3）运距由 750m 增至 1500m	4.75 美元/m^3	191188
砂砾石滤料	12500m^3（原为 78500m^3）运距由 1700m 增至 2200m	6.25 美元/m^3	78125
延长 4 个月的现场管理费	原合同额中现场管理费为 731143 美元，工期 18 个月	40619 美元/月	162476
总计			431789

索赔项目的管理费款数是根据合同额 7369920 美元倒推算出来的。根据投标报价书，工程净直接费（人工费、材料费、机械费以及施工开办费等）以外，另加 12％的现场管理费，构成工程直接费；另有 8％工程间接费，即总部管理费及利润。工程承包施工合同额 7369920 美元，总部管理费及利润 $7369920\times\frac{8}{100+8}=545920$ 美元。

工地现场管理费 $(7369920-545920)\times\frac{12}{100+12}=731143$ 美元。

每月工地现场管理费 $731143\div18=40619$ 美元。

表 8-2 中的单价，是承包商提出的新单价。在投标报价中，坝体土方的单价为 4.5 美元/m^3，砂砾石滤料的单价为 5.5 美元/m^3。承包商认为，这两项增加工程量的数量都比较大，土料增加了原土方量的 5％，砂砾石滤料增加了约 16％；而且运输距离相应增加了 100％及 29％。因此，承包商要求按新单价计算索赔款，而未按投标报价上的单价计算。在接到承包商上述索赔要求后，工程师逐项分析核算，并根据合同条款的规定，对承包商

① 现已被 2021 年 1 月 1 日起施行的《中华人民共和国民法典》取代。

的索赔要求提出以下审核意见：

1）鉴于工程量增加，以及一些不属于承包商责任的工期延误，经具体核定，同意给承包商延长工期4个月。

2）对新增土方40250m³进行单价分析。

新增土方开挖费用：用1m³正铲挖掘装车，每小时按60m³计，每小时机械及人工费28美元。挖掘单价为$\frac{28}{60}$=0.47美元/m³。

新增土方运输费用：用6t卡车运输，每次运4m³土，每小时运送2趟，运输设备每小时25美元。运输单价为$\frac{25}{4\times2}$=3.13美元/m³。

新增土方的挖掘、装载和运输费单价为0.47+3.13=3.6美元/m³。

新增土方单价：净直接费单价3.6美元/m³，增12%现场管理费0.43美元/m³，增8%总部管理费及利润0.32美元/m³，故新增土方单价应为4.35美元/m³。而不是承包商所报的4.75美元/m³。

新增土方补偿款额：40250×4.35=175088美元。而不是承包商所报的191188美元。

3）对新增砂砾石滤料12500m³进行单价分析。

用1m³正铲挖掘装车，每小时机械及人工费28美元，装料45m³，单价为$\frac{28}{45}$=0.62美元/m³。

运输费用：每小时运送2趟，每次运3.2m³，运输设备每小时25美元，单价为$\frac{25}{3.2\times2}$=3.91美元/m³。

故装载及运输单价为4.53美元/m³。

单价分析：净直接费单价4.53美元/m³，增12%现场管理费0.54美元/m³，增8%总部管理费及利润0.41美元/m³，故新增砂砾石滤料单价应为5.48美元/m³。

新增砂砾石滤料补偿款额：12500×5.48=68500美元。而不是承包商所报的78125美元。

4）关于工期延长的现场管理费补偿。

现场管理费：不应依总合同额中所包含的现场管理费每月平均款额计算，而应按新增工程的款额计算。

土方：新增土方补偿款175088美元，增8%总部管理费及利润175088×$\frac{8}{108}$=12969美元，增12%现场管理费（175088−12969）×$\frac{12}{112}$=17370美元。

砂砾石滤料：新增砂砾石滤料补偿款68500美元，增8%总部管理费及利润68500×$\frac{8}{108}$=5074美元，增12%现场管理费（68500−5074）×$\frac{12}{112}$=6796美元。

土方及砂砾石滤料补偿款的现场管理费：17370+6796=24166美元。而不是承包商所要求的索赔款162476美元。

即坝体土方175088美元，砂砾石滤料68500美元，延长4个月的现场管理费24166美元。总计应索赔267754美元。

(3) 关于价款方面的索赔：关于价格调整方面的索赔；关于货币贬值和严重经济失调导致的索赔；拖延支付工程款的索赔。

例如：××工程在投标报价中，按照业主要求，以3000万元总价报入100章专项暂定金中。在施工前，项目制定了变更目标，该3000万元暂定金不能执行中标合同价，一定要重新报价。虽然目标制定了，但操作具有很大难度，因为根据合同有关条款规定暂定金的实施按照已有工程量清单单价执行，工程量清单中没有相应细目的情况才能变更组价。而××工程就是一条3km的临时高速公路，路基桥梁均与主线一样，所有细目均有投标单价，这是非常不利的局面。面对这个难题，项目部开始制定具体的运作思路，第一步在合同范围内寻找有利条款，必须证明重新报价的合理性和必要性；第二步在施工现场采用一些非常规施工措施和方案，以证明专项暂定金的实施与原报价内容的不同之处。根据这个运作思路，一方面计划合同部开始向业主提交报告，其主要内容为：按照清单编制规则，专项暂定金应该控制在合同总价的2%以内，而××工程的专项暂定金占合同总价近10%，对标价产生了重大影响。同时招标文件将××工程列入"××工程专项暂定金"，已不在一般概念的暂定金范畴之内，通常所指的暂定金均指合同净价10%的部分，此处应区别对待。招标时××工程没有详细图纸，无法确定施工组织及施工方案，而施工组织、施工方案的确定直接影响到合同价。在招标平面布置图中，其桥梁形式为临时组合钢梁，施工时又按永久性标准采用混凝土预制梁，施工内容有很大变动。另一方面工程部受到征地拆迁滞后影响，而业主向承包人提出了抢赶××工程的要求，为此制定了一些非常规的施工措施和方案，仅仅3个月，建成了一条3km长的高速公路。建设质量和速度获得了业主认可，施工难度和施工投入得到了业主的理解，在此基础上，经过不断与业主协调，业主认可了施工方重新报价的理由。最终该部分工程编制了工程量清单重新进行报价，3000万元暂定金经过重新报价后变成了4730万元。

(4) 关于工期的索赔：关于延展工期的索赔；由于延误产生损失的索赔；赶工费用的索赔。

例如：根据浙江省"十一五"交通规划，甲高速公路将进行六车道拓宽改建，某施工单位正施工的×××枢纽位于乙高速公路与甲高速公路交汇处，甲跨主线桥仍在按四车道施工，因此需要进行变更调整。2006年1月27日业主通知该标段部分工程暂停施工，停工部分工程量占总工程量的50%多，经过变更调整，于2006年8月24日复工，停工210天，复工后为了保证通车总体目标不变，业主提出了抢赶工期。

出现这种特大变更，将是乙项目起死回生的最后机会，为此项目部组织召开了多次专题会议，讨论了变更索赔目标，制定了相关措施及办法，计划部清理索赔内容，搜集索赔证据，编制上报停工损失及赶工费用索赔金额5500万元（停工部分的工程总价才1.3亿元，索赔费用却几乎达到工程总价的一半）。

由于变更原因是交通规划，同时涉及甲高速公路有限公司、乙高速公路有限公司及丙公司，三家公司都希望对方多出钱自己少出钱，承包方夹于中间，需要很大精力与三方进行博弈。最后业主将索赔报告上报浙江省交通厅，浙江省交通厅移交给浙江省定额管理站专家审核，项目部随即与定额管理站专家不断沟通协商，经过定额管理站专家审核后核定停工及赶工费用1164万元，虽然取得不小的成绩，但是这远远没有达到项目预期目标，在仔细研究浙江省定额管理站出具的审核报告后，项目部又重新编制了该审核报告的反馈意见，上报业主及交通厅，经过长达半年时间的不懈努力，2007 年业主终于认可 2500 万元索赔金额，但是项目班子认为，索赔费用仍有潜力可挖。

于是施工现场继续加大投入，施工进度满足了业主要求，保证了业主既定的通车目标时间不变，在停工 210 天的情况下，终于将损失的工期抢赶回来，与其他标段同时完工。鉴于承包方努力做出的成绩，2008 年 4 月份，业主、指挥部、监理、承包人四方重新坐在谈判桌前逐项开始讨论，通过三番五次车轮式的谈判，连饭都是在谈判桌上吃，索赔中的每一项承包方都是据理力争，搜集各种证据，以理服人，并最终达成了共识，确认索赔金额 3515 万元，全部在场参与谈判的人员签字确认，该索赔最终取得了巨大成功。

（5）特殊风险和人力不可抗拒灾害的索赔：特殊风险，一般是指战争、敌对行动、入侵、敌人的行为、核污染及冲击波破坏、叛乱、革命、暴动、军事政变或篡权、内战等。人力不可抗拒灾害主要是指自然灾害，由这类灾害造成的损失应向承保的保险公司索赔。在许多合同中承包人以发包人和承包人共同的名义投保工程一切险，这种索赔可同发包人一起进行。

（6）工程暂停、中止合同的索赔：施工过程中，工程师有权下令暂停全部或部分工程，只要这种暂停命令并非承包人违约或其他意外风险造成的，承包人不仅可以要求得到工期延展，而且可以就其停工损失获得合理的额外费用补偿。中止合同和工程暂停的意义是不同的。有些中止的合同是由于意外风险造成的损害十分严重，不能继续施工引起的；有些中止的合同是由“错误”引起的，例如发包人认为承包人不能履约而中止合同，甚至将该承包人驱逐出工地。工程暂停令见表 8-3。

工程暂停令 **表 8-3**

工程名称：××××财富广场 编号：0024

致：××××工程建筑公司 　　为了给抗日战争暨世界反法西斯战争胜利 70 周年阅兵营造良好的环境，现通知你方必须于××年××月××日起暂停对××××财富广场所有工程工序的施工。 　　整改内容如下：施工现场停止一切施工，实行封闭管理。 监理单位：××××监理有限公司 监理工程师：××× 日期：××年××月××日

8.3.3 建设工程索赔的依据

为了达到索赔的目的，承包商要进行大量的索赔论证工作，来证明自己拥有索赔的权利，而且所提出的索赔款额要准确，依据要充分，要有说服力。对于所有施工单位而言，索赔才是维护自身权利的有效手段和方法。建设工程索赔的依据包括：

（1）招标文件：招标文件是工程项目合同文件的基础，包括通用条件、专用条件、施工技术规程、工程量表、工程范围说明、现场水文地质资料等文本，这些都是工程成本的基础资料。它们不仅是承包商投标报价的依据，也是索赔时计算附加成本的依据。

（2）投标报价文件：在投标报价文件中，承包商对各子目报价进行了工料机的分析计算，对各阶段所需的资金数额提出了要求等，所有这些在中标签订协议以后都成为正式合同文件的组成部分，也是索赔计算的依据。

（3）施工协议书及其附属文件（包括纪要文件）：在施工过程中，如果对招标文件中的某个合同条款做了修改或解释，那这个纪要就可以作为索赔的依据，例如图纸会审记录，见表 8-4。

图纸会审记录（编号 001）　　**表 8-4**

<table>
<tr><td>工程名称</td><td colspan="4">××××有限公司武汉工厂焊机冷却水站（冲压循环水泵房）工程</td><td>共 1 页第 1 页</td></tr>
<tr><td>地点</td><td>四合院会议室</td><td>记录整理人</td><td>赵××</td><td>日期</td><td>××年××月××日</td></tr>
<tr><td>参加人员</td><td colspan="5">魏××、刘××、王××、黄×、俞××、赵××</td></tr>
<tr><td>序号</td><td>图号</td><td colspan="3">提出图纸问题</td><td>图纸修订意见</td></tr>
<tr><td>1</td><td>招标答疑</td><td colspan="3">3 台 220kW 水泵是否由我方安装和配电？</td><td>以合同为准</td></tr>
<tr><td>2</td><td>招标人补充</td><td colspan="3">请提供 5 台新增配电柜的安装尺寸</td><td>3 月 1 日确定</td></tr>
<tr><td>3</td><td>WZ-施 28-电修 4（Ⅱ）</td><td colspan="3">原管道沟离墙 1.2m，请确定新挖电缆沟位置</td><td>现场画线定</td></tr>
<tr><td>4</td><td>WZ-施 28-电修 4（Ⅱ）</td><td colspan="3">原电缆沟中支架可否利用？其他无支架处可否改为安装角钢支架？</td><td>可以</td></tr>
<tr><td>5</td><td>招标人补充</td><td colspan="3">新增（YJV-1-3×120＋70）50m 电缆的用途是什么？</td><td>从原配电间至新增控制柜（冲压）</td></tr>
<tr><td>6</td><td>招标人补充</td><td colspan="3">自控系统的程序编程和调试是否由 DPCA 负责，我方只安装柜体？</td><td>是</td></tr>
<tr><td>7</td><td>WZ-施 28-电修 4（Ⅱ）</td><td colspan="3">图纸设计桥架为 30m，按现场实际情况现需新增 12m</td><td>以现场实际为准</td></tr>
<tr><td>8</td><td></td><td colspan="3">请确定支架面漆颜色</td><td>常用</td></tr>
<tr><td colspan="3">技术负责人：
建设单位盖章</td><td colspan="3">技术负责人：
设计单位盖章</td></tr>
<tr><td colspan="2">技术负责人：
项目管理公司盖章</td><td colspan="2">技术负责人：
监理单位盖章</td><td colspan="2">技术负责人：
施工单位盖章</td></tr>
</table>

说明：该表由施工单位整理、汇总，各与会单位会签，并经各单位盖章，有关单位各保存 1 份。

（4）来往信件：工程来往信件主要包括工程师发出的变更指令、口头变更确认函、加速施工指令、施工单价变更通知、对承包商问题的书面回答等，这些信件（包括电传、传真资料）都具有与合同文件同等的效力，是结算和索赔的依据，见表 8-5。

（5）会议纪要：工程会议纪要包括标前会议纪要、施工协调会议纪要、施工进度会议纪要、施工技术讨论纪要、索赔会议纪要，会议纪要要有书面台账，对于重要的会议纪要建立审阅制度，如有不同意见可在纪要上做修改并标注核签期限（7 天），如不回复视为同意，这对会议纪要稿的合法性很有必要。

工程变更指令 **表 8-5**

GD220231□□

单位（子单位）工程名称	
致××××（项目经理部）： 根据合同规定，对编号为××的《工程变更单》涉及的费用及工期改变，按如下第×条执行： 1. 本次变更，业主不对施工单位作任何费用及工期的补偿；施工单位若对此持有异议，需在接到本变更指令后××日内以书面形式向项目监理机构提出。 2. 本次变更，业主不对承包商作任何费用补偿；承包商需在接到本变更指令后××日内将变更引起的工期变化的相关计算书报项目监理机构审批。 3. 对本次变更引起的费用及工期增加，将依据附件（工程变更估算表）进行补偿，承包商若对此持有异议，需在接到本变更指令后××日内以书面形式向项目监理机构提出。 4. 对本次变更引起的费用及工期增加，承包商需在接到本变更指令后××日内报项目监理机构审批。 附件：□工程变更单　　□工程变更估算表 项目监理机构（项目章） 总监理工程师： 日　期：　年　月　日 相关文件及编号： 变更说明：	

（6）施工现场记录：施工现场记录主要包括施工日志、施工检查记录、工时记录、质量检查记录、设备或材料使用记录、施工进度记录及工程照片、录像等影像资料，对于重要记录，例如质量检查、验收记录等还应该有现场监理或现场监理员的签名。

例如：做好建筑师和工程师的口头指示记录，及时以书面形式报告建筑师予以承认。将他们的书面指示按年月日顺序编号存档，见表 8-6。

质量检查记录表（编号：003） **表 8-6**

单位名称	××建设集团股份有限公司	工程名称	××迁建工程	检查日期	××年××月××日
检查单位	项目部质量检查小组				
检查项目或部位	各单体模板制作、钢筋绑扎、混凝土浇捣				
检查人员	×××、×××、×××				
检查记录及结论： 图书楼电渣压力焊存在以下问题： 1. 图书楼一层柱电渣压力焊中出现偏心、弯折、烧伤、焊包不均匀等地方较多，凡检查不合格者应进行返工处理。 2. 超过 2m 施工作业未进行有效防护。 上述几条望你们几家施工班组全数进行检查，派专人落实进行专项整改，利用两三天时间整改结束交项目部复查合格后方可进行下道工序的施工作业！并要杜绝类似的质量情况再次发生！ 整改人：　　检查人：					
整改回复： 整改负责人： ××年××月××日					

（7）工程财务记录：主要包括工程进度款每月支付申请表，工人劳动计时卡和工资单，设备、材料和零配件采购单及付款凭证，工程开支月报等，见表 8-7。

工程进度款支付申请表　　　　表 8-7

工程名称：×××××小区项目　　　　编号：1056

致：××××监理有限公司

我方已完成了×××××小区项目工程工作，按施工合同规定，建设单位应在××年××月××日前支付该项目工程进度款共（大写）壹拾贰万伍仟元整（小写￥125000.00 元），现报上第二期工程款申请表，请予以审查并开具工程款支付证书。

计算方式：（1）合同总价：418000.00 元；

（2）本期完成：418000.00 元，占合同比例 100%；

（3）本期应付：(2)×80%＝334400.00 元；

（4）本期应扣预付款：125000.00 元。

附件：工程进度计量报价表

承包单位（章）

项目经理

日　　期：××年××月××日

（8）现场天气记录：施工时应注意记录现场天气情况，如每月降水量、风力、气温、河床水位、基坑地下水位状况等，见表 8-8。

某小区施工现场天气记录表　　　　表 8-8

2020 年		当日天气			2020 年		当日天气		
月	日	最低气温（℃）	最高气温（℃）	天气状况	月	日	最低气温（℃）	最高气温（℃）	天气状况
11	1	8	15	多云	11	30	3	7	阴
11	2	5	16	阴	12	1	1	8	晴
11	3	4	12	小雨	12	2	1	8	阴
11	4	5	13	小雨	12	3	3	7	晴转多云
11	5	3	10	小雨	12	4	2	5	阴有小雨
11	6	3	11	小雨	12	5	3	5	阴
11	7	4	12	中雨	12	6	2	5	小雨
11	8	6	13	阴转多云	12	7	2	6	阴
11	9	10	15	晴	12	8	2	8	晴间多云
11	10	7	12	晴	12	9	−3	5	晴间多云

（9）市场信息资料：对于大中型土建工程来说，工期长达数年，对物价变动应进行系统地收集整理，这对于工程款的调价计算必不可少，对索赔也十分重要，见图 8-3。

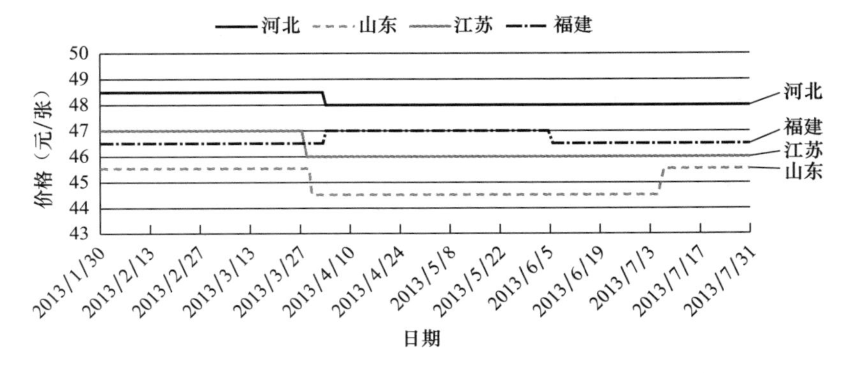

图 8-3　915mm×1830mm×14mm 建筑模板市场价格走势图

（10）工程所在地的政策性法令文件：如货币汇兑限制令、调整工资的决定、税收变更指令、工程仲裁规则等，对于重大的索赔事项，遇到复杂的法律问题时，需要法律顾问出面。承包商必须重视做好施工索赔的原始依据，否则，索赔无依据，一切都是空谈。

8.4 建设工程索赔的程序

8.4.1 递交索赔意向通知

索赔事件发生后，施工单位向建设单位递交索赔意向通知，调查干扰事件，寻找索赔理由和证据，计算索赔值，起草索赔报告，通过谈判、调解或仲裁，最终解决索赔争议，见表 8-9。

索赔意向通知

（承包［2020］赔通 001 号） **表 8-9**

工程名称：××××××建设工程土地整理　　合同编号：WGD-TDZL（N30）

致：××××水利水保工程监理有限公司 由于甲方（建设单位）未与当地村民协调妥当，使得柳卜台村民阻挡施工，影响我单位正常施工。根据施工合同的约定，我方拟提出索赔申请，请贵方审核。 附件：索赔意向书 承 包 人：×××工程有限公司王圪堵水库 ×××建设工程土地整理 N30 标项目经理部 项目经理： 日　　期：　年　月　日 监理机构将另行签发批复意见。 监理机构：××××水利水保工程监理有限公司 签 收 人： 日　　期：　年　月　日

说明：本表一式三份，由承包人填写。监理机构审签后，随同批复意见给承包人、监理机构、发包人各 1 份。

8.4.2 提交索赔报告

证据是索赔的主要依据。因此，干扰事件一经发生，承包商应抓紧时间收集证据，以支持索赔要求。索赔证据包括招标文件、合同文本、变更指令、施工现场的有关文件、工程照片等资料，索赔证据必须真实、全面，能充分说明干扰事件对工期和成本的实际影响。在计算索赔款时，不同的计算方法对索赔值的影响很大，应选用合法、合情、合理、对自己有利的方法，各个计算基础数据应有根据。

在上述各项工作完成后，在合同规定的时间内向工程师提交索赔报告，提出索赔要求和支持此要求的详细资料。施工单位可按下列程序以书面形式向建设单位索赔：索赔事件发生 28 天内，各工程师发出索赔意向通知；发出索赔意向通知后 28 天内，向工程师提交延长工期和（或）补偿经济损失的索赔报告及有关资料；工程师在收到施工单位送交的索赔报告及有关资料后，于28天内给予答复，或要求施工单位进一步补充索赔理由和证据；工程师在收到施工单位送交的索赔报告和有关资料后28天内未予答复或未对施工单位做进一步要求，视为该项索赔已经认可；当该索赔事件持续进行时，施工单位应当阶段性向工程师发出索赔意向通知，在索赔事件终了28天内，向工程师送交索赔的有关资料和最终索赔报告。

1. 索赔报告的具体内容

（1）索赔事件总论。总论部分的阐述要求简明扼要，它一般包括序言、索赔事项概述、具体索赔要求、索赔报告编写及审核人员名单。首先应概要地叙述索赔事件发生的日期与过程，承包商为该索赔事件所付出的努力和附加开支，以及承包商的具体索赔要求。在总论部分末尾，附上索赔报告编写组主要成员及审核人员的名单，注明有关人员的职称、职务及施工经验，以表示该索赔报告的严肃性及权威性。

（2）索赔根据。主要说明自己具有的索赔权利，这是索赔能否成立的关键。该部分的内容主要来自该工程的合同文件，并参照有关法律规定。承包商的索赔要求有合同文件支持的，则应直接引用合同中的相应条款。强调这些是为了使索赔理由更充足，使业主和仲裁人在感情上易于接受承包商的索赔要求，从而获得相应的经济补偿或工期延长。在结构上，按照索赔事件发生、发展、处理和最终解决的过程编写，并明确全文引用的有关合同条款，使业主和监理工程师能历史地、逻辑地了解索赔事件的始末，并充分认识该项索赔的合理性和合法性。

（3）索赔费用及工期计算。索赔计算的目的，是以具体的计算方法和计算过程，说明自己应取得的经济补偿款额或工期延长数额。如果说索赔根据部分的任务是解决索赔能否成立，则计算部分的任务就是确定能得到多少索赔款额和工期，前者是定性的、后者是定量的。

在款额计算部分，承包商必须阐明下列问题：索赔款的要求总额；各项索赔款的计算，例如额外开支的人工费、材料费、管理费和所损失的利润；指明各项开支的计算依据及证据资料。承包商应注意采用合适的计价方法，至于采用哪一种计价方法，应根据索赔事件的特点及自己所掌握的证据资料等因素来确定。还应注意每项开支款的合理性，并指出相应的证据资料的名称及编号。切忌采用笼统的计价方法和不实的开支款额。

（4）索赔证据：索赔证据包括该索赔事件所涉及的一切证据资料，以及对这些证据的说明。证据是索赔报告的重要组成部分，没有翔实可靠的证据，索赔是不可能成功的。索赔证据的范围很广。它可能包括工程项目施工过程中所涉及的有关政治、经济、技术、财务等资料。具体可进行如下分类：1）政治经济资料：重大新闻报道记录，例如罢工、动乱、地震以及其他重大灾害等；重要经济政策文件，例如税收决定、海关规定、外币汇率变化、工资调整等；政府官员和工程主管部门领导视察工地时的讲话记录；权威机构发布的天气和气温预报，尤其是异常天气的报告等。2）施工现场记录报表及来往函件：监理工程师的指令；与业主或监理工程师的来往函件和电话记录；现场施工日志；每日出勤的工人和设备报表；完工验收记录；施工事故详细记录；施工会议记录；施工材料使用记录本；施工进度实况记录；工地风、雨、温度、湿度记录；索赔事件的详细记录本或摄影摄像；施工效率降低的记录等。3）工程项目财务报表：施工进度月报表及收款记录；索赔款月报表及收款记录；工人劳动计时卡及工资单；材料、设备及零配件采购单；付款收据；收款收据；工程款及索赔款迟付记录；迟付款利息报表；向分包商付款记录；现金流动计划报表；会计日报表；会计总账；财务报告；会计来往信件及文件；通用货币汇率变化等。在引用证据时，要注意该证据的效力或可信程度。因此，对重要的证据资料最好附以文字证明或确认件，见表8-10。

例如：对一个重要的电话内容，仅附上自己的记录本是不够的，最好附上经过双方签字确认的电话记录；或附上发给对方要求确认该电话记录的函件，即使对方未给复函，亦可说明责任在对方，因为对方未复函确认或修改，按惯例应理解为对方已默认。

工程量申报表 **表 8-10**

工程名称：××××××小区新建工程

致：＿＿＿＿＿＿＿＿＿＿＿＿＿单位 兹申报2014年3月完成合同项目总计1560万元，请予核验量测，计算结果将作为我本期申报该工程进度款的依据。 监理单位（公章）　　总监　　日期： 业主造价工程师　　日期： 造价负责人　　日期：

本表一式五份，监理1份，建设单位4份。

2. 编写索赔报告的基本要求

索赔报告是具有法律效力的正规书面文件，对重大的索赔，最好在律师或索赔专家的指导下进行，编写索赔报告的一般要求有以下几个方面。

（1）索赔事件应是真实的。这是索赔的基本要求，关系到承包商的信誉和索赔的成败，必须保证。如果承包商提出不实的、不合情理的、缺乏根据的索赔要求，工程师会立即拒绝，而且会影响对承包商的信任和以后的索赔。索赔报告中所提出的干扰事件必须有可靠的证据来证明，这些证据应附于索赔报告之后；对索赔事件的叙述，必须明确、肯定，不含任何的估计和猜测，也不可用估计和猜测式的语言，如“可能、大概、也许”等，这会使索赔要求显得苍白无力。

（2）责任分析应清楚、准确、有根据。索赔报告应仔细分析事件的责任，明确指出索赔所依据的合同条款或法律条文，且说明承包商的索赔完全是按照合同规定的程序进行的。一般情况下索赔报告中所针对的干扰事件都是由对方责任引起的，应将责任全部推给对方。不可用含混的字眼和自我批评式的语言，否则会丧失自己在索赔中的有利地位。并应特别强调干扰事件的不可预见性和突然性，即使是一个有经验的承包商对它也不可能有预见和准备，对它的发生承包商无法制止。

（3）充分论证事件造成承包商的实际损失。索赔的原则是赔偿由事件引起的承包商所遭受的实际损失，所以索赔报告中应强调事件影响与实际损失之间的直接因果关系。报告中还应说明承包商在干扰事件发生后已立即将情况通知了工程师，听取并执行了工程师的处理指令，或承包商为了避免、减轻事件的影响和损失已尽了最大的努力，采用了能够采用的措施，在报告中详细叙述所采取的措施以及效果。

（4）索赔计算必须合理、正确。要采用合理的计算方法和数据，正确计算出应取得的经济补偿款额或工期延长数额。计算中应力求避免漏项或重复计算，不出现计算上的错误。索赔报告文字要精炼、条理要清楚、语气要中肯，必须做到简洁明了、结论明确、富有逻辑性；索赔报告的逻辑性，主要在于将索赔要求（工期延长、费用增加）与干扰事件的责任、合同条款及影响连成一条完整的链。同时在论述事件的责任及索赔根据时，所用词语要肯定，忌用强硬或命令的口气。

例如某工程索赔报告书具体内容如下：

××工程索赔报告书

一、总论

2006年4月，乙公司（以下称我公司）参与了由甲公司（以下称贵公司）投资建设的重庆某大学城市科技学院学生食堂及活动中心工程招标投标，且我公司获得中标，中标价为671.121万元，该工程设计为全框架四层现浇结构，建筑面积12302.84m²。在施工合同尚没有签署时，贵公司通知我公司按照招标投标相关内容进场施工，并要求加班加点，必须在2006年8月25日前完成所有施工内容。按照贵公司要求和监理工程师指示，我公司迅速编制并向贵公司递交了施工组织设计和施工进度计划，并专门成立了××项目部，委派×××为本项目总指挥，组建了以×××为现场负责人的项目部领导班子，抽调我公司技术骨干和优秀管理人员参与本项目的施工建设，从领导班子、技术和管理服务水平等方面得到根本保证。我公司于2006年4月20日正式进场施工，按照设计施工内容和贵公司要求周密部署，稳步整体推进，精心组织。为了满足施工现场材料的需要，我公司不但投入了几百万元的现金保障施工资金的需要，还在项目部下设立了材料采购组，保障施工材料的质量和施工需要数量，2006年5月上旬所有材料采购均已经签署合同，部分正在按照合同履行。2006年5月31日前，施工所需钢材、木材已经全部采购并运抵工地。进场施工前及施工过程中，在技术性民工很难招聘的情况下，承诺不低于重庆市2005年度平均工资待遇，且保证月月兑现和满足总工程量在12000m³以上，且承担民工单边路费的许诺下，从500km之外的奉节县选聘了几十名优秀民工，同时在潼南、巴南等地招聘了部分民工，均签署了劳务合同书，至2006年5月31日，工地民工达126人，加上劳务班组负责人，共计130余人，实行三班倒轮休制，加班加点施工。为了改善施工工地管理人员及民工的生活环境和保障良好的休息，顺利完成施工任务，我公司投资数万元搭建工棚，购买空调，创造良好的施工环境。2006年5月31日前，我公司××项目部承担的施工任务正在按照计划进行，施工现场如火如荼。

索赔报告编写及审核人员名单：造价工程师：×××；审核人员：×××。

索赔事项概述：2006年6月1日，当我公司施工现场已全面正规化、正常化，正在紧锣密鼓、井井有条地按贵公司的施工质量和工期要求及我公司的施工组织设计、施工进度计划组织施工，且工程已经完成基础部分和第一层的主体结构工程时，贵公司单方决定将食堂及活动中心由招标文书确定的四层全框架改建为两层，原三、四层施工内容全部取消，致使我公司的所有计划必须重新调整，也导致我公司在人、材、物等多方面的损失和众多合同构成违约而需承担违约责任，造成多项直接和间接损失。

索赔要求：由于我公司向贵公司索赔的事由是贵公司单方变更施工内容，故索赔要求包括下列方面。

(1) 人工费。包括：2006年6月1日前，为了完成原工程总量加班加点而额外支付的人工费用；因总工程量减少，按照劳务合同支付给民工的补偿金及路费。

(2) 材料费。包括租赁材料（钢管、模板）、购买材料（线管、电线、塑钢窗、钢材、木材）两方面。由于购买材料超过实际用量而增加的材料购买费用及相应资金利息损失；按原施工组织设计租赁但超过实际需要的周转材料的租赁费损失；缩短使用期限，提前终止周转材料租赁合同的违约金。

（3）施工机械损失（塔式起重机、挖掘机）。2006 年 6 月 1 日前，为了按计划完成施工任务而采用塔式起重机垂直运输使用费（含实际使用费和违约金）；2006 年 6 月 1 日前，为了按计划完成施工任务而采用挖掘机，比人工挖掘增加部分损失；因总工程量减少致使塔式起重机、挖掘机租赁合同提前解除的违约损失。

（4）工地管理费。是指因计划工作量与实际工作量差异我公司额外支付的工地管理费，包括增大活动板房、临时房屋、道路、围墙等临时设施投资损失及生活用品损失；2006 年 5 月 31 日前，为了满足贵公司施工期限要求，我公司加大施工现场人员配置和各方面管理而增加的支出。

（5）利息。由于工程变更而我公司实际多投资资金的利息，包括为满足施工需要，多支付商品混凝土合同预付款利息损失；多垫付工程款资金利息损失。

（6）利润。指原计划和现在实际施工部分利润差额。

二、索赔根据部分

索赔事件发生情况如下。我公司从 2006 年 4 月 20 日正式进场施工至 2006 年 5 月 31 日，除与监理工程师及贵公司正常往来的工作联系外，三方没有任何分歧意见，特别是我公司在接到贵公司的相关指令后，均在合理期限内予以处理，没有任何违约或其他原因造成的工程质量问题及工期延误。2006 年 6 月 1 日，在监理工程师及贵公司事前没有透露任何信息的情况下，贵公司突然通知大幅度变更施工量，导致我公司在施工组织和材料准备、人员安排等方面没有任何时间和机会避免和减少损失，致使我公司损失特别大。递交索赔意向通知情况：我公司除组织工作组到施工现场处理问题外，也按照施工行业索赔普遍做法，在索赔事件发生后 28 天内，向贵公司工程师发出了索赔意向通知，充分表明了我公司的索赔要求，并列明了索赔的基本项目。索赔事件处理情况：在索赔事件发生并书面通知我公司现场负责人××后，当日我公司董事会便立即召开公司高层管理人员会议，会议研究决定：服从贵公司的变更指令，但同时提出因此对我公司造成的损失应由贵公司承担，便委托现场负责人××与监理工程师和贵公司联系，客观反映我公司因此而面临的诸多问题和造成的损失，我公司现场管理人员、技术人员十分不理解，特别是 120 余名民工及劳务负责人获悉此消息后，立即全面停工并到××项目部提出要求：

（1）立即结算并支付所有工资，停止施工；

（2）如果不立即结算并支付工资，可以暂时继续施工，听从现场安排。但在通知减员时，应按照劳务合同约定，补偿被减民工 1 个月工资并支付返家或辗转他处的单边路费。

我公司获悉消息后，为了稳定民工情绪，减少施工现场因民工问题而震荡和停工，顺利完成余下施工任务，立即抽调相关人员组成工作组到现场办公，最后与民工达成协议，同意按照劳务合同约定补偿被减民工 1 个月工资并支付返家或辗转他处的单边路费；同时通知正在履行的其他合同立即暂停履行，并积极协商处理善后事宜，尽力减少因工程量变更而造成的损失。我公司在处理本事件中，付出了艰辛的劳动，化解了众多矛盾，协调了各方面关系，也支付了许多额外费用，我公司认为在避免和减少损失方面，已竭尽全力。在索赔事件发生后，我公司与贵公司是积极配合的，在处理事件时是快速有效的，不存在任何过错和不当行为。索赔要求的合同依据：由于贵公司的学生食堂及活动中心工程招标投标时间紧迫，且在招标投标后还没来得及签署合同，贵公司便要求我公司进场施工，而至今贵公司仍没有与我公司签署正式的书面施工合同书，故本项目的索赔合同依据仅有：

（1）中标通知书；

（2）投标书及其附件；

（3）开工通知书。

三、计算部分

索赔总额：依据本事件产生的原因和涉及的范围，我公司按照建筑行业施工索赔及××项目部实际损失分为9大项，共计索赔总额为1952472.94元。各项计算单列如下（详细计算清单见索赔计算书）：

（1）前期投资损失合计为：191760.00+5476.67=197236.67元；

（2）周转材料租金损失为：101600.00+222620.00=324220.00元；

（3）项目部采购的材料和签订的材料采购合同的违约损失为：315438.10+176585.00+25649.04+115567.20=633239.34元；

（4）工程管理费用、经营费用损失及公司完成减少工程合法的利润损失合计为：115014.90+76629.32+288022.00=479666.22元；

（5）各类机械设备的租赁损失合计为：132390.00+7010.00=139400.00元；

（6）工程临设费用增大的损失为：6463.79+52734.00=59197.79元；

（7）工程垫付资金利息损失合计为20932.04元；

（8）提前解除劳务合同损失合计为96000.00元；

（9）商品混凝土预付款资金利息损失为2580.88元。

各项计算依据及证据。

（1）前期投资损失为197236.67元。

工程原设计建筑面积12302.84m^2，设计变更后建筑面积6405.04m^2，减少建筑面积5897.8m^2，减少工程量比例为47.94%，本工程的所有前期投资为40万元，按照比例损失额为191760.00元，相应资金利息为5476.67元（预计4个月期限，即2006年9月30日止，超过此期限，利息损失继续计算），两项合计为197236.67元。

证据：财务报表。

（2）周转材料租金损失为324220.00元。

1）钢管租赁损失：按照租赁合同约定支付租金至少为113天（2006年5月10日—2006年8月31日），变更后工期为66天，减少47天，应当多支付钢管租金59690.00元；同时，施工组织设计的变更，导致租赁钢管比实际需要钢管多1倍，其多租赁部分钢管损失41910.00元，两项合计为101600.00元。

证据：租赁合同。

2）模板租赁损失：按照租赁合同约定支付租金至少为113天（2006年5月10日—2006年8月31日），变更后工期为66天，减少47天，应当多支付模板租金120320.00元；同时，施工组织设计的变更，导致租赁模板比实际需要模板多1倍，其多租赁部分模板损失102300.00元，两项合计为222620.00元。

证据：租赁合同。

(3) 项目部采购的材料和签订的材料采购合同的违约损失为633239.34元。

1) 钢材采购损失：由于我公司总部不在××，且在××尚无其他施工项目，而多采购的80t钢材已经运抵××项目部，现在无法处理，损失额为263200.00元；同时，因我公司变更购销数量承担违约责任损失52238.10元，合计为315438.10元。

2) 木材、竹模板采购损失：我公司为该项目已采购木材量与现在实际需使用木材量相比，500mm×100mm×2000mm、500mm×100mm×4000mm规格分别多采购18.5m^3和30m^3，竹模板1000mm×2000mm规格多采购3200m^2，其损失为109625.00元；同时，因我公司变更购销数量承担违约责任损失66960.00元，合计为176585.00元。

证据：购销合同。

3) 线管、电线采购合同违约损失：依据采购合同约定，我公司单方变更货物数量，应向对方支付合同总价款30.00%的违约金，导致违约损失为25649.04元。

证据：购销合同。

4) 塑钢窗购销合同违约损失：按塑钢窗购销合同约定，我公司单方变更合同约定数量、价款均应向对方支付合同总价款30.00%的违约金，违约损失为115567.20元。

证据：购销合同。

(4) 工程管理费用、经营费用损失及公司完成减少工程合法的利润损失合计为479666.22元。

证据：财务报表（工程管理费用汇总，各项经营费用汇总）。

(5) 各类机械设备的租赁损失合计为139400.00元。

1) 塔式起重机机租赁及增大费用损失：132390.00元；

2) 挖掘机租赁及增大费用损失：7010.00元。

(6) 工程临设费用增大的损失为59197.79元。

1) 临设活动板房增大损失：6463.79元；

2) 其他临设增大损失（含临时房屋、道路、围墙及生活用品）：52734.00元。

证据：租赁合同、财务报表。

(7) 工程垫付资金利息损失合计为20932.04元。

证据：财务报表。

(8) 提前解除劳务合同损失合计为96000.00元。

证据：劳务合同、领取补偿费名册表。

(9) 商品混凝土预付款资金利息损失为2580.88元。

证据：预付款票据。

四、证据部分

本索赔报告的证据有：

(1) 施工组织设计；

(2) 施工进度计划；

(3) 标准、规范及有关技术文件；

(4) 施工图纸；

(5) 2006年6月1日变更通知；

(6) 工程量清单;

(7) 工程报价单(预算书);

(8) 所有与工程施工相关的合同书(材料购销、设备租赁、劳务合同及领取补偿费登记表等);

(9) 我公司有关的财务报表;

(10) 投标书及其附件;

(11) 中标通知书;

(12) 开工通知书。

对证据的说明:

(1) 对作为本索赔报告证据使用的标准、规范及有关技术文件按照国家标准、行业标准及招标投标文书确定的标准执行,本索赔报告证据中没有提供相应标准文本;

(2) 以贵公司提供的施工图为准作为计算工程量标准;

(3) 涉及财务方面的证据,鉴于财务保密规定,只提供综合报表,不提供列支明细;

(4) 由于签署劳务合同的民工多达 126 人,解除合同的民工为 96 人,无法提供全部合同文本,仅提供文本之一作为证据,其余文本保存在我公司,可以查阅。

五、结束语

综上所述,我公司按照贵公司的要求组织工程施工,服从贵公司工程变更的要求;但因施工内容和期限的变更而导致的损失属于贵公司责任范畴,且我公司在计算索赔时,充分考虑了主客观因素,仅计算了我公司因此而受到的直接和间接损失(利润损失),尚没有将信誉损失、为了本工程而放弃其他工程的利润损失、为了减少索赔事件影响造成其他损失而支出的费用列入索赔范畴,我公司认为计算是实事求是的,本着既不夸大,也不添项,更不虚构的索赔态度向贵公司提出本索赔内容,我公司的态度是诚恳的,数据是客观的,要求是合理的,希望贵公司在接到本报告书后,立即着手研究解决。我公司为了明确责任,减少我公司在施工中的损失,也为了顺利完成尚没有完成的施工内容,保护双方共同利益,我公司在原工程索赔意向通知的基础上,报送本索赔报告书,望贵公司予以审查并尽快书面答复或组织面谈。

此 致!

公司名字:
报告人:
报告时间: 年 月 日

索赔计价方法和款额要适当,索赔计算采用“附加成本法”容易被对方接受,因为这种方法只计算索赔事件引起的计划外的附加开支,计价项目具体,使经济索赔能较快得到解决。另外,索赔计价不能过高,要价过高容易让对方产生反感,使索赔报告束之高阁,长期得不到解决。还有可能让业主准备周密的反索赔计划,以高额的反索赔对付高额的索赔,使索赔工作更加复杂化。

索赔事件论证要充足。承包合同通常规定:承包商在发出“索赔通知书”后,每隔一定时间(28 天)应报送一次证据资料,在索赔事件结束后的 28 天内报送总结性的索赔计算及索赔论证,提交索赔报告。索赔报告一定要令人信服,经得起推敲,确保索赔成功。

8.4.3 工程索赔处理

在索赔报告提交后，承包商应经常与工程师、业主接触磋商，催促工程师及业主尽早审查和批准索赔报告。一般情况下，尽早提出索赔，尽早解决索赔，则能尽早获得赔偿。拖延往往使承包商处于不利、被动的地位，使索赔的解决变得越发困难。索赔是双向的，索赔与反索赔是相伴相生的。可以是承包商提出索赔，也可以是业主提出反索赔。承包商通过索赔保护自己的合法权益的同时，应严格按合同施工，避免被对方索赔，蒙受更大的损失。业主可利用合同条款赋予的权利，根据对工程项目的监督管理的记录、分析，从多个方面向承包商提出反索赔。对于业主而言，正确处理承包商的索赔是保证工程顺利进行、减少投资的一项重要措施，所以在工程建设中必须正确处理好索赔与反索赔的关系。施工索赔处理程序见图 8-4。

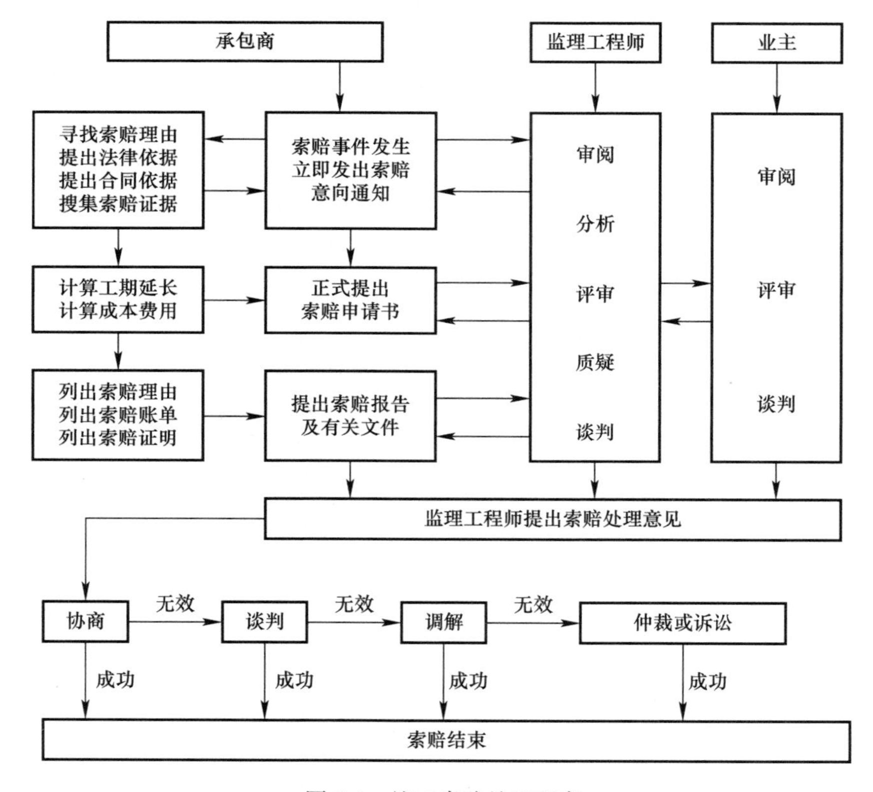

图 8-4 施工索赔处理程序

8.5 建设工程索赔的技巧与策略

索赔工作既有科学严谨的一面，又有艺术灵活的一面。对于一个确定的索赔事件往往没有预定的、确定的解决方法，它往往受制于双方签订的合同文件、各自的工程管理水平和索赔能力以及处理问题的公正性、合理性等因素。因此若要保证索赔成功不仅需要令人信服的法律依据、充足的理由和正确的计算方法，索赔的策略、技巧和艺术也相当重要。

技术问题关系到建设工程索赔与反索赔的目的能否整体和快捷地实现。只有规范、艺术、有效的技术操作才能实现成功索赔与反索赔。

8.5.1 索赔谈判的前期准备

（1）组建经验丰富、认真敬业的索赔班子。索赔是一项复杂细致而艰巨的工作，组织一个知识全面、有丰富索赔经验、稳定的索赔小组从事索赔工作是索赔成功的首要条件，索赔小组应由项目经理、建筑工程专业律师、估算师、会计师、施工工程师等组成，由各职能部门提供有关信息资料，由专职人员负责搜集和整理。索赔人员要有良好的素质，要懂得索赔的策略和战略，工作要勤奋、务实，不好大喜功，头脑要清晰，思维要敏捷，有逻辑，善于推理，懂得搞好各方面的公共关系。索赔小组成员要稳定，不仅要各司其职，而且各个成员要积极配合。

（2）抓住索赔机会，扎实做好准备工作。要正确把握提出索赔的时机，索赔提出过早，往往容易遭到对方反驳或在其他方面可能施加的挑剔、报复等；提出过迟，则容易留给对方借口，使索赔要求遭到拒绝。因此，索赔方必须在索赔时效范围内适时提出。如果担心或害怕影响双方合作关系，有意将索赔要求拖到工程结束时才正式提出，可能会事与愿违、适得其反。对于一个有经验的承包人来说，从投标开始就可能会发现索赔机会，工程建成一半时，就会发现很多索赔机会，工程建成一半后发现的索赔，往往来不及得到彻底处理，因此在工程建成 1/4～3/4 这个阶段承包人应大量地、有效地处理索赔事件，使索赔事件在这一时间段内基本得到解决。索赔切忌采用“一揽子”方式来处理，这样往往使问题复杂化，不易解决。

（3）认真签约，为今后索赔打好伏笔。在商签合同过程中，承包人应对明显把重大风险转嫁给承包人的合同条件提出修改要求，达成的修改协议应以“会议纪要”或“补充协议”的形式落实到文字，作为合同文件的有效组成部分。特别要对业主开脱责任的条款加以注意，如合同中不列出索赔条件，延期付款无时限、无利息；没有调价公式；业主对某部分工程不够满意，即有权决定扣减工程款；业主对不可预见的工程施工条件不承担责任，等等。如这些内容都写进合同条款，承包人索赔机会就会大大减少。

（4）严格按照程序索赔，确保索赔成功。正常的索赔程序如下。

1）整理索赔证据：施工企业不应该放过任何索赔的机会和证据，同时对索赔事件进行详细的了解和事态调查；对索赔事件原因进行分析，并判断业主承担责任的可能性；对事件损失进行计算。

2）发出索赔通知：根据现行的建筑施工合同文本，施工企业应在索赔事件发生后 20 天内，向业主发出索赔通知。索赔通知一般包括：

① 索赔事件发生的详细过程，干扰事件的原因及责任范围；

② 对照合同确定索赔的合法性和合理性；收集到的索赔证据，包括有关文件、记录、来往信函、签证、通知书及计算依据；计算损失，确定索赔价值。

3）索赔的批准：业主在接到索赔通知 10 天内给予批准，或要求施工企业进一步补充索赔理由和证据，业主 10 天内未予答复，应视为该项索赔已获批准。

（5）切实履行合同，与业主良好合作。作为承包商，必须牢固树立“干好活才好索赔”的观点，本着严谨态度，切实履行合同，并及早预防和化解矛盾，以对工程负责的态度积极与业主合作，建立良好的工作关系，减少索赔障碍，预防业主反索赔事件发生。索赔工作人员也应注意发挥公关能力，除了进行书信往来和谈判桌上的交涉外，有时还应掌握公关技巧，提高沟通能力，采用合法的手段和方式营造适合索赔争议解决的良好环境和氛围，促使索赔问题早日圆满解决。同时注意同监理工程师搞好关系，监理工程师是解决索赔问题的公正的第三方，同监理工程师搞好关系，争取监理工程师的公正裁决，竭力避免仲裁或诉讼。

8.5.2 索赔过程中的谈判技巧

索赔谈判的原则性技巧：是指坚持实质性利益，而对业主持温和态度的原则性索赔谈判方式。是温和态度与强硬态度方式的折中产物。这种谈判方式可归纳为以下 4 个基本要素：

（1）将谈判者与谈判问题分开；

（2）把谈判注意力集中于双方的共同利益，而不是集中于各自的观点；

（3）在达成协议之前，为双方的共同利益设想出多种多样可供选择的解决办法；

（4）坚持采用客观标准和国际惯例，原则性索赔谈判的基础是对承、发包双方的利益和期望进行分析。

承包商的目标利益为：

（1）使工程顺利通过验收，交付业主使用，尽快完成合同履约责任，结束合同关系；

（2）向业主提出索赔请求，取得费用损失补偿，争取更多利益；

（3）对业主的索赔进行反索赔，减少费用损失；

（4）进行工期索赔，免除承包商拖延工期的法律责任。

业主的目标利益为：

（1）顺利完成工程项目，及早投入使用，实现投资价值；

（2）提高工程质量，增加服务项目；

（3）针对承包商的索赔请求提出反索赔，尽量减少项目投资；

（4）对承包商的违约行为提出索赔。

双赢是索赔谈判的最佳目标，要达成一个明智的协议，核心就是双赢，在可能达成协议的原则下，双方都应做出必要的让步。谈判方式必须有效率，谈判应该可以改善或至少不损害承包商和业主之间的关系。索赔谈判中要注意方式方法。合同一方向对方提出索赔要求，进行索赔谈判时，措辞应婉转，说理应透彻，以理服人，而不是得理不饶人，尽量避免使用抗议提法。如果对于合同一方一次次合理的索赔要求，对方拒不合作或置之不理，并严重影响工程的正常进行，索赔方可以采取较为严厉的措辞和切实可行的手段，以实现自己的索赔目标。在索赔谈判和处理中，根据情况适当做出必要的让步，扔芝麻抱西瓜，有所失才能有所得。可以放弃金额小的小项索赔，坚持大项索赔。这样容易使对方做出让步，达到索赔的最终目的。

8.5.3 索赔谈判的基本思路

工程索赔是一项复杂细致而艰巨的工作，它既是一门学问，也是一门艺术。例如有人说："工程索赔好比古人用的铜钱，它中间方方正正的钱孔恰似丝毫不变的法律条文和合同约定，任何人都必须恪守这个原则；而其外端的圆，意味着在工程索赔过程中，不断积累索赔技巧，总结索赔经验，在不违背法律条文的前提下，使我们的索赔工作尽量做到圆融、变通。”

索赔谈判时要根据不同的事件、业主方不同的思想来选择好的谈判方式，索赔谈判主要有两种谈判方式，纵向谈判和横向谈判，两种谈判方式各有优缺点，根据索赔的具体情况选择好的谈判方式。

（1）纵向谈判——是指在确定了谈判的主要问题后，逐个讨论每一问题和条款，讨论一个问题，解决一个问题，一直到谈判结束。

纵向谈判的优点：

1）程序明确，把复杂问题简单化；

2）每次只谈一个问题，讨论详尽，解决彻底；

3）避免多头牵制，议而不决的弊端；

4）适用于原则性谈判。

纵向谈判的缺点：

1）议程确定过于死板，不利于双方沟通交流；

2）讨论问题时不能相互通融，当某一问题陷入僵局后，不利于其他问难解决；

3）不能充分发挥谈判人员的想象力和创造力，不能灵活地、变通地处理谈判中的问题。

（2）横向谈判——是指在确定了谈判的主要问题后，开始逐个讨论预先确定的问题，在某一问题上出现矛盾或分歧时，就把这一问题放在后面，讨论其他问题，如此周而复始地讨论下去，直到所有内容都谈妥为止。

横向谈判的优点：

1）议程灵活，方法多样；

2）多项议题同时讨论，有利于寻找变通的解决办法；

3）有利于充分发挥谈判人员的想象力和创造力，可以更好地运用谈判策略和谈判技巧。

横向谈判的缺点：

1）加剧双方讨价还价，容易促使谈判双方做不对等的让步；

2）容易使谈判人员陷入枝节问题上，而忽略了主要问题。

8.5.4 索赔谈判的具体技巧

1. 谈判策略

（1）在参加谈判会议之前要制定一个使谈判主题得以达成协议的框架。明确自身的目标在谈判中的位置：哪些目标是在任何情况下都不能让步的；哪些目标可以让步以及让步的程度；哪些目标可能需要让步或者完全放弃。

（2）预测对方的立场以及是否存在可能影响达成协议的法律、法规、规章、政治和公众压力等方面的因素。在索赔谈判中要学会坚持，坚持就是胜利，坚持是一种强调事件真实性和严重性的方法。谈判过程中对任何一件事情都不要轻易放弃，要做到锲而不舍。随意放弃只会让对方觉得事件不真实或费用不大，不予考虑，也失去了让步的意义，还可能影响下一步的谈判。当然坚持要有依据，必须合理，不能胡搅蛮缠，无理的坚持只会引起对方的厌烦。

（3）策略应灵活机动，适当的准备意味着收集可能用于谈判中支持己方观点所需的所有数据及文件。知己知彼，百战不殆。认真做好谈判准备是促使谈判成功的首要因素，在同业主和监理开展索赔谈判时，应事先研究和统一谈判口径和策略。谈判人员应在统一的原则下，根据实际情况采取灵活应变的策略，以争取主动。谈判中要注意维护组长的权威。在谈判中要学会做适当的让步，退一步海阔天空。谈判很少一拍即合，往往会出现异议，当双方争执不下时，可做出适当的让步，以免陷入僵局，甚至谈判破裂。所谓退一步海阔天空，可能会收到意想不到的效果。当然退步是有限度的，必须顾全大局利益，以较小的代价维护自己的利益，否则会赔了夫人又折兵。让对方觉得自己是胜者，有种成就感。只要既定目的能达到，让步又何妨。这就要求在编制谈判资料时应考虑将某些项目作为让步的砝码，确保既定目的的实现。

（4）在索赔谈判中要做到以诚信为本，尊重对方。谈判时不要随便否定或贬低对方的意见，只有尊重对方才会得到对方的信任和支持。立场不同，对同一件事的看法也会不一样，当对方持有不同意见时，要以客观的证据和事实证明自己的观点是正确的，让对方让步并接受。双方谈判人员也讲究“门当户对”，甚至“兵来”须“将挡”，应派出和对方同等级别或更高级别的代表参加谈判，这也表示对对方的尊重。当对方职位比己方代表职位高时，会认为不被重视和尊重，或乙方代表资格不够，对方态度会更加强硬，增加了谈判的难度，达不到有“领导压阵”的效果。

2. 索赔与合同管理

承包商参与工程投标中标后，应及时、谨慎地与发包方签订施工合同。索赔的基础是施工合同文件，合同内容应尽可能地考虑周详，措辞严谨，权利和义务明确，做到平等、互利。合同价款最好采用可调价格方式。并明确追加调整合同价款及索赔的政策、依据和方法，为竣工结算时调整工程造价和索赔提供合同依据和法律保障。必须认真研究合同文件，熟练掌握合同条款，特别是对可能产生索赔的有关条款要反复学习和认真分析。在索赔事件发生后，要与有关条款逐句逐字相对照，为索赔寻找充分的理由。充分、全面研究合同条款，不但要看对自己有利的条款，更要注意对自己不利的条款。在“通用条款”中，尤其涉及工程变更、施工条件变更、施工顺序变更、工期延长、单价调整等条款，对这些条款的论述要吃透，以便及时发现索赔条件，抓住补偿机会。

3. 索赔是计划管理的动力

计划管理一般是指项目实施方案、进度安排、施工顺序、劳动力及机械设备材料的使用与安排。而索赔必须分析在施工过程中实际实施的计划与原计划的偏离程度。比如工期索赔就是通过实际进度与原计划的关键路线对比分析，才能成功，其费用索赔往往也是基于这种比较分析基础之上。因此，从某种意义上讲，离开了计划管理，索赔将成为一句空话。

4. 索赔是挽回成本损失的重要手段

（1）索赔以赔偿实际损失为原则，这就要求有可靠的工程成本计算的依据。所以，要搞好索赔，承包商必须建立完整的成本核算体系，及时、准确地提供整个工程以及分项工程的成本核算资料，索赔计算才有可靠的依据。索赔又能促进对整个工程成本的分析和管理，以便确定挽回损失的数量。例如：根据国外资料，在正常情况下，工程承包能得到的利润约占工程合同价的3%～10%，而在许多国际工程索赔中，索赔额高达合同价的10%～20%，甚至有些项目工程索赔额将超过合同价。

(2) 在国际承包工程的竞争中，有一句话叫“中标靠低价，赚钱靠索赔”。这充分反映了索赔工作在工程建设中的重要作用。但要做好索赔工作，除了认真编写好索赔文件，使之提出的索赔项目符合实际，内容充实，证据确凿，有说服力，索赔计算准确，并严格按索赔的规定和程序办理外，还必须掌握索赔技巧，这对索赔的成功十分重要，同样性质和内容的索赔，如果方法不当、技巧不高，容易给索赔工作增加新的困难，甚至导致事倍功半的下场。例如在美国有人统计了由政府管理的 22 项工程，发生施工索赔的次数达 427 次，平均每项工程索赔约 20 次，索赔金额约占总合同额的 6%，索赔成功率达 93%。

(3) 索赔要求提高文档管理的水平。索赔要有证据，证据是索赔报告的重要组成部分，证据不足或没有证据，索赔就不能成立。由于建筑工程比较复杂，工期又长，工程文件资料多，如果文档管理混乱，许多资料得不到及时整理和保存，就会使索赔证据不足。因此，必须做好收集、整理签证工作，做到有理才能走四方，有据才能行得端，按时才能不失效。索赔直接牵涉到当事人双方的切身经济利益，靠花言巧语不行，靠胡搅蛮缠不行，靠不正当手段更不行。索赔成功的基础在于充分的事实、确凿的证据。而这些事实和证据只能来源于工程承包全过程的各个环节之中。关键在于用心收集、整理好，并辅以相应的法律、法规及合同条款，使之真正成为索赔的依据。

(4) 在工程开工前应搜集有关资料，包括工程地点的交通条件，三通一平情况，供水、供电是否满足施工需要？水、电价格是否超过预算价？地下水位的高度，土质状况，是否有障碍物等。组织各专业技术人员仔细研究施工图纸，互相交流，找出图纸中疏漏、错误、不明、不详、不符合实际、各专业之间相互冲突等问题。在图纸会审中应认真做好施工图会审纪要，因为施工图会审纪要是施工合同的重要组成部分，也是索赔的重要依据。施工中应及时进行预测性分析，及时发现可能发生索赔事项的分部分项工程，例如遇到灾害性气候，发现地下障碍物、软基础或文物，以及受到征地拆迁、施工条件等外部环境影响等。

(5) 业主要求变更施工项目的局部尺寸及数量或调整施工材料、更改施工工艺等。停水、停电超过原合同规定时限；因建设单位或监理单位要求延缓施工或造成工程返工、窝工、增加工程量等。以上这些事项均是提出索赔的充分理由，都不能轻易放过。

(6) 主动创造索赔机遇。在施工过程中，承包商应坚持以执行监理及业主的书面指令为主，即使在特殊情况下必须执行其口头命令，亦应在事后立即要求其用书面文件确认，或者致函监理及业主确认。同时做好施工日志、技术资料等施工记录。每天应有专人记录，并请现场监理工程人员签字；当造成现场损失时，还应做好现场摄像、录像，以达到资料的完整性。

(7) 对停水、停电、甲供材料的进场时间、数量、质量等，都应做好详细记录；设计变更、技术核定、工程量增减等签证手续要齐全，确保资料完整；业主或监理单位的临时变更、口头指令、会议研究、往来信函等应及时收集、整理成文字，必要时还可对施工过程进行摄影或录像。如甲方指定或认可的材料或采用新材料，其实际价格高于预算价（或投标价），按合同规定允许按实补差的，应及时办理价格签证手续。

(8) 凡采用新材料、新工艺、新技术施工，没有相应预算定额计价时，应收集有关造价信息或征询有关造价部门意见，准备好结算依据。在施工中需要更改设计或施工方案的也应及时做好修改、补充签证。另外，施工中发生工伤、机械事故时，也应及时记录现场实际状况，分清职责；对人员和设备的闲置、工期的延误以及对工程的损害程度等，都应及时办理签证手续。此外要十分熟悉各种索赔事项的签证时间要求，区分 24 小时、48 小时、7 天、14 天、28 天等时间概念的具体含义。特别是一些隐蔽工程、挖土工程、拆除工程，都必须及时办理签证手续。否则时过境迁就容易引起扯皮，增加索赔难度。做到不忘、不漏、不缺、不少，眼勤、手勤、口勤、腿勤。不能因为监理的口头承诺而疏忽文字记录，也不能因为大家都知道就放松签证。这些都是工程索赔的原始凭证，应分类保管，以创造索赔的机遇。

8.6 工程索赔的意识

在市场经济条件下，建筑市场中的工程索赔是一种正常的现象。在工程实施中，发包人不让索赔，承包人不敢索赔和不懂索赔，监理工程师不会处理索赔的现象普遍存在。面对这种情况，在建筑市场中，应当大力提高发包人和承包人对工程索赔的认识，加强对索赔知识和方法的学习，认真对待和搞好工程索赔，这对维护国家和企业利益都有十分重要的意义。承包人向发包人索赔，应加强过程控制，提高索赔意识，提高索赔意识大致可从两个方面入手，一方面是成本意识，另一方面是时间意识。总之，索赔工作关系着施工企业的经济利益。所有施工管理人员都应重视索赔，知道索赔，善于索赔。必须做到理由充分，证据确凿，按时签证，讲究谈判技巧，并把索赔工作贯穿于施工的全过程。同时，加强施工管理，提高管理水平，降低成本，为企业创造更大的利润空间。

避免索赔存在的误区。

(1) 当索赔事件发生后，有些建筑业企业由于受我国传统工程管理模式的影响，考虑与业主、监理方面的关系，而没有认真对待索赔工作。

(2) 项目经理和技术负责人对索赔工作意识不到位，没有深刻认识索赔工作管理程序，对可提可不提的索赔事项往往无法把握。

(3) 主管人员对技术规范文件及业主、监理、施工企业往来文件理解不深刻，对实际存在的索赔项目没有充分理由。

(4) 只注重索赔意向的提出，不重视索赔过程中的证据收集和时间准确性，没有及时编写最终索赔报告。

(5) 很多项目管理成员认为只有建筑业企业向业主索赔，没有考虑对方的索赔和反索赔。工程索赔是一项复杂的、系统性很强的工作，在索赔工作中我们要充分理解施工图纸、技术规范及业主、监理、施工企业签订的合同协议和各项往来文件，必须依合同、重证据、讲技巧、树信誉，踏踏实实地做好索赔管理基础工作，严格按程序办事。工程索赔是合同管理的重要环节，也是项目管理的重要内容，是建筑业企业赢取利润的重要手段，只有把索赔工作处理好，才能切实维护自己的合法权益，使效益最大化。

8.6.1 工程索赔中成本意识

索赔要求的提出和解决，都是建立在成本控制的基础上。

(1) 工程的建设成本从开工之日起便处于不断变化之中，随着工程量及工期的变化，工程的建设成本大多数都在不断地增加，直到建成之日，才形成一个定值。最终成本绝大多数较合同价增多，极个别项目的结算成本小于其中标合同价。

（2）在成本控制过程中，如果承包商发现了超出合同范围的工作或施工受到了计划外的干扰，引起施工效率降低和施工费用增加，这种情况下就可以考虑施工索赔的问题。通过施工索赔，承包商可以收回超出预算成本以外的开支，增加工程款收入，使工程项目的资金流动处于良性循环状态。

例如某工程，按原合同规定的施工计划，工程全部完工需要劳动力为 255918 工日。由于开工后，业主没有及时提供设计资料而造成工期拖延 13.5 个月。在这个阶段，工地实际使用劳动力 85604 工日，其中临时工程用工 9695 工日，非直接生产用工 31887 工日。这些有记工单和工资表为证据。而在这一阶段，实际仅完成原计划全部工程量的 9.4%。另外，由于业主指令工程变更，使合同工程量增加 20%（工程量增加索赔另外提出）。承包商对此造成的生产率降低提出费用索赔，其分析如下：由于工程量增加 20%，则相应全部工程的劳动力总需要量也应按比例增加。合同工程劳动力总需要量＝255918×(1＋20%)＝307102 工日，而这一阶段实际仅完成 9.4%的工程量，9.4%工程量所需要劳动力＝307102×9.4%＝28868 工日，则在这一阶段的劳动力损失应为工地实际使用劳动力数量扣除 9.4%工程量所需要劳动力数量、临时工程用工和非直接生产用工，即劳动力损失＝85604－28868－9695－31887＝15154 工日，合同中生产工人人工费报价为 150 元/工日，人工费损失＝15154×150＝2273100 元。索赔后即可为企业减少 2273100 元的成本损失。

8.6.2 工程索赔中时间意识

索赔提出时间应尽可能地早，一般来说，发现索赔可能性的阶段从投标时就开始了，可以延续至工程建成一半时为止。晚于这个时限的索赔要求，往往拖到工程建成以后还得不到解决。工程建成 1/4～3/4 这一时段一般是解决索赔问题的有利时期，大量的索赔事项应力争在这一时段内得到解决。整个工程的索赔谈判和解决阶段，应该集中于工程全部建成完工以前，不宜再拖。最理想的安排是在竣工日的前夕解决一切索赔争端，见图 8-5。

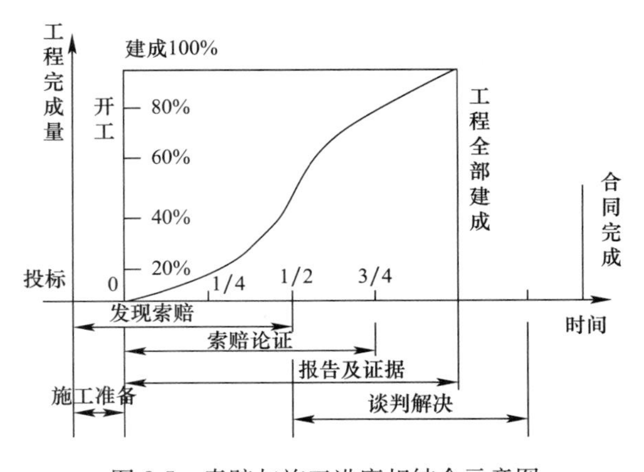

图 8-5　索赔与施工进度相结合示意图

8.7 索赔案例分析及业主的索赔

8.7.1 工期延误引起的索赔

工期延误，又称为工程延误或进度延误，是指施工过程中任一项或多项工作的实际完成日期迟于计划完成日期，从而可能导致整个合同工期的延长，工期延误对合同双方一般都会造成损失。工期延误的后果从形式上看是时间的损失，但实质上会造成经济损失。工程进度的延误按原因分可分为可原谅的拖期和不可原谅的拖期，见表 8-11。前者的责任者是业主或咨询工程师，则承包商不仅可以得到工期延长，还可以得到经济补偿；若责任者不是业主，而是由于客观原因造成的拖期，承包商可以得到工期延长，但一般得不到经济补偿。而后者的责任者是承包商，例如由于功效不高、施工组织不好、设备资料不足等原因造成的工期延误，这种情况下承包商无法进行索赔。

工程进度的延误原因分类　　表 8-11

索赔原因	是否可原谅	拖延原因	处理原则	索赔结果
工程进度延误	可原谅的拖期	1. 修改设计 2. 施工条件变化 3. 业主原因拖期 4. 工程师原因拖期	可给予工期延长；可补偿经济损失	工期及经济索赔均成功
		1. 反常的天气 2. 工人罢工 3. 战争或内乱	可给予工期延长；不给予经济补偿	工期索赔成功，经济索赔不成功
	不可原谅的拖期	1. 工效不高 2. 施工组织不好 3. 设备材料不足	不延长工期； 不补偿损失； 承担工期延误损害赔偿费用	索赔失败，无权索赔

8.7.2 工期延长索赔的分析

干扰事件对工期的影响可通过原网络计划与可能状态的网络计划对比得到，分析的重点是两种状态的关键路线，基本思路为假设工程施工一直按原网络计划进行，现发生了一个或多个干扰事件，使网络中的某个或多个活动受到干扰，将干扰事件造成的影响代入原网络图中，重新进行网络分析，得到新工期，则新工期与原工期之差即为干扰事件对总工期的影响，即为工期索赔值。如果受干扰的活动为关键工序，则该活动的持续时间的延长即为总工期的延长值；如果受干扰的活动为非关键工序，受干扰后通过新的网络分析，仍在非关键线路上，则这个干扰事件对工期无影响，不能索赔工期；如果受干扰的活动为非关键工序，受干扰后通过新的网络分析，转化为关键工序，则可以索赔工期，且工期索赔值＝新的网络计划的总工期－原网络计划的总工期。

8.7.3 工期延长索赔的费用构成

工期延长索赔的费用构成见表 8-12。

工期延长索赔的费用构成 表 8-12

索赔原因	可能的费用项目	说明
工期延长	人工费的增加	包括工资上涨，现场停工、窝工造成的生产效率降低，不合理使用劳动力等损失
	材料费增加	因工期延长引起的材料价格上涨
	机械设备费增加	设备因延期引起的折旧费、保养费、进出场费或租赁费等
	现场管理费增加	包括现场管理人员的工资、津贴等，现场办公设施费、日常管理费支出等
	因工期延长出现通货膨胀使工程成本增加	
	相应保险费、保函费增加	
	分包商索赔	
	总部管理费分摊	
	推迟支付引起的兑换率损失	

8.7.4 索赔案例分析

（1）工期延长索赔

案例 1：我国某水电站工程的施工支洞，全长 303m，地质条件比较复杂，承包商在开挖过程中遇到了断层软弱带和一些溶洞；断层软弱带宽约 60m，给施工带来极大困难，承包商因此改变了投标报价文件中的施工方法，并经工程师同意，采用了边开挖、边衬砌的“新奥法”工艺施工，最终实际施工进度比原计划拖后了 4.5 个月，见图 8-6。

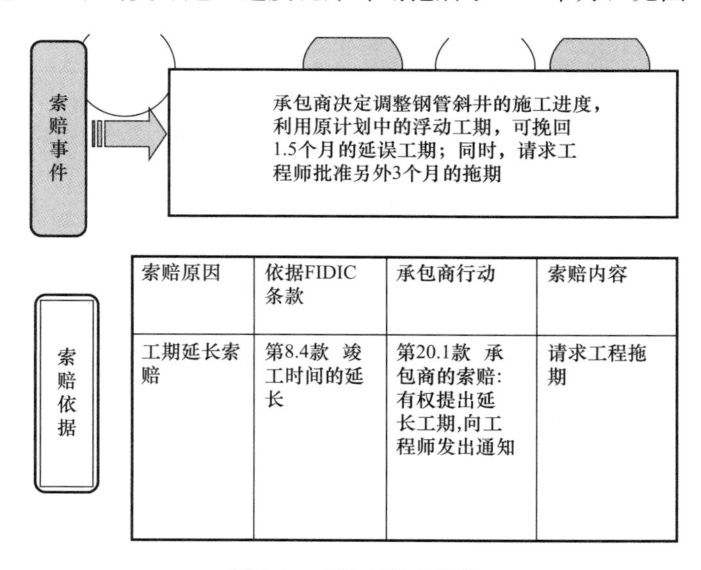

图 8-6 索赔事件和依据

索赔结果：

1）施工支洞开挖过程中出现的不良地质条件，超出了招标时所预期的断层软弱带的宽度，属于承包商不能够合理预见和控制的不利施工条件，并非承包商的失误或疏忽所致，故确认属于可原谅的拖期；

2）这一不利的施工条件，以及它所导致的工期延误，也不是业主及工程师所能预见和控制的，不是业主方面的错误，因此，此种工期延误属于可原谅、但不予补偿的延误；

3）根据以上分析，业主批准给承包商延长工期 90 天，但不进行经济补偿，即按投标文件中的施工单价和实际工程量向承包商进行施工进度款支付。

案例 2：某管道工程，采用固定总价合同，采用 FIDIC 施工合同条件，因业主不能按时提供施工现场；天气情况恶劣，阴雨连绵；工程师不能按期提供施工详图，施工中出现多次工程变更，以及其他影响施工效率和工期等一系列的事件，给承包商的工期和成本造成了很大影响，为此承包商提出延长工期和经济补偿的索赔要求。

索赔结果：

1）业主方面同意给承包商顺延工期 15 周，其中 10 周是由于超出合同范围的新增工程，5 周是由于业主拖交图纸及特别恶劣的天气条件；这 15 周是由于业主责任或者是业主风险造成的，因此承包商得到了工期延长及经济补偿；

2）对于业主不能按时提供施工现场，工程师认为中标通知书的日期不是提供施工现场的日期，也不是开工日期，不造成工期拖延，承包商同意此意见；

3）对于推迟开工 2 个月，因承包商在正式开工之前已经派两名人员进驻现场，形成了附加开支，经协商，工程师同意补偿这两人的人工费，共计 2540 元，见表 8-13。

索赔费用表 **表 8-13**

费用项目	索赔额（元）
推迟开工的人工费	2540
拖交图纸及特别恶劣的天气条件	13854
额外工程	35400
合计	51794

（2）由业主责任引发的索赔

案例 1：资料文件错误引起的索赔。

我国某水电站工程，通过国际竞争性招标，采用 FIDIC 合同条件，选定外国承包公司进行引水隧洞的施工。在招标文件中，列出了承包商进口材料和设备的工商统一税税率。但在施工过程中，工程所在地的税务部门根据我国税法规定，要求承包商交纳营业环节的工商统一税，该税率为承包合同结算额的 3.03%，是一笔相当大的数额，由于业主的招标文件中并没有包括此项税赋，所以外国承包公司在投标报价时也没有计算此项工商统一税。

索赔依据见表 8-14。

索赔依据 **表 8-14**

依据条款	索赔原因	承包商行为	索赔内容
文件的照管和提供	业主招标文件出现错误	将该缺陷或错误通知业主，如果此项缺陷或错误造成工程拖期以及导致发生费用，承包商可以提出索赔	1. 根据第 8.4 款（竣工时间的延长）的规定，就任何此类延误获得延长的工期，如果竣工时间已经或将要被延误。 2. 获得任何此类费用加上合理的利润，并将之加入到合同价格内

索赔结果：

1）承包商认为，业主的招标文件仅列出了进口工商统一税税率，而遗漏了营业工商统一税这一项内容，属于招标文件中的错误，因而向业主提出了索赔要求；承包商在向业主提出索赔的同时，按当地税务部门的规定，已交纳了 92 万元的营业税；

2）经工程师审查，业主单位编制招标文件的人员不熟悉中国的税法和税种，编写招标文件时并不了解有两个环节的工商统一税；经合同双方谈判协商，最终确定双方各承担50%，即对承包商已交纳的该种税款，由业主单位给予50%的补偿。

案例2：设计文件错误引起的索赔。

某城郊道路工程，包括跨河桥梁及跨路人行桥，合同价为4493600美元，工期2年。中标的承包商在标书中把工期缩短为1.5年，并以此编制了报价。但工程师仍认为合同工期2年有效。开工以后，工程师发现人行桥的设计有误，便指令承包商停止对人行桥的施工，并允诺在3周内提供修改后的施工图。而事实上，修改后的图纸在暂停施工6周后才交给承包商。为此承包商提出了工期和费用的索赔。

索赔结果：

1）工期索赔：考虑延期6周提供图纸、特别恶劣的天气以及工程师多次提出工程变更，故要求延长工期14周；

2）费用索赔：因修改人行桥设计，停工6周，造成设备窝工的损失6776美元。

（3）暂停施工引起的索赔

如果业主未能及时支付工程款，或者业主自身发生破产、暴乱等重大变化，或者工程师未能在规定时间内确认发证，那么承包商可以暂停施工，直到上述问题解决。承包商有权对暂停施工所带来的工期延误及费用增加提出索赔，见表8-15。

暂停施工索赔的费用构成　　表8-15

索赔原因	可能的费用项目	说明
工程中断	人工费增加	如留守员工工资，人员的遣返、招募，对工人的赔偿等
	机械费增加	设备停置费，额外进出场费，租赁机械的费用
	银行保函、保险费、银行手续费	
	贷款利息	
	总部管理费	
	其他额外费用	如停工、复工产生的额外费用及工地重新整理所产生的额外费用

案例：某承包商与业主签订了一座办公大楼的施工合同，可是在施工过程中，业主拖期支付4个月的工程款达400万元，承包商按照合同规定，向业主发出暂停施工的通知，将主体施工停了下来，只继续进行内间墙的砌筑，就此暂停施工，承包商向业主提出工期延长的索赔和由此造成的工人窝工费、机械闲置费以及增加的工地管理费和总部管理费等费用补偿的索赔。

索赔结果：经过协商，业主同意分期支付拖欠的款项，并且按照当时的商业银行贷款利率支付拖欠款项的利息，承包商恢复施工，继续履行合同。

（4）终止合同引起的索赔

终止合同的费用索赔见表8-16。

案例：某水利工程计划进行河道拓宽，并修建两座小型水坝，通过竞争性招标，业主于1990年11月与中标的承包公司签订了施工合同，合同额约4000万美元，合同工期2年；由于该河流上游是一个大湖泊，属于自然保护区，河道拓宽后会对生态环境造成不良影响，因此该国政府及有关人员要求终止此项工程，取消已签订的施工合同。

终止合同的费用索赔　　表 8-16

费用项目	说明	计算基础
人工费	遣散工人的费用，给工人的赔偿金，善后处理工作人员的费用	按实际损失计算
机械费	已交付的机械租金，为机械运行的一切物质准备的费用，机械作价处理损失（包括未提折旧），已交纳的保险费等	
材料费	已购材料和已订购材料的费用损失，材料作价处理损失	
其他附加费用	分包商索赔，已交纳的保险费、银行费用等，开办费和工地管理费损失	

索赔结果：业主国政府最终接受国际绿色和平组织的请愿，于 1991 年 1 月解除此水利工程施工合同，承包商对此提出了索赔，要求业主补偿已发生的所有费用，以及完成全部工程应得的利润，最终，业主赔偿了承包商的损失。

（5）设计图纸拖交引起的索赔

如果业主未能将必需的图纸或指示在合理的特定时间内发至承包商，以致工程发生延误或中断，承包商可以提出索赔。如果是由于承包商文件中的错误或延误造成的，承包商则无权提出索赔。

案例。船闸山体排水洞北坡二期工程共 4 条排水洞，合同总金额 1398 万元，总工期 18 个月，其中挖洞目标工期 N4 洞为 12 个月，N3 洞为 15 个月。工程于 1995 年 10 月 10 日开工，计划于 1997 年 4 月 10 日完工，实际完工时间为 1997 年 3 月 18 日，较合同要求提前 32 天完工。索赔结果：根据投标施工组织设计文件，排水孔施工详图提供的时间应为 1995 年 12 月底，但业主直至 1996 年 9 月 3 日才提交图纸，虽然这项拖延并没有给工程实际竣工时间带来拖延，但是却拖延了排水孔施工工序的时间。因此，施工单位据此提出索赔，索赔时间为 1996 年 1 月至 1996 年 9 月期间安排排水孔的施工时间 72 天。监理依据合同文件，确认索赔理由成立，同意索赔，并根据施工单位实际安排施工的时间，确认索赔从 1996 年 8 月 6 日起计算，审查同意顺延排水孔施工工序工期 29 天。

（6）拖期付款引起的索赔

工程合同条件对业主支付工程款均有一个时间上的规定。对于工程进度款，一般规定当工程师将经过审核签字的月结算单送交业主后，在 28 天（或 1 个月）内应由业主向承包商付款。对于索赔款，一般是一经确定，就在当月内如工程进度款那样及时予以支付。但是，在很多情况下，业主往往拖付工程进度款和索赔款，这时，承包商有权要求业主按拖付时间及一定的利率（合同文件规定的利率，或双方商定的利率）支付利息。

案例：某体育馆工程，建筑面积 5800m^2，施工期 1 年，承包合同价 485 万美元，按 FIDIC 合同条款实施。在工程进度款支付方面，业主拨款经常拖期，给承包商带来严重的经济损失，因此，承包商提出了经济索赔，在其经济索赔中，包括了拖延付款的利息。

索赔结果：由于业主拖延付款给承包商带来了严重的损失，故承包商无需正式通知或证明，有权得到应得付款和利息，并有权就未付款额按月计算复利，收取延期的利息，最终，业主同意承包商的索赔意见。

（7）加速施工引起的索赔

当可补偿的或可原谅的拖期出现时，如果业主要求工程按原工期完成，承包商就必须加速施工。承包商不得不投入更多的人力和设备，采用加班或倒班等措施压缩工期，这些赶工措施可能造成承包商大量的额外花费，为此承包商有权获得直接和间接的赶工补偿。为了有效地证明赶工索赔要求，承包商必须证明：承包商遭遇到一个可补偿的或可原谅的拖期，对于这一拖期，承包商及时通知了业主，要求工期延长，业主拒绝、搁置，或只同意承包商部分的工期延长要求；业主明确指令承包商按原工期完成项目；作为赶工的结果，承包商实际花费增加（损失）；承包商在规定的时间内，递交了书面的赶工损失补偿通知。采取加速措施时，承包商附加开支主要包括以下几个方面：

1）采购或租赁原施工组织设计中没有考虑的新的施工机械和有关设备；

2）增加施工的工人数量，或采取加班施工（每天两班制，甚至三班连续作业）；

3）增加建筑材料和生活物资供应量；

4）采取奖励制度提高劳动生产率；

5）工地管理费增加等。

案例1。美国某工程公司承包建设一栋大型办公楼。按原定施工计划，从基坑挖出的松土要倒运到需要填高的修车场。但在开工初期连降大雨，土壤过湿，无法采用这种施工方法。承包商多次发出书面通知，要求业主给予延长工期，以便土壤稍干后再按原计划实行以挖补填的施工方法。但业主不同意给予延长工期，坚持认为：在承包商提交来自“认可部门”（如美国气象局）的证明文件证明该气候确实是非常恶劣之前，业主不批准拖期。为了按期完成工程，承包商不得不在恶劣天气期间继续施工，从大楼基坑运走开挖出的湿土，再从别处运来干土填筑修车场。这样形成了计划外成本支出，因此承包商向业主提出索赔，要求补偿额外的成本开支。在承包商第一次提出延长工期要求后的第16个月，业主同意因大雨和湿土而延长工期，但拒绝向承包商补偿额外的成本开支，原因是在合同文件中并没有要求以挖补填的施工方法是唯一可行的。承包商认为，自己按业主要求进行了加速施工，蒙受了额外开支亏损，但业主不同意给予补偿，故提交仲裁。

索赔结果。

仲裁机关考察了以下实际情况。

1）承包商遇到了可原谅的拖期。承包商在恶劣天气条件下进行施工；业主最终亦批准了工期延长，即承认了气候条件特别恶劣这一事实。

2）业主未能在合理时间内批准工期延长。既然现场的每个人都知道土质过湿，不能用于回填，就没有必要要求来自“认可部门”的正式文件。

3）业主的行为已表明工期需要按计划完成。通过未及时批准延长工期等其他行为，业主有力地表达了希望按期完工的愿望，这实质上已经有效地指令承包商加速施工，按期建成工程，形成了可推定的加速施工指令。

4）承包商已形成加速施工的事实，并发生了额外成本。并且以挖补填法是本工程最合理的施工方法。

基于以上考虑，仲裁员同意承包商的申辩，要求业主向承包商补偿相应的额外成本开支。

案例2。某办公楼建设工程，首层为商店，开发商准备建成后出租，合同价位482144英镑，合同价格中管理费占12.5%，合同工期18个月，在工程施工中出现如下情况，使工程施工拖延：

1）开挖地下室时遇到了由于旧房遗留的基础引起的障碍；

2）发现了一些古井，由考古专家考证它们的价值产生拖延；

3）安装钢架过程中部分隔墙倒塌，同时为保护邻近的建筑而造成延误；

4）锅炉运输和安装的指定分包商违约；

5）地下室钢结构施工的图纸和指令拖延等。

索赔结果：由于上面所述干扰的发生，按合同规定承包商有延长工期的权力，若要按计划工期完成施工任务，承包商有权就加速施工向业主进行索赔，故业主方与承包方就加速施工按时完工进行了协商。

（8）工程范围变更引起的索赔

索赔成功案例

案例：美国某道路建设公司承包一条乡村公路的施工，合同规定公路长度 8015m，工期 10 个月，合同价 4818500 美元；

施工期间，业主要求在此公路上增建一条支路，通往距公路干线 700m 的一个农场。承包商认为，此系合同工作范围以外的额外工程，要求按实际费用法计算工程款，不同意按照中标文件的单价进行结算。

索赔结果：承包商对因工程范围变更导致合同价款的增加及造成的承包人损失向业主索赔，延误的工期相应顺延，承包商应按照变更程序执行每项变更并受每项变更的约束；价款的确定依据暂定金额进行变更，业主同意承包商的意见。

索赔失败案例

案例 1。在我国某工程中采用固定总价合同，合同条件规定，承包商若发现施工图中的任何错误和异常应及时通知业主代表。在技术规范中规定，从安全的要求出发，消防用水管道必须与电缆分开铺设；而在图纸上，将消防用水管道和电缆放到了一个管道沟中。承包商按图报价并施工，该项工程完成后，工程师拒绝验收，指令承包商按规范要求施工，重新铺设管道沟，并拒绝给承包商任何补偿，其理由是：

1）两种管道放在一个管道沟中极不安全，违反了工程规范；在工程中，一般规范（即本工程的说明）是优先于图纸的。

2）即使施工图上注明两种管道放在一个管道沟中，但这是一个设计错误，作为一个有经验的承包商应该能够发现这个常识性的错误；而且合同中规定，承包商若发现施工图中的任何错误和异常应及时通知业主代表，承包商没有遵守合同规定；所以对招标文件中发现的问题、错误、不一致，特别是施工图与规范之间的不一致，在投标前应向业主澄清，以获得正确的解释，否则承包商可能处于不利的地位。

案例 2：虽然发现了错误，但是好意变更却因操作规程不当，索赔失败。

在某桥梁工程中，承包商按照业主提供的地质勘察报告编制了施工方案，并投标报价。开标后业主向承包商发出了中标函。由于该承包商以前曾在本地区进行过桥梁工程的施工，按照以前的经验，他觉得业主提供的地质勘察报告不准确，实际地质条件可能复杂得多。所以在中标后进行详细的施工组织设计时，他修改了挖掘方案，为此增加了不少设备和材料费用。结果现场开挖完全证实了承包商的判断，承包商向业主提出了两种方案费用差别的索赔。但被业主否决，业主的理由是：按合同规定，施工方案是承包商应负的责任，他应保证施工方案的可用性、安全、稳定和效率。承包商变更施工方案是从他自己的责任角度出发的，不能给予赔偿。实质上，承包商的这种预见性为业主节约了大量的工期和费用。如果承包商不采取变更措施，施工中出现新的与招标文件不一样的地质条件，此时再变更施工方案，业主要承担工期延误及与它相关的费用赔偿、原方案费用和新方案费用的差额、低效率损失等。因为地质条件是一个有经验的承包商无法预见的。但由于该承包商行为不当，使自己处于一个非常不利的地位。如果要取得本索赔的成功，承包商应在变更施工方案前到现场挖一下，做一个简单的勘察，拿出地质条件复杂的证据，向业主提交报告，并建议作为不可预见的地质情况变更施工方案。而业主必定会慎重地考虑这个问题，并做出答复。这样无论业主同意或不同意变更施工方案，承包商的索赔地位都十分有利。

案例 3：项目经理缺乏签证索赔意识，造成建筑公司巨额损失。

某建筑公司承建上海某房地产公司的一个 10 万 m^2 的高层住宅工程，合同约定的开工时间为 2019 年 1 月。该建筑公司按时进场施工，但进场后发现高层住宅工程所属施工范围内的居民楼尚未拆迁完毕，且开工面积只有 7 万 m^2。建筑公司只好分地块施工，由此造成了工期逾期 80 天及部分机械、人工损失。另外，在施工过程中增加了很多土方工程，但是由于项目经理张某缺乏签证索赔意识，在施工过程中没有及时向业主和监理提交签证单。工程竣工验收后，双方因工程款结算争议引发诉讼。在建筑公司提起支付工程款的请求的同时，业主也向法院反诉追究建筑公司的工期逾期责任，而建筑公司却没有相关证据证明逾期是由于业主的原因造成的，不得不承担赔偿责任，而且土方增加的工程款因没有签证单等证据，该诉讼请求也被法院予以驳回。

案例 4：延误工期被判赔 3000 万元，建筑商遭遇天价赔偿。

1998 年，武汉某房地产公司发包位于香港路与光华路交会处的一幢科技大楼和综合楼工程，武汉某建筑公司中标，并与房地产公司签订了合同。双方约定：工程由武汉某建筑公司承建，包干价 6000 万元，当年 6 月 18 日开工，科技大楼应于 1999 年 5 月 31 日竣工，综合楼应于 1999 年 2 月 15 日竣工。如承包人逾期竣工，逾期 1 个月以内处 35 万元罚款，逾期超过 1 个月，每日按合同价的 1‰承担违约金。

施工中，因发生了基坑塌方事故等多种原因，建筑公司被迫停工处理，两大楼最后分别于 2000 年 1 月 8 日和 2001 年 9 月竣工。2001 年 10 月，双方决算确认工程总价款为 6224 万元，开发商已支付 5020 万元，尚欠 1204 万元。

大楼交付后，双方为逾期竣工的违约责任发生纠纷。协商未成，开发商向湖北省高级人民法院提起诉讼，索赔 5280 万元。开庭期间，建筑商称设计变更、延期付款等开发商方的原因和基坑质量事故等因素造成延期，但因未能举出确切的证据，未被法院采信。

湖北省高级人民法院审理确认，建筑公司应承担相应的违约责任，法院扣除双方都认可的误工天数，最后判决建筑公司应支付逾期违约金 3032 万元，抵消开发商尚欠的工程余款，还应向开发商支付 1828 万元。建筑公司不服上诉，最高人民法院终审维持原判。

承揽工程项目的主要目的是获取经济收益，项目的经营管理自然也就围绕这一中心展开。任何一个有实力的承包商不仅应具备施工技术和施工能力上的优势，还应该具备很强的工程索赔能力。只有既能优化内部施工管理以降低施工成本，又善于运用工程索赔的手段减少损失的承包商，才能使自身的竞争力不断发展强大。从这个意义上说，能够成功地、合理地进行工程索赔的承包商，一定是综合经营管理水平比较高的承包商。

8.7.5　业主方的索赔管理

根据《建设工程施工合同（示范文本）》的规定，索赔应是双向的。承包人可以向发包人提出索赔，发包人也可以向承包人提出索赔，这是由承、发包双方平等的主体地位决定的。施工合同履行过程中，如果承包人未能按合同约定履行自己的各项义务或发生错误，给发包人造成经济损失，发包人可向承包人提出索赔。发包人向承包人索赔的主要内容是工程进度索赔和工程质量索赔。如果由于承包人的原因不能按照协议书约定的竣工日期或工程师同意顺延的工期竣工，或由于承包人的原因工程质量达不到协议书约定的质量标准，发包人都可能向承包人索赔，索赔的方式是发包人书面通知承包人并从应付给承包人的工程款额中扣除相应数额的款项。当承包人在工程进度和工程质量方面严重违约给发包人造成严重损失时，发包人甚至可以留置承包人在施工现场的材料和施工设备。而对承包商提出的损失索赔要求，业主有两种可能的处理途径：第一，就承包商施工质量存在的问题和拖延工期，业主可以向承包商提出反要求，这就是业主通常向承包商提出的反索赔，此项反索赔就是要求承包商承担修理工程缺陷的费用；第二，业主也可以对承包商提出的损失索赔要求进行批评，即按照双方认可的生产率和会计原则等事项，对索赔要求进行分析，这样能够很快地减少索赔款的数量。对业主方面来说，成为一个比较合理的和可以接受的款额。

1. 发包人索赔的特点

（1）索赔发生的频率较低，发包人对承包人的选择，一般都要经过直接或间接的考察和严格的招标投标筛选，在正常情况下，施工质量一般能达到要求。至于是否能够按照合同工期竣工的问题，一个单项工程只有一次。因此，只要承包人在施工技术和管理方面不出现大的失误，发包人向承包人提出的索赔一般不易发生。

（2）在索赔处理中，发包人处于主动地位，当发包人向承包人提出索赔时，只要发包人就索赔问题书面通知了承包人，就可以从应付工程款中扣款，甚至留置承包人的材料、设备补偿损失。

（3）发包人向承包人索赔的目的是按时获得满意的工程，发包人向承包人索赔的主要内容是工程进度索赔和工程质量索赔。工程进度索赔通常表现为由于承包人自身的原因导致施工活动不能按合同工期竣工时，发包人按合同规定扣除一定数额的款项；工程质量索赔通常表现为工程师要求承包人对有质量缺陷的产品进行修补，甚至返工。这两个方面索赔的目的是按时获得发包人满意的工程，而不是为了索赔费用。这和承包人向发包人索赔主要是为了自身的经济利益是不同的。

2. 业主可以向承包商提出索赔的内容

（1）拖延工期索赔

1）由于承包商的原因导致实际工程进度过于迟缓或者落后于制定的进度计划，承包商必须自行承担风险和费用来弥补进度延误，如果因此给业主带来附加费用支出，承包商必须向业主支付这些费用；

2）如果承包商未能在规定的竣工时间内完工应当视其为违约行为，应当向业主支付误期损害赔偿费；

3）如果承包商延误了竣工试验，并且又未在工程师规定的时间内进行竣工试验，业主及其代理人可以自行进行这些试验，试验的风险和费用由承包商来承担；

4）由于承包商的原因导致工程或分项工程未能通过竣工试验，业主可以要求减少合同价格，减少的金额应足以弥补竣工试验未通过的后果给业主带来的价值损失。

（2）工程质量缺陷索赔

1）由于承包商的原因导致工程质量产生缺陷，以及在工程质量的检验、修补过程中，业主为此承担了损失，则业主可根据合同条件得到付款或缺陷通知期限的延长；为确保工程质量，工程师会在工程施工中对工程质量进行一定的检验，工程师可以改变进行规定试验的位置或细节，或者指示承包商进行附加的试验，如果试验结果表明工程质量不符合要求，承包商应承担该变更试验的费用；

2）如果工程质量不符合要求，工程师可以拒收该工程并要求承包商修复，对该工程的拒收和重新试验如果使业主增加了费用，承包商应将该费用支付给业主；

3）承包商未能遵守工程师“修补工作”的指示，业主有权雇佣并付款给他人从事该项工作，承包商应向业主支付因其未履行指示而使业主支付的费用；

4）如果因为某项缺陷或损害达到使工程不能按原定的目的使用的程度，业主有权将该工程的缺陷通知期限延长；

5）如果承包商未能在业主及其代理人规定的时间内修补好缺陷或损害，此项修补工作应由承包商承担实施的费用；

6）若缺陷或损害在现场不能及时修复，经业主同意承包商可以移出有缺陷的工程，但承包商必须增加履约担保的金额或提供其他适宜的担保。

（3）经济担保的索赔（预付款担保反索赔和履约担保反索赔）

1）承包商未能及时交付工程款项（履约担保金额、保险费等）或未能履行其关于工程款项的任务，导致业主因此而受到损失，业主有权向承包商提出补偿的要求，例如承包商未能在商定或确定的时间内将履约担保金交给业主，业主可以向承包商提出索赔；

2）承包商未能提供充分的证据证明已将业主支付给指定分包商的款项付给指定分包商，此时承包商应将这部分款项还给业主；

3）如果承包商应付给业主的某种货币的数额超过了业主应付给承包商的该种货币的数额，业主可以从另付给承包商的其他货币的款项中收回该项差额；

4）由于承包商的原因导致业主终止合同，承包商应承担将现场设备及临时工程运走的风险和费用；

5）当承包商为投保方时，应按照合同规定及时支付，否则业主也可以向承包商进行索赔。

（4）其他

1）承包商未能按合同规定遵守使用法律来保障和保持业主免受损失和伤害；

2）承包商未能按合同规定保障和保持业主免受因承包商引起的不必要或不当的干扰造成的任何损失和伤害；

3）承包商应保障并保持使业主免受因货物运输引起的所有损失和伤害，并应支付因货物运输引起的所有索赔；

4）承包商有权因工程需要使用现场的电、水等其他服务，对此承包商应自担风险和费用，并且向业主支付这些服务的金额，否则业主可提出索赔；

5）承包商在施工过程中使用业主的设备，应向业主支付此项金额，否则业主可提出索赔。

3. 业主方的反索赔

施工合同履行过程中，如果发生干扰事件，承、发包双方都会进行合同分析。一方面，想在合同中找到对己方有利的条款，尽快追回在事件中所产生的损失；另一方面，又想在合同中找到对对方不利的条款，尽量推卸己方的责任，防止己方可能产生的经济损失。追回己方损失的手段称为索赔，防止和减少对方向己方提出索赔的手段称为反索赔。

（1）防止承包商提出索赔。自己严格履行合同中规定的各项义务，防止自己违约；如果在工程实施过程中发生了干扰事件，则应立即着手研究和分析合同依据，收集证据，为提出索赔或反击对方的索赔做好两手准备；体现积极防御策略的常用手段是先发制人，即首先向承包商提出索赔。

（2）反击或反驳承包商的索赔。反驳对方的索赔要求就是利用己方所掌握的事实资料及合同文件，证明对方的索赔报告事实不准确、索赔理由不充分、索赔计算不正确，以减轻或否定己方应负的责任，最终达到己方不受损失或少受损失的目的。常用的措施：抓住承包商的失误，直接向承包商提出索赔，以对抗或平衡承包商的索赔要求，达到最终解决索赔时互作让步或互不支付的目的。在双方都有责任的索赔事件中，如果掌握对方有不可推卸的责任，也可以用己方提出索赔来平衡对方的索赔要求。同时要注意索赔严格的时效性。《建设工程施工合同（示范文本）》中详细地规定了索赔的程序，一共有 4 个“28 天”的期限，特别重要的是“工程师在收到施工单位送交的索赔报告及有关资料后，于 28 天内给予答复，或要求施工单位进一步补充索赔理由和证据；工程师在收到施工单位送交的索赔报告和有关资料后 28 天内未予答复或未对施工单位做进一步要求，视为该项索赔已经认可”，要防止因未及时驳回而产生的推定成立的法律后果。

例如：1998 年 6 月，武汉某房地产公司与武汉某建筑公司经招标投标签订了一份《建筑安装工程合同》。合同约定：由武汉某建筑公司承建位于武汉市香港路与光华路交汇处的一幢科技大楼（B）和综合楼（C1、C2）；质量标准为合格；合同造价以包干价方式计价，双方约定合同包干价款为 6000 万元，其中单价包干造价为 1034.48 元/m^2；约定整体工程工期要求为 1998 年 6 月 18 日开工，1999 年 5 月 31 日竣工；其中 B 栋应于 1999 年 5 月 31 日竣工，C1、C2 栋应于 1999 年 2 月 15 日竣工；如承包人逾期竣工，逾期 1 个月以内处 35 万元罚款，逾期超过 1 个月，每日按合同价的 1‰承担违约金；合同还对工程款的支付进度及质量违约责任作了约定。

在工程的基础施工阶段发生了基坑塌方事故，研究加固和修复方案致使工程停工 237 天；施工过程中还发生了造成工期一再延误的许多事由。最后 C1、C2 栋的实际竣工日期为 2000 年 1 月 8 日，B 栋的实际竣工日期为 2001 年 9 月。2001 年 10 月 12 日，双方办理了工程决算确认总价款为 6224 万元，施工期间发包人已支付了 5020 万元，尚欠 1204 万元。

工程交付后，双方因是否应由承包人承担逾期竣工的违约责任发生争议。经协商不成，发包人于 2002 年 8 月 1 日向湖北省高级人民法院提起诉讼，请求承包人支付逾期违约金共 5280 万元。承包人以拖欠工程款为由提起反诉，请求发包人支付拖欠工程款 1204 万元，利息 263 万元。

一审法院经审理确认发包人在施工过程中已经支付工程款 5020 万元，尚欠承包人工程款计 1204 万元。同时法院对 C1、C2 栋工期延误 324 天，B 栋工期延误 811 天的原因进行审理，根据承包人提供的证据确认 C1、C2 栋可顺延工期 61 天，B 栋可顺延工期 136

天，而经上述核减后的逾期工期即C1、C2栋逾期263天及B栋逾期675天，认定应由承包人承担相应的违约责任。2003年10月31日，湖北省高级人民法院对本案做出一审判决，判决承包人应根据双方合同约定的日逾期违约金承担上述工程逾期竣工的违约责任，经计算承包人应承担的逾期违约金为3032万元。同时认为发包人未支付工程余款，系行使抗辩权而无需承担违约责任。判决承包人和发包人各自应向对方支付的款项相抵后，由承包人向发包人支付1828万元。

在接到施工单位的正式索赔报告后，要认真研究施工单位报送的索赔资料。首先在不确定责任归属的情况下，客观分析事件发生的原因，重温合同的有关条款，研究施工单位的索赔证据，并查阅他的同期记录。通过对事件的分析，监理工程师再依据合同条款划清责任界限，如有必要时还可以要求施工单位进一步提供补充资料。尤其是对施工单位与建设单位或监理工程师都负有一定责任的事件，更应划出各方应承担合同责任的比例。最后再审查施工单位提出的索赔补偿要求，剔除其中的不合理部分，核定自己计算的合理索赔款额和工期顺延天数。需要注意的是，在实际操作中，往往没有按照程序进行索赔，施工单位习惯采用向业主递交报告的形式，要求顺延工期、增加工程造价等，实质上是在索赔，但又没有明确是索赔意向通知还是索赔报告，如果业主没有及时予以回绝或要求进一步补充证据，一旦进入诉讼程序，仍然是业主方处于被动局面，因为已经错过了收集对己方有利证据的时机。

反索赔与索赔具有同等重要的地位，如果不能进行有效的反索赔，也就不可能进行有效的索赔。从这个意义上说，反索赔和索赔是不可分离的，索赔管理人员应该同时具备索赔和反索赔这两方面的能力，才能在工作中掌握主动权。反索赔的目的是防止和减少经济损失的发生，则它必然涉及防止对方提出索赔和反击对方的索赔两个方面的内容。要防止对方提出索赔，就必须严格按施工合同的规定办事，防止己方违约；而要反击对方的索赔，最重要的是反驳对方的索赔报告，找出理由和证据证明对方的索赔报告不符合事实或合同规定、索赔值的计算不准确，从而推卸或减轻己方的赔偿责任。

4. 反索赔的作用

（1）成功的反索赔能减少或防止经济损失。施工合同履行中，当对方提出索赔时，己方应认真分析事件发生的原因及有关资料和合同文件，减少己方的责任，以达到减少或否定对方索赔之目的。

（2）成功的反索赔能阻止对方提出索赔。索赔和反索赔是进攻和防守的关系，对于多次进攻都不能取胜，甚至惨遭失败的索赔方，必定会引起谨慎行事，不敢再盲目提出索赔，甚至放弃一些把握性不大、索赔额不高的索赔机会。

（3）成功的反索赔必然促进有效的索赔。由于工程施工中干扰事件的复杂性，往往承、发包双方都有责任，双方都有损失。分清责任的大小及损失的多少，又很少一开始就形成一致意见，所以，索赔中有反索赔，反索赔中又会有索赔。有经验的索赔管理人员可以通过审查对方的索赔报告，发现新的索赔机会，找到对方索赔的理由。

（4）成功的反索赔能增长管理人员士气，促进工作的开展。能攻善守的反索赔管理者能够巧妙地使用合同武器，系统地利用客观资料，变被动为主动，摆脱不利局面。从而使对方无法推卸应负的责任，找不到反驳的理由；使己方不仅减少损失，更会士气大振，促进工作的开展。

8.7.6 工程索赔的预防

（1）加强索赔的前瞻性预防。作为业主、监理工程师和承包商，都要借助自己的经验和有关规定，采取积极的措施防止可以预见的索赔事件的发生。如加强合同管理、加强前期准备工作、加强对设计方案的审查，等等。但如果索赔确实发生了，应积极采取措施把索赔费用控制在最小范围之内。

（2）在市场经济条件下，合同是约束甲乙双方经济行为的准绳。作为业主方的管理人员应注意全面、严格地履行合同。在签订合同之前应反复斟酌合同条款，注重合同文件文字的严密性，以防止在实施合同过程中因文字漏洞而造成索赔机会，从而导致额外投资。在设计管理方面应努力做到按合同规定索要设计图纸、资料，并要求设计单位提高设计质量，在条件允许的情况下引入设计竞争机制，提高设计服务质量。通过设计招标选择在信誉、设计水平、管理能力等方面较好的设计单位，尽可能地减少因设计原因增加工程造价的风险，提高设计后期服务质量。

（3）在物资供应方面，应做到按时、保质保量地供应设备和材料。尽量避免因材料供应的规格、型号、品种与图纸不符而造成材料代用。

（4）对于物价上涨可能引起的索赔，可以通过施工招标、采取将涨价作为风险一次包死的做法来加以防范，即在商签合同时，根据工期长短、市场物价走势的预测，双方商定一个风险费用给承包商，并在合同中规定建设期间国家、地方政府的政策性调价文件一律不再执行。项目部固定时间（每周或每半月）召开工程管理例会和商务管理例会，通过例会制度实现工程信息和商务信息对称，加强横向联系，对于合同外的工作内容，要及时完善变更、签证手续，力争单项索赔，避免总索赔现象发生。然而为了更好地处理好建设工程中的索赔问题，须从加强工程项目建设施工计划和施工合同管理、加强人员培训等方面入手，积极探索、实践。索赔属于经济补偿行为，而不是惩罚。索赔的损失结果与被索赔人的行为并不一定存在法律上的因果关系。索赔工作是承、发包双方之间经常发生的管理业务，是双方合作的方式，而不是对立。实践证明，索赔的健康开展对于培养和发展社会主义建设市场、促进建筑业的发展、提高工程建设的效益起着非常重要的作用：它有利于促进双方加强内部管理，严格履行合同，有助于双方提高管理素质，维护市场正常秩序；它有助于双方更快地熟悉国际惯例，熟练掌握索赔和处理索赔的方法与技巧；它有助于对外开放和对外工程承包的开展；它有助于转变政府职能，使双方依据合同和实际情况实事求是地协商工程造价和工期，从而使政府从烦琐的调整概算和协调双方关系等微观管理工作中解脱出来；它有助于工程造价的合理确定，可以把原来计入工程报价中的一些不可预见费用改为实际发生的损失支付，便于降低工程报价，使工程造价更符合实际。

但随着我国工程建设体制的改革，特别是建立社会主义市场经济的今天，工程建设日益走向市场，竞争日趋激烈，不仅出现了工程单位跨地区、跨系统、跨行业竞争承揽工程，而且引入了国际承包商参与国内工程建设。通过实践和总结，逐步意识到合同管理是改革和发展的必由之路，特别是正确认识国际工程的索赔，不仅使我们作为业主能管理好工程，维护好国家利益，而且有助于我们作为承包商在国际工程市场上通过正常的合同管理手段保护和争取自身的经济利益。

8.7.7 索赔的经验与教训

案例1：河南省某高速公路有限责任公司（以下称A公司）与北京市某建设公司（以下称B公司）建设工程合同纠纷上诉案。

2001年3月13日，双方签订一份工程建设施工合同，合同主要约定由B公司承建A公司某段高速公路AC-2合同段沥青混凝土路面工程，长约16.5km，合同工程造价为41577245元，工期150天，保险费由B公司承担。

合同通用条款第二条第一款约定各级监理工程师可以行使监理合同规定的和本合同规定的相应职权，但总监理工程师在行使确定费用增加额与确定索赔额等项规定的职权之前，应先取得A公司的专门批准。第五十三条第一款、第二款、第三款、第四款、第五款约定：假如B公司根据本合同中任何条款提出任何附加支付的索赔时，其应当在该索赔事件首次发生的21天之内将其索赔意向书提交监理工程师，并抄报A公司；索赔事件发生时，B公司应保存当时的记录，作为申请索赔的凭证。监理工程师在接到索赔意向书后，应先审查这些当时的记录，并可指示B公司进一步做好当时记录。在发出索赔意向书的21天内，B公司应送交监理工程师一份拟索赔数额的具体账目，并说明索赔所依据的理由，并在索赔事件终止后21天之内送出最后账目。B公司还应将报送监理工程师的全部账目的复印件送交A公司。如果B公司提出的索赔要求未能遵守上述规定，则其无权得到索赔；监理工程师应对B公司根据上述规定提供的索赔证据和详细账目进行认真审查核实，在与B公司协商并报A公司批准后，确定B公司有权得到全部或部分索赔款额。

合同签订后，B公司经施工，本案工程于2001年11月竣工。B公司提供的“××合字第（2000-008）号”监理工程师通知第一条载明：由于各合同工程进度严重滞后，经业主与有关合同段承包人协商、监理工程师同意，决定暂停已开始的工程索赔谈判及协商工作，以避免分散精力。第二条载明：本阶段，各承包人仍应按程序及合同要求继承开展对本标段已发生或正在发生索赔事件原始资料、记录等凭证的收集、整理、确认和申报工作，以备今后索赔工作的顺利进行。后因索赔问题诉至法院。

一审法院判决认为：关于B公司反诉中的各项工程索赔请求，从双方所签有关索赔事宜的协议内容看，主要包括两个方面。

（1）程序方面。包括索赔请求的及时提出，索赔理由及索赔资料依据的提交，工程监理部门的接受和审核，施工、监理、业主三方的协商和确认。

（2）实体方面应当符合损害赔偿的一般构成要件。就本案而言B公司应当举证证明A公司在合同履行中有侵害行为，其受到了财产损害。从B公司提供的“××合字第（2000-008）号”监理工程师通知的文意来看，该文件中明确界定“暂停已开始的工程索赔谈判及协商工作”，同时该通知又要求“各承包人仍应按程序及合同要求继续开展对本标段已发生和正在发生索赔事件原始资料、记录等凭证的收集、整理、确认和申报工作”。该通知并未对合同约定的索赔期限予以实质性变更，而只是暂时中止了索赔谈判及协商工作。原合同约定的关于索赔事件原始资料、记录等凭证的收集、整理、确认和申报等工作仍需如约进行；工程驻地监理陈某的职责是审批分项工程开工报告、施工方案和施工工艺，签发中间交工证书和计量支付证书，审查或签发上报的有关报表和资料。其本人无权签收或办理索赔事宜，由于其本人职责上的原因，其关于索赔事宜所签署的意见无合同依据，也无法律依据，故不具有法律效力。

所以就B公司提出索赔所负程序上的义务而言：

其一，其应当在索赔事件首次发生的21天之内将其索赔意向书提交有权受理的监理工程师，并抄报业主；

其二，其应保存事件发生当时的记录，作为申请索赔的凭证；

其三，在发出索赔意向书的21天内，其应向监理工程师送交拟索赔数额的具体账目，并说明索赔所依据的理由；如索赔事件具有连续性，其应送交继发的暂时账目和理由，并在此索赔事件终止后21天之内送出最后账目；其还应将全部账目的复印件送交业主；

其四，监理工程师对索赔款额的确认；显然，B公司的各项索赔意向书既未在合同约定的期限内提出，也未向有权受理索赔的机构提出，其索赔理由和索赔资料原始记录凭证也未及时如约抄送业主即A公司；其索赔请求所依据的事实理由及数额既未取得工程监理部门的确认，也未得到A公司的确认。

就B公司各项索赔请求所依据的合同上实体性要求而言，B公司提出索赔请求后工程监理部门有权予以确认；经工程监理部门审核确认后，业主即A公司可以要求复核或提出异议，也有权确认。确认既包括对索赔理由及所依据的事实的确认，也包括对索赔额的确认。由于本案所涉工程专业技术性强、涉及许多技术规范的使用，B公司的各项请求在未得到上述工程监理部门或业主A公司对其请求所依据的原因、事实、理由、赔偿标准确认的情况下，其将负有进一步举证的责任，以证明其主张的事实、理由及请求成立。

在诉讼中，B公司既未提供专业技术部门就此所做的权威鉴定，也未申请原审法院委托有关中介部门予以鉴定，其诉讼中所举证据不足以说明损害已实际发生，或所受损害应归责于A公司。故认定其请求成立的证据不足，不予支持。综上，法院判决：

一、B公司于本判决生效后10日内支付A公司欠款6137006元、保险费122635.18元、工程缺陷维修费89005元，共计6348646.18元；

二、A公司于本判决生效后10日内偿付B公司工程费用832141.80元；

三、上述一、二两项相互冲抵后，B公司于本判决生效后10日内偿付A公司欠款5516504.38元及利息（自2005年3月16日起至本判决履行完毕之日止，按同期银行贷款利率计息）；逾期履行加倍支付迟延履行期间的债务利息；

四、驳回B公司的其他诉讼请求；二审法院认为原审判决认定事实清晰，实体处理正确，应予维持。

案件分析。

（1）索赔应及时提出。合同索赔条款对索赔提起时间和程序的规定既不同于诉讼时效，也不同于除斥期间，但是，有约定从约定，如果建筑企业未按约定时间提出，法院或仲裁委往往会认为是建筑企业放弃了权利。

（2）法律顾问应提醒建筑企业经办人员，索赔材料应由合同约定或发包方指定的人签收。施工单位应明确索赔文件的提交对象以及监理、业主代表的职权范围，特别是对方的一些涉及索赔实质内容变化的通知，要看是否有书面文件及签章，不能人云亦云。

案例2：某集团第二工程有限公司（以下称A公司）诉四川省某高速公路建设指挥部案（以下称高速指挥部）。

原告A公司向成都市中级人民法院诉称：1999年1月6日，原告中标某高速公路IZ

合同段 K137＋710～K718＋638.11 段路基工程，并与被告签订了合同。合同签订后原告依约施工，该工程已于 2002 年 11 月 28 日通过竣工验收。在施工过程中，由于被告没有按合同约定办理永久占地征用、拆迁等事宜，因而造成了原告进场机械设备闲置、人员窝工损失达 3384913 元。

窝工事件发生后，原告向被告提出了索赔报告，经原告多次向被告索要该项损失，被告于 2005 年 3 月 21 日明确拒绝了原告的索赔请求。故此，原告要求被告赔偿停机及窝工损失 3384913 元及利息，并由被告承担本案的诉讼费用。

被告高速指挥部答辩称：承包人未按合同要求提供永久占地计划，承包人应自行承担永久占地征用不及时产生的窝工等损失；承包人没有严格遵守合同约定的索赔程序规定，未及时提出索赔意向，其索赔要求应不予受理。原、被告双方已按合同第 60 条的规定办理了《最终财务支付证书》，业主的责任已经终止，不再承担任何对承包人的赔偿或附加支付责任。

承包人于 2002 年 11 月 13 日向业主提交了一份《关于要求因征地拆迁造成停机、窝工费用的报告》，其后一直未再向业主主张过自己的权利，直到 2005 年 3 月 1 日承包人在业主催促其办理资料交接时才再次提出窝工费用的赔偿问题，业主于同月 21 日予以了拒绝，由此可见，原告的诉讼请求已经超过诉讼时效，依法应予以驳回。故请求驳回原告的诉讼请求。

反诉原告，高速指挥部反诉称：根据合同的规定，该合同工程总价为 36231913 元，于 1999 年 4 月 1 日开工，2000 年 11 月 30 日全面建成竣工，合同工程工期为 20 个月，如承包人未能在相应工期内完成该工程，应向发包人按每天 2.5 万元支付拖期违约金，拖期违约金的限额为合同价格的 10%。上述合同协议书签署后，该工程按期开工，但承包人未能在约定时间内完工。承包人的上述工期延误行为，严重损害了发包人的合法权益，故请求判令 A 公司向高速指挥部支付工期拖延违约金 3623191 元，并由 A 公司承担诉讼费用。反诉被告 A 公司提供的反诉反驳证据与其在本诉中提供的证据一致。

经审理查明：1999 年 1 月 6 日，A 公司中标某高速公路 IZ 合同段 K137＋710～K178＋638.11 段路基工程，并与高速指挥部签订了《四川省某高速公路项目合同》。合同约定，该合同工程总价为 36231913 元，工程于 1999 年 4 月 1 日正式开工，2000 年 11 月 30 日全面建成竣工，工期为 20 个月。双方在投标书附件中约定“拖期违约金”按每天 2.5 万元计算，拖期违约金不超过合同价格的 10%。

合同通用条件第 60.13 条规定：“在最后结账单和清账单收到 14 天之后，监理工程师应签发一份《最后支付证书》报业主审批并抄送给承包人，说明：(b) 在对业主以前所付的全部款额和业主根据合同规定应得的全部款项予以确认后，表明业主欠承包人的或承包人欠业主（视具体情况）的差额（如有）。”第 60.14 条规定：“业主对承包人由于履行合同或工程实施而产生的或与二者有关的任何问题或事情应不承担任何责任，除非承包人已在他的最后结账单中列入了索赔要求。”

成都市中级人民法院认为。

(1) A 公司与被告高速指挥部签订的《四川省某高速公路项目合同》是双方真实意思的表示，且不违反相关法律、法规的强制性规定，合同有效，双方均应按照合同的约定履行各自的义务。

（2）根据合同第60.13条和第60.14条的约定，监理工程师签发《最后支付证书》报业主审批并抄送给承包人后，即表明除《最后支付证书》所标明的差额以及已列入的索赔要求之外，双方均不再承担任何给付或赔偿义务。

2005年9月18日，监理工程组签发的《最终财务支付证书》中仅载明高速指挥部扣留1.5%的保留金待竣工审计后支付，并没有高速指挥部应向A公司支付停机、窝工费用的记录，也没有A公司应向高速指挥部支付拖期违约金的记录，更未列入相关的索赔要求。双方已在该《最终财务支付证书》上加盖公章予以认可，应当视为对除《最终财务支付证书》所记载的差额之外的其他所有索赔主张的放弃。

因此，A公司要求高速指挥部赔偿停机、窝工费用的主张，以及高速指挥部反诉要求A公司赔偿拖期违约金的主张，均不符合双方合同的约定，其主张不能成立，本院均不予支持。A公司提出本案中形成的《最终财务支付证书》不是合同中所约定的《最后支付证书》，对此本院认为，从文义上理解，“最后”与“最终”二词在汉语中具有完全相同的内涵，另一方面，双方签订的合同中既没有约定在形成《最后支付证书》之前还需要履行办理《最终财务支付证书》的程序，事实上也没有在签署《最终财务支付证书》之后又形成《最后支付证书》。因此，A公司提出的该意见不能成立，本院不予采纳。

（3）2002年11月13日，A公司向高速指挥部提交了一份报告，对于其因永久性占地问题造成的停机、窝工损失提起索赔。A公司未能提供证据证明其在此后的两年诉讼时效期限内向高速指挥部主张过该项权利。直到2005年3月旧高速指挥部向A公司要求其交验相关竣工资料后，A公司才又在回函中向高速指挥部提出停机、窝工费的索赔，但此时A公司的主张已经超过了诉讼时效期间。本案所涉工程于2002年11月28日就通过了竣工验收，A公司是否存在拖期完工的事实已经确定，高速指挥部直至本案诉讼时才提出对方支付拖期违约金的反诉主张，同样也超过了诉讼时效期间。基于以上理由，A公司和高速指挥部的主张均不能成立，其提出的诉讼请求依法应当予以驳回。

根据《中华人民共和国民事诉讼法》第一百二十八条、《中华人民共和国合同法》① 第八条、《中华人民共和国民法通则》①第一百三十五条及第一百三十七条之规定，判决如下：

（1）驳回A公司的诉讼请求；

（2）驳回高速指挥部的反诉请求。

本案本诉案件受理费26935元，其他诉讼费8080.50元，共计35015.50元，由A公司负担。反诉案件受理费28126元，其他诉讼费8438元，共计36564元，由高速指挥部负担。

案件分析。

本案施工合同发包人对索赔的约定相对示范文本比较特殊，合同通用条件第60.14条规定：“业主对承包人由于履行合同或工程实施而产生的或与二者有关的任何问题或事情应不承担任何责任，除非承包人已在他的最后结账单中列入了索赔要求。”

因此，成都市中级人民法院认为，监理工程组签发的《最终财务支付证书》中仅载明高速指挥部扣留1.5%的保留金待竣工审计后支付，并没有高速指挥部应向A公司支付停机、窝工费用的记录，也没有A公司应向高速指挥部支付拖期违约金的记录，更未列入相关的索赔要求。双方已在该《最终财务支付证书》上加盖公章予以认可，应当视为对除

① 现已被2021年1月1日起施行的《中华人民共和国民法典》取代。

《最终财务支付证书》所记载的差额之外的其他所有索赔主张的放弃。这说明企业在工程管理中对于索赔的特殊约定未予以充分重视。

施工企业要处理好索赔一定不可忽视监理工程师的作用，此外设计单位、业主的上级主管部门对业主施加影响，往往比同业主直接谈判更有效。承包商要同这些单位搞好关系，取得他们的同情和支持，并与业主沟通。利用分包同业主的奥妙关系从中斡旋、调停，能使索赔达到一个理想的效果。协商为上策，适可而止。记住索赔是过程，签证是结果。

9 施工项目质量管理

9.1 概述

在工程项目实施过程中，指挥和控制项目参与各方关于质量的相互协调的活动，是围绕着使工程项目满足质量要求，而开展的策划、组织、计划、实施、检查、监督和审核等所有管理活动的总和。它是工程项目的建设、勘察、设计、施工、监理等单位的共同职责，项目参与各方的项目经理必须调动与质量有关的所有人员的积极性，共同做好本职工作，才能完成项目质量管理的任务。我国现行国家标准《质量管理体系 基础和术语》GB/T 19000 关于质量的定义是：一组固有特性满足要求的程度。该定义理解为：质量不仅是指产品的质量，也包括产品生产过程的质量，还包括质量管理体系运行的质量；质量由一组固有特性来表征（所谓“固有特性”是指本来就有的、悠久的特性），这些固有特性是满足顾客和其他相关方要求的特性，以其满足要求的程度来衡量。工程质量是建筑市场竞争的关键，是强化施工企业管理的核心，是企业的生命。质量上，则企业兴；质量下，则企业衰。施工单位要建立施工质量保证体系，以建筑工程项目为基点，强化施工项目质量管理，建立施工质量保证体系，以提高工程项目管理质量和现场文明施工为前提来保证产品质量，努力实现合同质量目标，见图 9-1。

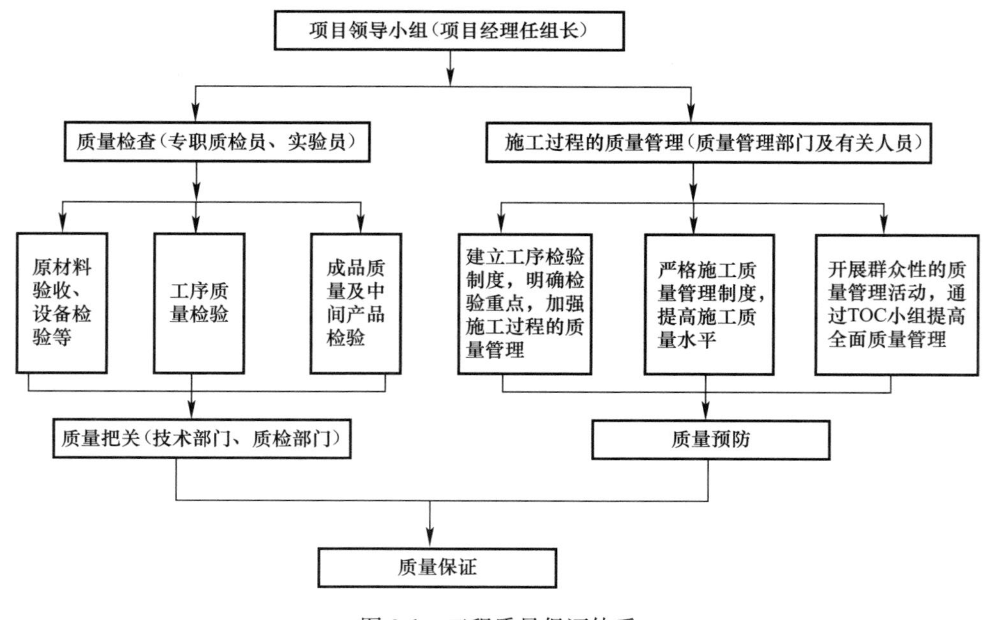

图 9-1 工程质量保证体系

“管理也是生产力”，管理因素在质量控制中举足轻重。建筑工程项目应建立严格的质量保证体系和质量责任制，明确各自责任。施工过程的各个环节要严格控制，各分部、分项工程均要全面实施到位管理。在实施全过程管理中首先要根据施工队伍自身情况和工程的特点及质量通病，确定质量目标和攻关内容。再结合质量目标和攻关内容编写施工组织设计，制定具体的质量保证计划和攻关措施，明确实施内容、方法和效果。例如模板支撑施工质量管理，模板材料方面的安全质量管理：模板材料宜选用钢材、胶合板、塑料等，模板支架宜选用钢材，其材料的材质应符合国家现行技术标准的规定；材料尺寸应能保证工程结构形体、几何尺寸和相互位置的准确性；应具有足够的强度、刚度和稳定性。模板安装方面的安全质量管理：模板及支架的支撑应有足够的支撑面积，防止因支撑面积不足或基土下陷，使模板及其支架失稳，造成事故；安装模板及其支架过程中，应当设置足够的临时固定设施以免倾覆。梁、板的模板安装应符合以下要求：

（1）当跨度大于 4m 时，模板应起拱，高度宜为长度的 1/3000～1/1000；

（2）侧模板厚度一般为 25mm，底模板厚度为 30～50mm；

（3）在梁的模板下每隔一定间距（800～1200mm）应用顶撑支顶；

（4）当梁高较大时，应在侧模外另加斜撑；

（5）梁模安装后应拉中心线检查、校正梁模的位置。梁的底模安装后，则应检查并调整其标高，将木楔钉牢在垫板上。各顶撑之间要加水平支撑或剪刀撑，保持顶撑的稳固。对于达到一定规模的模板工程，还应根据《危险性较大的分部分项工程安全管理规定》进行专家论证。

例如地下室防水工程质量管理：地下室防水工程是地基与基础分部工程的子分部工程。防水混凝土质量控制重点：原材料、配合比、坍落度；抗压强度和抗渗能力；变形缝、施工缝、后浇带、预埋件等的设置和构造。防水混凝土的原材料质量控制包括以下方面。

（1）水泥品种应按设计要求选择，强度等级不低于 32.5 级，不得使用过期或结块水泥。水泥应抗水性好、泌水性小、水化热低，并具有一定的抗侵蚀性。

（2）骨料石子采用碎石或卵石，粒径宜为 5～40mm，含泥量不得大于 1.0%，泥块含量不得大于 0.5%；砂宜用中砂，含泥量不得大于 3.0%，泥块含量不得大于 1.0%。

施工过程的质量控制包括以下方面。

（1）施工配合比应通过试验确定，抗渗等级应比设计要求提高一级。控制水泥用量不得少于 300kg/m^3，当掺有活性掺合料时，水泥用量不得少于 280kg/m^3。普通防水混凝土坍落度不宜大于 50mm，泵送时，入泵坍落度宜为 100～140mm。控制混凝土浇筑地点的坍落度试验，每工作班应不少于 2 次。

（2）浇筑时，振捣必须采用机械振捣，振捣时间宜为 10～30s，以开始泛浆、不冒泡为准，应避免漏振、欠振和过振。

（3）垂直施工缝浇灌前，应将其表面清理干净，可以先将基面凿毛，涂刷水泥净浆或混凝土界面处理剂，并及时浇灌混凝土。大体积混凝土的养护应采取相应的措施，防止因干缩、温差等原因产生裂缝等。

9.1.1 施工项目质量管理的内容

（1）认真贯彻国家和上级质量管理工作的方针、政策、法规和建筑施工技术标准、规范、规程及各项质量管理制度。例如组织人员进行国家规范的培训，增强员工的规范意识

（图 9-2）；建立施工项目质量挂牌制度和样板引路制度（图 9-3、图 9-4）。

图 9-2 员工培训

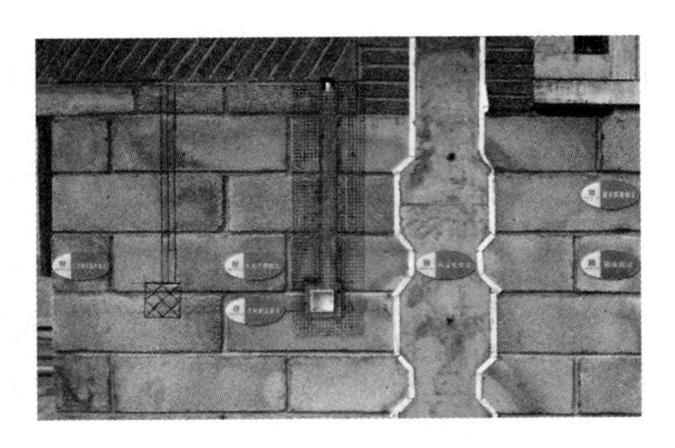

图 9-3 二次结构样板

图 9-4 钢筋和模板支撑样板

（2）提出明确的质量管理目标，建立一套完善的质量管理组织体系、质量管理工作程序。提出并编制工程项目的质量保证计划与方法措施。编制并组织实施工程项目质量计划，确定项目质量目标。项目质量计划由项目工程师编写，公司质量部、科技部审核，公司总工程师审批，包括以下主要内容：确定工程项目的质量目标。在施工过程中严格遵循施工技术规范及验收规范的规定，执行公司质量管理体系，优质、高效、安全、文明完成工程施工任务，确保工程达到质量目标——总体工程保证达到合格。分部工程一次检验合格率 100%。符合工程合同所确定的质量条款要求。单位工程观感质量的评定得分率达到 100%以上。依据工程项目的重要程度和工程项目可能达到的管理水平，确定工程项目预期达到的质量等级，例如合格、优良或省、市、部优质工程等，见表 9-1、表 9-2。

工程质量目标分解表 **表 9-1**

序号	分部工程	主要分项工程	优良率
1	地基与基础工程	钢筋工程	＞92%
		混凝土工程	＞90%
		钢筋焊接工程	＞100%
2	主体工程	钢筋工程	＞90%
		钢筋焊接工程	＞92%
		混凝土工程	＞92%
3	地面与楼面工程	基层分项	＞90%
		面层分项	＞92%
4	门窗工程	门窗安装	＞90%
5	装饰工程	内装饰工程	＞90%
		外墙装饰工程	＞90%
6	屋面工程	屋面基层	＞92%
		防水工程	＞95%

产品质量记录清单和责任管理表 表 9-2

记录名称	序号	记录内容	形成、管理责任人	备注
产品质量保证记录	1	钢材出厂合格证、钢材进场试验报告	材料员、试验员、钢筋工长	
	2	焊接试（检）验报告、焊条（剂）合格证； 焊工考试合格证	材料员、试验员、钢筋工长	
	3	水泥出厂合格证、水泥进场试验报告	材料员、试验员、混凝土工长	
	4	砖出厂合格证、砖进场试验报告	材料员、试验员、瓦工工长	
	5	防水材料出厂合格证、材料进场试验报告、防水工程质量检查验收记录	材料员、试验员	
	6	构件合格证、抽检试验报告	材料员、试验员、瓦工工长	
	7	混凝土试验报告、统计分析评定	材料员、试验员、混凝土工长	
	8	砂浆试块试验报告、统计分析评定	材料员、试验员、瓦工工长	
	9	土壤试验、打（试）桩记录、人工地基及各种桩的检测报告、地基工程的总体评价	材料员、试验员、项目工程师	
	10	地基验槽记录、隐蔽验收记录、沉降观测记录	项目工程师、钢筋工长、测量员	
	11	结构吊装、基础工程、主体结构分部验收记录	项目工程师、质量员	
产品过程检验记录	1	分部分项工程评定	质量员、各分项专业工长	
	2	工序交接检查记录	质量员、各专业工长、班组长	
	3	施工技术复核记录	项目工程师、质量员、工长	
	4	施工技术交底	项目工程师、各专业工长	
	5	建筑工程隐蔽验收记录	项目工程师、质量员、工长	
	6	建筑定线、验线证明书	项目工程师、质量员、测量员	
	7	建筑物定位记录	项目工程师、质量员、测量员	
	8	高程引测记录	项目工程师、质量员、测量员	
	9	工程测量定位放线成果报告	项目工程师、质量员、测量员	
	10	地基与基础及其他分部工程特殊处理记录	项目副经理、工长	
	11	冬、雨期施工技术措施	项目工程师、各专业工长	
	12	构件冬期施工测温记录	试验工	
	13	砂浆、混凝土计量台账	试验工	

(3) 组织施工图技术交底，审查施工分包单位制定的施工技术方案，提出优化或改进意见。检查设计变更和工程联系单的执行情况，负责处理施工过程中发生的技术问题，并报监理确认后实施。明确工程项目领导成员和职能部门（或人员）的职责、权限。

(4) 对施工工序质量进行控制；对工程材料、设备进行控制；对工程施工质量进行控制。负责处理工程质量事故，严格执行事故处理程序。确定工程项目从施工准备到竣工交付使用各阶段质量管理的要求，见图 9-5。

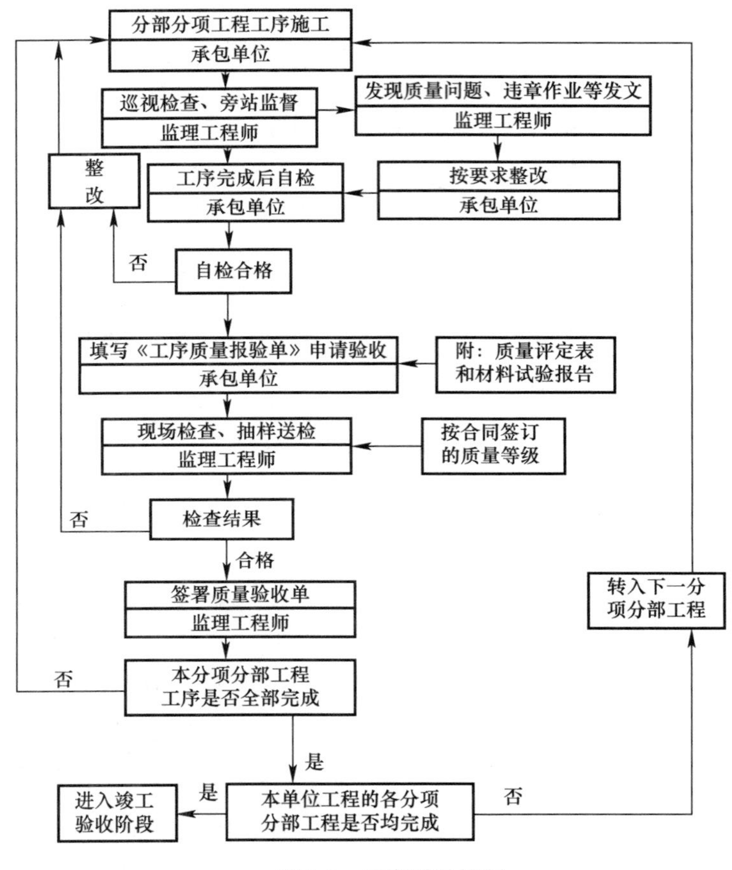

图 9-5　工序质量控制

9.1.2　施工项目质量管理的做法

(1) 抓项目质量管理，配好项目班子。项目经理是企业在项目上的全权代理人，是项目质量的第一责任人和质量形成过程的总指挥，除必须具备的政治素质外，还应懂技术、善经营、会管理，真正把质量放在第一位、努力抓好质量管理、争取创建名牌工程。项目班子由技术人员和管理人员组成，既是履行质量职能的骨干力量，又是执行质量计划实行全过程控制的实际工作者，选配项目班子要注重总体功能。

(2) 抓项目质量必须注重质量保证体系覆盖工程施工的全过程，质量保证体系是实现质量保证所需的组织结构、程序、过程和资源。公司质量管理体系程序文件要覆盖工程质量形成的全过程并有效运行，要发挥总工程师和技术负责人的重要作用，建立以项目经理为第一责任人、总工程师全面负责、各级质量和技术管理部门实施的监管体系，经常通过监督检查、内审和管理评审等手段，对工程质量形成的全过程及其所有质量活动进行分析，有针对性地制定对策和改进措施，确保质量管理体系的有效运行。作为项目部层次的质量管理层，项目经理要在对公司质量方针目标提供保证的同时，还要依据合同对业主提供保证。必须建立以项目经理为核心、技术负责人为主、专职质量检查员、技术员、班组长及其兼职质量检查员组成的质量管理体系、控制网络，对施工现场的质量职能进行合理分配，健全和落实各项管理制度，形成分工明确、责任清楚的执行机制。在施工质量形成的全过程中，坚持高标准严要求，坚持“三检制”和隐蔽验收制度，每个分部、分项工程都严格按照国家工程质量检验评定标准进行质量评定。使施工现场事事、处处、时时、人人都严格按照质量管理制度和规范、规程办事，确保质量体系覆盖从工程开工到竣工验收的全过程，保证项目质量目标的实现。

（3）抓项目质量必须实行目标管理和质量预控，质量目标既要满足与业主签订的合同要求，又要满足公司质量计划的要求。比如有的工程与业主签订的合同质量等级为优良，而公司为满足市场需要确定其为创局、部级优质工程或创“国家级大奖”工程，那么该工程的最终质量目标就应定在局、部优质工程或“国家级大奖”工程上，按照这个质量目标进行全面质量管理设计。首先按照“分项保分部、分部保单位工程”的原则，把质量总目标进行层层分解，定出每一个分部、分项工程的质量目标。然后针对每个分项工程的技术要求和施工的难易程度，结合施工人员的技术水平和施工经验，确定质量管理和监控重点。

在每个分项工程施工前，写出详细的书面交底和质量保证措施，召集施工主要负责人及技术、质量管理人员和参加施工的所有人员进行交底，做到人人目标明确、职责清楚。对于新技术、新材料、新工艺和施工经验不足的分项工程，还应事先对人员进行培训。对质量控制的难点，组织群众性的 QC 小组活动进行攻关。

在施工质量管理中还要坚持“样板施工引路”，即在各分项工程全面施工前，首先组织技术熟练的操作工人进行样板施工，样板施工后及时总结，确认能达到质量目标和规范设计要求时，组织施工班组全体人员进行现场观摩，使各施工班组有直观的质量标准，进一步向班组做较深层次的技术交底，从而达到质量预控，少走弯路，一次成优，见图 9-6～图 9-11。

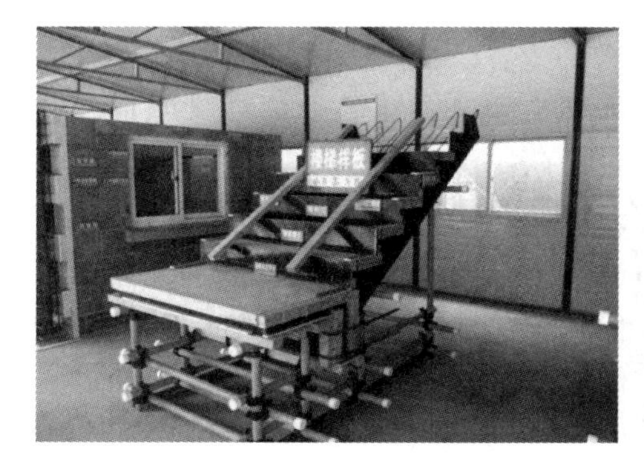

图 9-6　楼梯施工缝留置样板

图 9-7　楼梯踏步样板

图 9-8 二次结构样板

图 9-9 支撑体系样板

图 9-10 梁模板支撑样板

图 9-11 组织人员观摩

（4）抓项目质量必须安排好交叉作业，注重细部处理和成品保护。在施工中，往往是多工种、全方位交叉作业，管理难度大。俗话说“优不优看细部”，就说明细部施工阶段的施工质量对实现项目总质量目标是至关重要的。所谓“细部处理”，是一种习惯说法，它包含两层意思：“细部”一般是指大面积施工以外的细小部位、各分项工程接合部，不同材料、不同做法的交接处。例如预埋铁件、预留孔、面层等部位的质量，在规范和标准中难以用定量的方法进行描述。但这些部位都是影响观感质量的重要部位，是体现施工管理水平和操作技术的关键部位，这些细部做好能够对整个工程质量起到画龙点睛的效果。“处理”二字说明了这些部位设计一般无规定或规范要求不太明确，要靠现场施工管理者、操作者的经验和技术水平进行恰当的处置。在这一阶段，除各分项工程要精心组织、精心施工外，管理的重点应放在合理安排交叉作业、抓好细部处理和成品保护上。合理安排交叉作业，即要合理安排工序，解决好各分项工程施工的先后顺序，不影响施工质量；要合理安排时间和空间，保证各分项工程必要的技术间歇；要合理安排人力以保证工期。例如采取房间内先喷浆或喷涂而后安装灯具的施工顺序可防止喷浆污染及损坏灯具，先做顶棚、装修而后做地坪，也可避免顶棚及装修施工污染及损坏地坪，见图 9-12～图 9-16。

（5）建筑工程工序质量控制点的设定：工序质量控制点的选择和预控必须坚持“保证重点、确定关键、控制特殊、抓住薄弱”的设置原则。即：施工中的薄弱环节或质量易波动的工序或对象；对后续分项、分部工程质量或安全有重大影响的工序、部位；施工中的

图 9-12 水电套管细部构造

图 9-13 剪力墙采用定位梯

图 9-14 楼梯细部构造

图 9-15 电气接地细部处理

关键工序、隐蔽工程；采用新技术、新工艺、新材料和新结构的工程；施工时无足够把握或施工条件困难、技术难度大的工序。

（6）实施过程控制。在分部、分项工程施工中，确定质量管理点，组织质量管理小组，运用 PDCA 循环不断提高工程质量。PDCA 循环内容见表 9-3。

PDCA 循环是不断进行的，每循环一次，就解决一定的质量问题，实现一定的质量目标，使质量水平有所提高。

图 9-16 屋面细部构造

PDCA 循环内容 **表 9-3**

序号	阶段、任务	步骤	内容
1	计划阶段（Plan）：主要工作任务是制定质量管理目标、活动计划和管理项目的具体实施措施	第一步，分析现状，找出存在的质量问题	这一步要有重点地进行。首先，要分析企业范围内的质量通病，也就是工程质量的常见病和多发病。其次，要特别注意工程中的一些技术复杂、难度大、质量要求高的项目，以及新工艺、新结构、新材料等项目的质量分析。要依据大量数据和情报资料，用数据说话，用数理统计方法来分析、反映问题
		第二步，分析产生质量问题的原因和影响因素	召开有关人员和有关问题的分析会议，绘制因果分析图

续表

序号	阶段、任务	步骤	内容
1	计划阶段（Plan）：主要工作任务是制定质量管理目标、活动计划和管理项目的具体实施措施	第三步，从各种原因和影响因素中找出影响质量的主要原因或影响因素	其方法有两种：一是利用数理统计方法和图表；二是由有关工程技术人员、生产管理人员和工人讨论确定或用投票的方式确定
		第四步，针对影响质量的主要原因或因素，制定改善质量的技术组织措施，提出执行措施的计划，并预计效果	在进行这一步时要反复考虑明确回答以下5W1H的问题：①为什么要提出这样的计划、采取这样的措施？为什么要这样改进？回答采取措施的原因（Why）。②改进后要达到什么目的？有什么效果（What）？③改进措施在何处（哪道工序、哪个环节、哪个过程）执行（Where）？④计划和措施在什么时间执行和完成（When）？⑤由谁来执行和完成（Who）？⑥用什么方法怎样完成（How）
2	实施阶段（Do）：主要工作任务是按照第一阶段制定的计划和措施，组织各方面的力量分头去认真贯彻执行	第五步，即执行措施和计划	首先，要做好计划和措施的交底及落实。落实包括组织落实、技术落实和物资落实。有关人员还要经过训练、实习、考核达到要求后再执行计划。其次，要依靠质量体系，来保证质量计划的执行
3	检查阶段（Check）：主要工作任务是将实施效果与预期目标对比	第六步，检查效果、发现问题	检查执行的情况，看是否达到了预期效果，并提出哪些做对了、哪些还没达到要求、哪些有效果、哪些还没有效果，再进一步找出问题
4	处置阶段（Action）：主要工作任务是对检查结果进行总结和处理	第七步，总结经验、纳入标准	经过上一步检查后，明确有效果的措施，通过修订相应的工作文件、工艺规程以及各种质量管理的规章制度，把好的经验总结起来，把成绩巩固下来，防止问题再次发生
		第八步，把遗留问题转入下一个循环	为下一期计划提供数据资料和依据

计划：可以理解为施工质量计划阶段，明确目标并制定实现目标的行动方案。在施工质量计划阶段，现场施工管理组织应根据其任务目标和责任范围，建立施工质量控制的管理制度，对质量工作程序、技术方法、业务流程、资源配置、检验试验要求、质量记录方式、不合格处理、管理措施等内容，做出具体规定并形成相关文件。施工质量计划编成后，还需对其实现预期目标的可行性、循环效性、经济合理性等进行分析论证，并按规定的程序与权限经过审批后执行。

实施：包含两个环节，即计划行动方案的交底和按计划规定的方法与要求展开施工作业技术活动。计划行动方案交底的目的在于使具体的作业者和管理者，明确计划的意图和要求，掌握施工质量标准，从而规范作业和管理行为，正确执行计划的行动方案，步调一致地去努力实现预期的施工质量目标。

检查：指对计划实施过程进行各种检查，包括作业者的自检、互检和专职管理者的专检。各类检查也都包含两大方面：一是检查是否严格执行了计划的行动方案；实际条件是否发生了变化；没按计划执行的原因；二是检查计划执行的结果，即施工质量是否达到标准的要求，对此进行评价和确认。

处置：对于质量检查所发现的施工质量问题或质量不合格，及时进行原因分析，采取必要的措施予以纠正，保持施工质量的受控状态。处置分为纠偏处置和预防处置两个步骤，前者是采取应急措施，解决当前的质量问题和缺陷；后者是将信息反馈至管理部门，反思问题症结或计划时的不周，为今后类似问题的质量预防提供借鉴。另外还要做到动态控制，事中认真检查。把好隐蔽工程的签字验收关，发现质量隐患及时向施工单位提出、整改。在进行隐蔽工程验收时，首先要求施工单位自检合格，再由公司专职质检员核定等级并签字，并填写好验收表单递交监理。然后由监理工程师组织施工单位项目专业质量（技术）负责人等进行验收。现场检查复核原材料保证资料是否齐全，合格证、试验报告是否齐全，各层标高和轴线也要层层检查、严格验收。要求施工单位质检员签字不能只流于形式，要真正去检查验收，再由监理工程师检查。监理工程师发现问题及时以书面形式通知施工单位，不能口头讲，待施工单位处理或返工完后，还要进行复检，严格检查把关，保证质量。例如混凝土工程质量预控，见图 9-17。

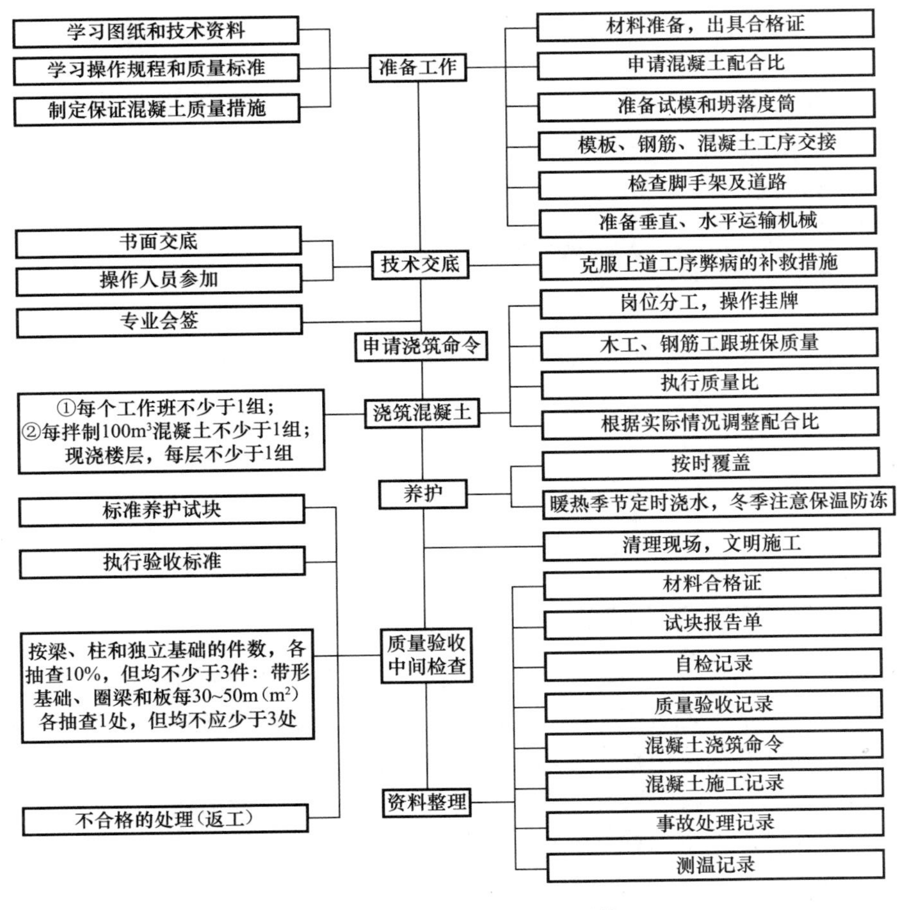

图 9-17　混凝土工程质量预控

（7）运行和建立质量档案，制定相关的运行质量监督机制。施工或安装过程可按分项、分部、单位工程建立相应的质量记录资料，在相应质量记录资料中应包含有关图纸图号、设计要求；质量自检资料，建立工程师验收资料；各工序作业的原始施工记录；检测及试验报告；材料、设备质量资料的编号、存放档案卷号；此外，质量记录资料还应包括不合格项的报告、通知以及处理和检查验收资料等。质量记录资料应在工程施工或安装开始前，由监理工程师和承包单位一起，根据建设单位的要求及工种竣工验收资料组卷归档的有关规定，研究列出各施工对象的质量资料清单。之后，随着工程施工的进展，承包单位应不断补充和填写关于材料、构配件及施工作业活动的内容，记录新的情况。当每一阶段施工或安装完成后，相应的质量记录资料也随之完成，并整理组卷。施工质量记录资料应真实、齐全、完整，相关各方人员的签字齐备、字迹清楚、结论明确，与施工过程的进展同步，见表 9-4。

监理整改通知单 **表 9-4**

工程名称：×××5 号楼

致：××××建设有限公司（施工单位） 经检查发现你单位施工的 负二层剪力墙 工程，存在质量问题。 内容： 1. 水平筋锚固不规范。 2. 有部分剪力墙位移。 3. 拉钩间距不符合要求。 4. 拉钩未做 135°弯钩。 5. 混凝土接槎未清理。 6. 墙纵筋、水平筋搭接不符合要求。 7. 电线管、铁盒没有跨接地线，铁盒、铁管未按规范处理。 8. 管进盒未封堵，管口未处理。 以上各项必须按照有关规定要求进行整改，并在整改完毕经自检合格后，报我单位复检。 监理工程师： 项目监理机构（章） ××年××月××日
施工单位签收人： 签收日期： 年 月 日

注：本表由监理单位填写，建设单位、施工单位、监理单位各存 1 份。

总之，施工项目的质量管理是一个系统工程，涉及公司管理的各个层次和施工现场的每一名操作工人，再加上建筑产品生产周期长、自然环境影响因素多等特点，决定了质量管理的难度大。因此必须运用现代管理的思想和方法，按照国际质量管理标准建立质量管理体系并保持有效运行，覆盖所有工程项目施工的全过程，才能保证工程质量水平不断提高，从而使公司在激烈的市场竞争中立于不败之地。

9.1.3 工程质量问题分析和处理

由于建筑工程工期较长、所用材料品种复杂，在施工过程中受社会环境和自然条件方面异常因素的影响，使工程质量问题表现形式千差万别，类型多种多样。这使得引起工程质量问题的成因也错综复杂，往往一项质量问题是由于多种原因引起的。工程质量问题一般分为工程质量缺陷、工程质量通病、工程质量事故。

（1）工程质量缺陷是指工程技术指标达不到标准允许的技术指标的现象，例如顶板保护层厚度过大等，见图 9-18、图 9-19。

图 9-18 钢筋保护层厚度过大

图 9-19 钢筋接头错误

（2）工程质量通病是指各类影响工程结构、使用功能和外形观感的常见性损伤，犹如“多发病”一样。例如基础不均匀下沉、墙下部产生裂缝，现浇钢筋混凝土工程出现蜂窝、麻面、露筋，墙面抹灰起壳、裂缝、起麻点和不平整，饰面板、饰面砖拼缝不严、不直、空鼓、脱落等，见图 9-20～图 9-23。

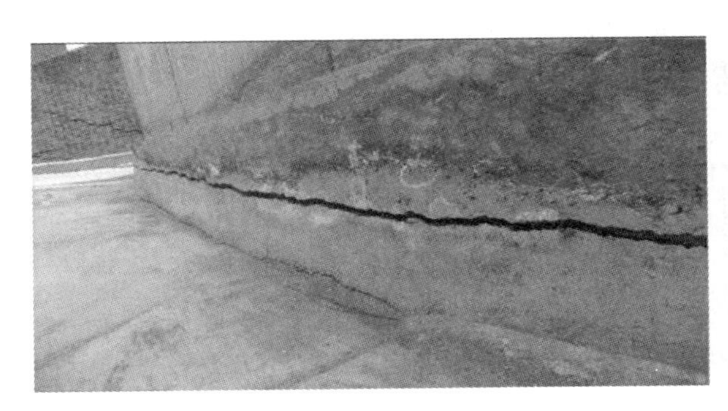

图 9-20 基础不均匀下沉

图 9-21 混凝土麻面

图 9-22 墙面抹灰起壳

图 9-23 饰面砖脱落

图 9-24 阳台倾覆

(3) 工程质量事故是指在工程建设过程中或交付使用后，对工程结构安全、使用功能和外形观感影响较大、损失较大的质量损伤。例如住宅阳台、雨棚倾覆，桥梁结构坍塌，大体积混凝土强度不足等，见图 9-24。

工程质量问题分析及处理措施：例如某单位在加工某大厦 1200mm×1200mm×60mm 的箱形柱时，在施焊过程中突然发现 60mm 作为腹板的厚板出现了撕裂现象，肉眼可见清晰的裂纹把板从厚度方向分成两半，经过 NDT 检测发现裂纹发生在 3mm 深度左右，同时对同一类型同一批号的另外几张板切割的零部件进行检测，发现板内存在分层，轧制质量不好是造成质量问题的主要原因。

原因分析：由于使用部位的特殊性，该零部件在构件中作为腹板使用，沿纵向上下方向焊接的零部件在焊接形式上开的全熔透坡口受力的劲板，由于板内部存在的分层，焊接产生的焊接应力向外释放从而沿厚度方向将板撕裂。可以根据实际情况采取以下几种措施进行处理。

(1) 钢材内部存在的分层属于钢厂本身在轧制过程中产生的质量问题，已经超过了国家标准规范的要求，可以要求钢厂派人来核实，同钢厂协商退货或换货处理。

(2) 如果分层数量较少可以征求技术部门和业主的意见，将信息反馈给钢厂，对出现的问题采取施工补救措施，可以根据无损检测的结果，在有问题的部位采用气刨全部刨开，刨开深度超过本身的深度，然后用等强度焊接材料进行填充，完毕后对表面进行处理，在规定的时间后进行 NDT 检测，同时对相同的构件取样进行理化检验，达到设计规范要求后可以继续使用。

(3) 在监理工程师的见证下将该零部件割掉，重新换上满足条件的板材，换下的零部件用于非承重和非重要部位或作为辅材使用，完成后在规定的时间后进行 NDT 检测，做好记录。

加工制作过程中较易发生质量问题且发生后处理起来很棘手的主要是特殊工序和重要工序。一般工序发生质量问题所占的比率很小。在上面的施工过程中，特殊工序有焊接、涂装，重要工序有放样下料、装配。

(1) 焊接工序。该工序属于隐蔽工序，也是最易发生质量问题的工序之一。某公司 2004 年的产品质量报表统计显示，发生该工序的质量问题中：因为焊接质量导致的焊缝返修率高达 80%以上，由于上道工序操作不当和操作人员的技术问题而导致的焊缝质量问题约占 10%。这些问题属于直接影响工程质量的主要问题，所以此类型的问题必须通过专业的检测公司运用专业的检测工具才可以检测、评判出来。一般根据焊缝内的缺陷类型分为夹渣、未熔合、气孔等。

(2) 涂装工序。该工序也属于隐蔽工序，对结构的影响小于对建筑功能的影响。也是较易发生质量问题的工序。该工序产生的质量问题主要表现在：构件表面的漆膜大面积脱落或局部脱落，构件表面的漆膜脱落产生流挂现象，漆膜的厚度不够，漆膜厚度分布不均，漆膜的色差较大。

（3）放样下料工序。该工序属于构件加工之前的龙头，其质量的好坏对下道工序存在着直接的影响，甚至导致下料的零部件全部报废，这种情况是很普遍的，所以在下料之前加强过程的质量监控是十分重要而且必要的。该工序产生的质量问题主要表现在：对于长条和薄板类型的零部件在切割中变形比较厉害；由于切割气体或者板材内部存在夹渣和成分分布不均匀而导致的切割面出现马牙纹、节瘤、割痕深度超标准；气割或锯切的零部件未考虑后续工序的收缩变形而导致的零部件尺寸超标；由于工艺文件编制的失误而导致的批量零部件报废；下料切割的尺寸严重超过了标准的要求。

（4）装配工序。该工序在构件的加工质量中占有重要的地位，其质量受上道工序的影响较大，所以在装配前加强过程的质量监控是非常重要的。该工序产生的质量问题主要表现在：装配的零部件位置错误，如 3450mm 装成 4350mm；零部件的使用错误，本来应该装配 2 号零部件，装配的却是 3 号零部件；零部件在正确位置上装配错误，如板上的 45mm 孔本来是朝外的，而实际把 45mm 零部件朝内装了；装配的零部件间隙超过规范和技术文件的要求，本来 3mm 的间隙现在为 7mm；有些零部件没有经过校正就进行装配，装配完成后已存在的变形没办法消除；操作工为图省事私自切割造成零件上孔位置尺寸超标；装焊区没有进行表面处理；由于图纸尺寸的错误造成装配错误。

9.1.4 施工质量管理的预控

（1）施工生产要素预控。施工生产要素通常是指人、材料、机械、技术（或施工方法）、环境和资金。其中资金是其他生产要素配置的条件。因此，施工管理的基本思路是通过施工生产要素的合理配置、优化组合和动态管理，以最经济合理的施工方案，在规定的工期内完成质量合格的施工任务，并获得预期的施工经营效益。由此可见，施工生产要素不仅影响工程质量，而且对施工管理其他目标的实现也有很大影响。

（2）施工人员预控。人是施工活动的主体，包括参与施工的各类作业人员和管理人员，他们的质量意识、生产技能、文化素养、生理体能、心理行为等方面的个体素质状况，以及经过合理组织充分发挥其潜在能力的群体素质状况，直接关系到施工质量的形成和控制。因此，施工企业应通过择优录用、加强思想教育及技能方面的教育培训，合理组织、严格考核，并辅以必要的激励机制，使施工人员的潜在能力得到最好的组合和充分的发挥，从而保证他们在质量控制过程中发挥生产主体的自控作用。施工总承包企业必须选派有资格、有能力的施工项目经理和管理人员，承担领导和组织施工管理的任务，并对分包商的资质和施工人员的资格进行考核，严格执行规定工种持证上岗制度。

（3）材料物资质量预控。原材料、半成品、结构件、工程用品、设备等施工材料物资，是施工过程的劳动对象，构成工程产品的物质实体，其质量是工程实体质量的组成部分。《建筑工程施工质量验收统一标准》GB 50300—2013 规定："建筑工程采用的主要材料、半成品、成品、建筑构配件、器具和设备应进行现场进场检验。凡涉及安全、节能、环境保护和主要使用功能的重要材料、产品，应按各专业工程施工规范、验收规范和设计文件等规定进行复验，并应经监理工程师检查认可。"因此，在施工作业之前必须对进场的材料物资进行严格的检查验收，做好使用前的质量把关和预控工作，保证投入使用的材料物资质量符合规定标准的要求，其主要内容包括：控制材料设备的性能与设计文件的要求相符性；控制材料设备的各项技术性能指标、检验测试指标与标准的要求相符性；控制材料设备进场验收程序及质量文件资料的齐全程度等；控制不合格材料设备的处理程序。不合格材料设备必须进行记录、标识，及时进行清退处理或指定专管，以防用错；不合格品不得用于工程。已建立质量管理体系的施工企业，施工现场材料设备质量控制，应按照质量程序文件规定，贯彻执行封样、采购、进场检验、抽样检测及质保资料提交等一系列明确规定的控制标准。

（4）施工技术方法预控。施工现场质量管理应有相应的施工技术标准，施工技术方法是实施施工技术标准的具体手段。施工技术方法包含施工技术方案、施工工艺和操作方法。如前所述，施工技术方案是工程施工组织设计或质量计划的核心内容，必须在全面施工准备阶段编审完成。在施工总体技术方案确定的前提下，各分部分项施工展开之前还必须结合具体施工条件进一步深化和进行具体操作方法的详细交底。尤其是在总、分包的情况下，总体施工方案由总包方制定，分包方负责具体实施，因此，总包方还必须对分包方进行施工总体方案的交底，使分包方正确理解并掌握具体的施工工艺和操作方法。

常见施工质量问题及预防措施如下。

（1）土方开挖工程中，基础超挖、基底未保护、施工顺序不合理、开挖尺寸不足、边坡过陡等问题。

预防措施。

1）根据结构基础图绘制基坑开挖基底标高图，经审核无误后方可使用。土方开挖过程中，特别是临近基底时，派专业测量人员控制开挖标高。

2）基坑开挖后尽量减少对基土的扰动，如基础不能及时施工时，应预留 30cm 土层不挖，待基础施工时再开挖。

3）开挖时应严格按施工方案规定的顺序进行，先从低处开挖，分层分段、依次进行，形成一定坡度，以利排水。

4）基底的开挖宽度和坡度，除考虑结构尺寸外，还应根据施工实际要求增加工作面宽度。

（2）大体积混凝土裂缝问题。

预防措施。

1）优化配合比设计，采用低水化热水泥，并掺加一定配比的外加剂和掺合料，同时采取措施降低混凝土的出机温度和入模温度。

2）混凝土浇筑应做到斜面分段分层浇筑、分层捣实，但又必须保证上下层混凝土在初凝之前结合好，不致形成施工冷缝，应采取二次振捣法。

3）在四周的外模上留设泌水孔，以使混凝土表面泌水排出，并用软轴泵排水。

4）混凝土浇筑到顶部，按标高用长刮尺刮平，在混凝土硬化前 1～2h 用木搓板反复搓压，直至表面密实，以消除混凝土表面龟裂。

5）混凝土浇筑完毕后，应及时覆盖保湿养护或蓄水养护，并进行测温监控，内外温差控制在 25℃以内。

（3）混凝土工程麻面、蜂窝、孔洞、漏浆、烂根，楼板面凸凹不平整。

预防措施。

1）在进行墙柱混凝土浇筑时，要严格控制下灰厚度（每层不超过 50cm）及混凝土振捣时间；为防止混凝土墙面气泡过多，应采用高频振捣棒振捣至气泡排除为止；遇钢筋较密的部位时，用细振捣棒振捣，以杜绝蜂窝、孔洞。

2）墙体支模前应在模板下口抹找平层，找平层嵌入模板不超过 1cm，保证下口严密；浇筑混凝土前先浇筑 5～10cm 同等级的混凝土水泥砂浆；混凝土坍落度要严格控制，防止混凝土离析；底部振捣应认真操作。

3）梁板混凝土浇筑方向应平行于次梁推进，并随打随抹；在墙柱钢筋上用红色油漆标注楼面＋0.5m 的标高，拉好控制线控制楼板标高，浇筑混凝土时用刮杠找平；混凝土浇筑 2～3h 后，用木抹子反复（至少 3 遍）搓平压实，当混凝土强度达到规定强度时方可上人。

（4）屋面工程找平层起砂、空鼓、开裂，屋面积水，防水层空鼓、渗漏。

预防措施。

1）找平层施工前，应将基层清理干净并洒水湿润，但不能用水浇透；施工时要抹压充分，尤其是屋面转角处、出屋面管根和埋件周围要认真操作，不能漏压；抹平压实后，浇水养护，不能过早上人踩踏。

2）打底找坡时要根据坡度要求拉线找坡贴灰饼，顺排水方向冲筋，在排水口、雨水口处找出泛水，保温层、防水层和面层施工时均要符合屋面坡度的要求。

3）防水层施工时要严格控制基层含水率，并在后续工序的施工中加强检查，严格执行工艺规程，认真操作，空鼓和渗漏可以得到有效控制。

工程质量是工程建设的核心，是一切工程项目的生命线。工程质量的优劣，直接关系到人民群众的切身利益，关系到社会和谐稳定的发展大局。确保建筑工程质量，不仅是建设问题、经济问题，也是民生问题。要切实增强做好工程质量的责任感和紧迫感，全面提升建筑工程质量水平，努力把建筑工程质量水平提升到一个新高度，建立健全管理制度、责任制度，推动建筑工程质量不断提高。

9.2 施工项目质量管理的机构与职责

9.2.1 施工项目质量管理的机构

建立以项目经理为组长，项目总工程师、现场专业施工经理和安装经理为副组长的质量管理组织结构，设置专职质检人员，明确各级管理职责，建立严格的考核制度，将经济效益与质量挂钩。施工项目质量管理必须选择适合本工程的管理机构组织形式，配好项目班子，项目经理是企业在项目上的全权代理人，是项目质量的第一责任人和质量形成过程的总指挥，因此，选好项目管理机构组织形式、配好项目班子是项目质量管理成败的关键，也是企业管理层的职责。在选配项目管理机构组织形式和项目班子时，应十分注重质量业绩，特别是计划创名牌工程的重点项目或开拓市场的第一个工程，选派项目经理要坚持“好钢用在刀刃上”的原则。还要做到质量监控事先预防，施工操作事前指导。主要做好以下两个方面的控制，第一是人的控制。要配备好“三大员”，即施工员、材料员、质检员，他们必须责任心强、坚持原则、业务熟练、经验丰富、有较强的预见性，有三大员的严格把关，项目经理就可以把更多的精力放到偶然性质量因素方面。此外是人员的使用。

工程施工与其他产业相比机械化程度低，大部分劳动靠人来完成，所以应发挥各自的特长，做到人尽其才。人的技术水平直接影响工程质量的水平，尤其对技术复杂、难度大的操作应由熟练工人去完成，必要时还应对他们的技术水平予以考核，实行持证上岗。对于新型施工工艺，要引入“样板工程”。第二是材料的控制。材料是工程施工的物质条件，材料供应及时可防止偷工减料。材料质量是工程质量的基础，材料质量不符合要求，工程质量也就不可能符合标准。所以加强材料的质量控制，是提高工程质量的重要保障。要求施工单位在人员配备、组织管理、检测程序、方法、手段等各个环节上加强管理，明确对材料的质量要求和技术标准。对用于工程的主要材料，进场必须具备正式的出厂合格证和材质化验单，如不具备或对检验证明有疑问时，应查明原因。材料检验和进场必须在监理工程师的见证监督下进行。项目管理组织机构见图 9-25。

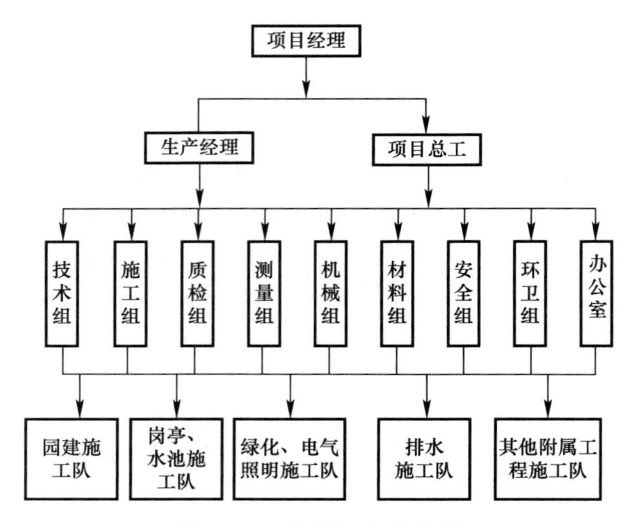

图 9-25　项目管理组织机构

9.2.2　施工项目质量管理职责分工

（1）项目经理职责：全面履行合同职责，保证合同承诺，确保项目质量目标的实现；贯彻公司质量方针、质量目标，对项目部工作人员进行职责再分解；开展对职工的质量意识教育，树立以顾客为中心的思想；加强对物资供应方、劳务供应方、工程供应方的控制，组织项目部进行考察、评定、选择、考核等活动；代表公司全面履行工程施工合同，负责制定各项目标和管理措施，协调项目部人员、资金和材料，宏观控制整个现场，确保合同的顺利履行及各项目标的实现。项目部组织机构见图 9-26。

例如项目经理通过定期或不定期与顾客见面的形式，了解顾客对产品的质量要求、施工工期要求及其他相关明确和隐含要求。项目经理将顾客要求及时向公司各相关职能部门传递，并将顾客要求进行分解，组织实施，最后向顾客和公司有关部门反馈实施结果。

（2）项目副经理：主要负责现场施工管理，抓材料、成本、预算，组织一线施工，具体实施项目部制定的生产指标；协助项目经理工作，处理各类事务。

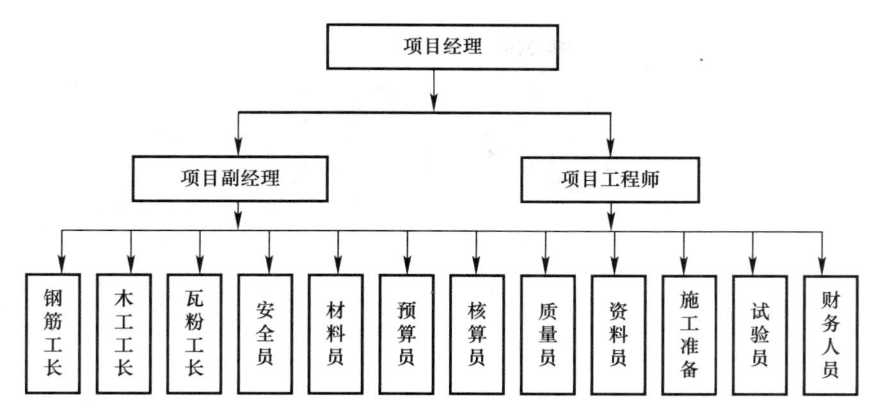

图 9-26 项目部组织机构

（3）项目工程师：负责技术管理工作，前期抓施工组织设计、施工方案等施工准备工作，以后将转为处理现场施工难题，进行技术交底，抓质检、试验及资料收集、整理工作；负责项目部新技术、新工艺、新材料的推广应用；负责项目技术管理工作，组织编制项目质量计划、施工组织设计、施工方案及施工技术交底。是项目部实施质量管理运行负责人，负责质量管理活动的策划、实施、检查和监督；负责不合格品的控制及分析，制定纠正和预防措施，并跟踪验证；负责项目部质量记录的策划、实施和检查；负责项目部质量目标的确定和分解；负责项目部检测设备的自检、周检、维护、保养，使其处于有效的使用状态。例如推广使用高效钢筋与预应力技术，HRB400 级钢筋的应用技术，粗直径钢筋直螺纹机械连接技术，有粘结预应力成套技术，膨胀聚苯薄抹灰外墙外保温体系等，见图 9-27～图 9-30。

图 9-27 HRB400 级钢筋

图 9-28 板钢筋直螺纹机械连接

图 9-29 预应力梁施工

（4）专职质量员：参与项目质量计划、施工组织设计、施工方案、技术交底的编制，提出质量改进意见；参加工程质量检查、核定，及时解决各类质量隐患；参与对采购物资的质量验证，防止不合格品投入使用；参与施工过程中的工程保修工作，进行质量验证；参与不合格品的控制，提出处理意见，并进行跟踪检查，见图 9-31。

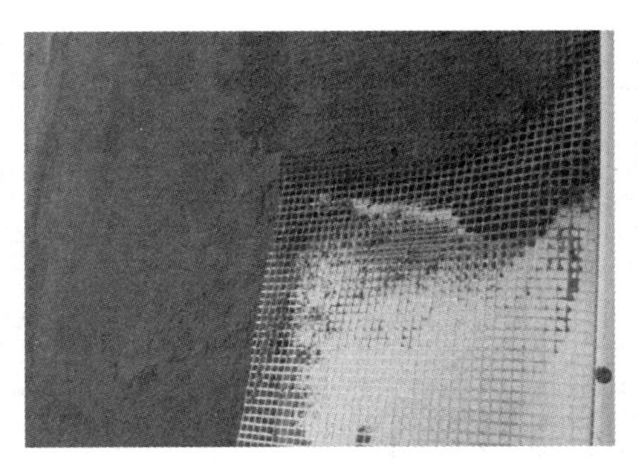

图 9-30 膨胀聚苯薄抹灰外墙外保温

图 9-31 质量员认真参与钢筋工程验收

9.3 工程施工质量管理计划及控制内容

9.3.1 工程施工质量管理计划的主要内容

在合同环境下，质量管理计划是企业向顾客表明质量管理方针、目标及其具体实现的方法、手段和措施的文件，体现企业对质量责任的承诺和实施的具体步骤。工程施工质量管理计划在工程项目的实施过程中是不可缺少的，必须把工程施工质量管理计划与施工组织设计结合起来，才能既适用于业主的质量保证，也适用于指导施工。编制工程施工质量管理计划也要对每一项提出相应的编制方法即步骤。工程施工质量管理计划的内容一般应包括以下几个方面。

（1）施工项目应达到的质量目标和要求，质量目标的分解。

（2）施工项目经理部的职责、权限和资源的具体分配。组织建设和制度建设是实现质量目标的重要保障，项目班子和管理人员建立起明确、严格的质量责任制，做到人人有责任是实现质量目标的前提。项目经理是企业法人在工程项目上的代表，是项目工程质量的第一责任人，对工程质量终身负责。项目经理部应根据工程规划、项目特点、施工组织、工程总进度计划和已建立的项目质量目标，建立由项目经理领导，由项目工程师策划、组织实施，现场施工员、质量员具体负责等项目管理的中间控制。因此项目经理应根据合同质量目标和按照企业《质量手册》的规定，建立项目部质量保证体系，绘制质量管理体系结构图并明确各岗位职责，见表 9-5。

工程岗位职责和范围 表 9-5

序号	管理岗位	责任人	职责与工作范围
1			
2			
3			
…			

（3）施工项目经理部实际运作各过程的步骤。

（4）实施中采用的程序、方法和指导书。

（5）有关施工阶段相适应的试验、检查、检验、验证和评审的要求和标准；桩基础承载力的静载和动载试验检测；基础及结构物的沉降检测；大体积混凝土施工的温控检测；建筑材料物理力学性能的试验检测；砂浆、混凝土试块的强度检测；供水、供气、供油管道的承压试验检测；涉及结构安全和使用功能的重要分部工程的抽样检测；室内装饰装修的环境和空气质量检测等。例如建筑工程用的防水材料如防水卷材、防水涂料、卷材胶粘剂、涂料胎体增强材料、密封材料及刚性防水材料等必须有出厂合格证和进场复验报告，各类防水材料进场复验项目必须符合表9-6的规定。

建筑防水材料进场复验项目 **表9-6**

序号	材料名称	现场抽样数量	外观质量检验	物理性能检验
1	沥青防水卷材	大于1000卷抽5卷，每500～1000卷抽4卷，100～499卷抽3卷，100卷以下抽2卷，进行规格尺寸和外观质量检验。在外观质量检验合格的卷材中，任取1卷作物理性能检验	孔洞、硌伤、露胎、涂盖不匀，折纹、皱折，裂口、缺边，每卷卷材的接头	纵向拉力，耐热度，柔度，不透水性
2	高聚物改性沥青防水卷材	同1	孔洞、缺边、裂口，边缘不整齐，胎体露白、未浸透，撒布材料粒度、颜色，每卷卷材的接头	拉力，最大拉力时延伸率，耐热度，低温柔度，不透水性
3	合成高分子防水卷材	同1	折痕，杂质，胶块，凹痕，每卷卷材的接头	断裂拉伸强度，扯断伸长率，低温弯折，不透水性
4	石油沥青	同一批至少抽1次	—	针入度，延度，软化点
5	沥青玛蹄脂	每工作班至少抽1次	—	耐热度，柔韧性，粘结力
6	高聚物改性沥青防水涂料	每10t为一批，不足10t按一批抽样	包装完好无损，且标明涂料名称、生产日期、生产厂名、产品有效期；无沉淀、凝胶、分层	固体含量，耐热度，柔性，不透水性，延伸率
7	合成高分子防水涂料	同6	包装完好无损，且标明涂料名称、生产日期、生产厂名、产品有效期	固体含量，拉伸强度，断裂延伸率，柔性，不透水性
8	胎体增强材料	每3000m² 为一批，不足3000m² 按一批抽样	均匀，无团状，平整，无折皱	拉力，延伸率
9	改性石油沥青密封材料	每2t为一批，不足2t按一批抽样	黑色均匀膏状，无结块和未浸透的填料	耐热度，低温柔性，拉伸粘结性，施工度
10	合成高分子密封材料	每1t为一批，不足1t按一批抽样	均匀膏状物，无结皮、凝胶或不易分散的固体团状	拉伸粘结性，柔性
11	平瓦	同一批至少抽1次	边缘整齐，表面光滑，不得有分层、裂纹、露砂	—

续表

序号	材料名称	现场抽样数量	外观质量检验	物理性能检验
12	油毡瓦	同一批至少抽1次	边缘整齐，切槽清晰，厚薄均匀，表面无孔洞、裂纹、折皱及起泡	耐热度，柔度
13	金属板材	同一批至少抽1次	边缘整齐，表面光滑，色泽均匀，外形规则，不得有扭翘、脱膜、锈蚀	—
14	高分子防水材料止水带	每月同标记的止水带产量为一批抽样	尺寸公差；开裂，缺胶，海绵状，中心孔偏心；凹痕，气泡，杂质，明疤	拉伸强度，扯断伸长率，撕裂强度
15	高分子防水材料遇水膨胀橡胶	每月同标记的膨胀橡胶产量为一批抽样	尺寸公差；开裂，缺胶，海绵状；凹痕，气泡，杂质，明疤	拉伸强度，扯断伸长率，体积膨胀率

工程施工质量检测试验必须贯彻执行国家有关见证取样送检的规定，技术负责人要向承担施工的负责人或分包人做好技术交底工作，技术交底资料要完善并符合设计规范要求，由项目总工审核签字。

（6）达到质量目标的测量方法。

（7）随施工项目的进展而更改和完善质量计划的程序。

（8）达到质量目标采用的其他措施。质量总目标及其分解目标：组织的质量目标建立后，应把质量目标体现到组织的相关职能和层次上，经过全员的参与，共同努力以达到质量目标要求。施工企业获得工程建设任务签订承包合同后，企业或授权的项目管理机构应依据企业质量方针和工程承包合同等确立本项目的工程建设质量总目标。工程建设质量总目标应当是对工程承包合同条款的承诺和企业管理水平的体现，例如某企业施工的一个项目的质量目标为“严格遵守《建设工程质量管理条例》及国家施工质量验收标准的规定，全部工程确保一次验收合格率达到100%，工程质量保证合格，争市优”。然而质量目标必须分解到与质量管理体系有关的各职能部门及层次中，相关职能部门和层次的员工都应把质量目标转化或展开为各自的工作任务。这样做，能增加质量目标的可操作性，有利于质量目标的具体落实和实现，见表9-7。

质量目标分解 **表9-7**

分部工程	质量目标	分项工程	主控项目质量目标	一般项目质量目标	质量验收记录质量目标
基础工程	合格	模板工程	符合GB 50204—2015	合格	完整
	合格	钢筋工程	符合GB 50204—2015	合格	完整
	合格	混凝土工程	符合GB 50204—2015	合格	完整
主体工程	合格	模板工程	符合GB 50204—2015	合格	完整
	合格	钢筋工程	符合GB 50204—2015	合格	完整
	合格	混凝土工程	符合GB 50204—2015	合格	完整
	合格	砌体工程	符合GB 50203—2011	合格	完整
屋面工程	合格	保温层	符合GB 50207—2012	合格	完整
	合格	找平层	符合GB 50207—2012	合格	完整
	合格	防水层	符合GB 50207—2012	合格	完整

续表

分部工程	质量目标	分项工程	主控项目质量目标	一般项目质量目标	质量验收记录质量目标
装饰工程	合格	护栏	符合 GB 50209—2010	合格	完整
	合格	外保温	符合 GB 50210—2018	合格	完整
	合格	楼地面工程	符合 GB 50210—2018	合格	完整
	合格	抹灰工程	符合 GB 50209—2010	合格	完整
	合格	油漆工程	符合 GB 50209—2010	合格	完整
	合格	涂料工程	符合 GB 50209—2010	合格	完整
	合格	门窗工程	符合 GB 50209—2010	合格	完整
	合格	玻璃工程	符合 GB 50209—2010	合格	完整

9.3.2 工程施工质量管理计划的编制要求

工程施工质量管理计划的编制应由项目经理主持，质量管理计划作为对外质量保证和对内质量保证控制的依据文件，应体现施工项目从分项工程、分部工程到单位工程的系统控制过程。同时也要体现从资源投入到完成工程质量最终检验和试验的全过程控制，工程施工质量管理计划的编制要求有以下几点。

（1）质量目标。质量目标一般由企业技术负责人、项目经理部管理层经认真分析施工项目特点、项目经理部情况及企业生产经营总目标后决定，其基本要求是施工项目竣工交付业主使用时，质量要达到合同范围内的全部工程的所有使用功能符合设计图纸要求，检验批、分部工程、分项工程、单位工程质量达到现行国家标准《建筑工程施工质量验收统一标准》GB 50300 的要求，合格率 100%。例如某单位工程其总体质量目标为“×××市优质工程”，承建该单位工程施工任务的×××建筑工程有限公司，将分解到一般抹灰工程的质量目标确定为“主控项目一次验收合格，一般项目允许偏差执行高级抹灰标准且一次合格率达到 100%，质量验收记录完整有效”。

（2）管理职责。工程施工质量管理计划应规定项目经理部管理人员及操作人员的岗位职责；项目经理是施工项目的最高负责人，对工程符合设计、质量验收标准及各阶段按期交工负责，以保证整个工程项目质量符合合同要求，项目经理可委托项目质量副经理负责工程施工质量管理计划和质量文件的实施及日常质量管理工作；项目生产副经理要对施工项目的施工进度负责，调配人力、物力保证按图纸和规范施工，协调同业主、分包商的关系，负责审核结果、整改措施和质量纠正措施的实施；施工队长、工长、测量员、实验员、计量员在项目质量副经理的直接指导下，负责所管部位和分项工程施工全过程的质量，使其符合图纸和规范的要求等。例如某工程质量员的岗位职责为：负责混凝土的过程实施和检查落实，配合进行施工工艺水平的完善和施工质量的持续改进工作；具体负责现场混凝土浇捣的组织工作，参加浇捣前的质量检查，负责完善混凝土浇筑令的签署，并组织实施混凝土养护及成品保护工作，重点检查混凝土施工质量，见图 9-32。

（3）资源提供。工程施工质量管理计划要规定项目经理部管理人员及操作人员的岗位任职标准及考核认定方法；规定施工项目人员流动的管理程序；规定施工项目人员进场培训的内容，并考核和记录；规定新技术、新结构、新设备的操作方法和操作人员的培训内

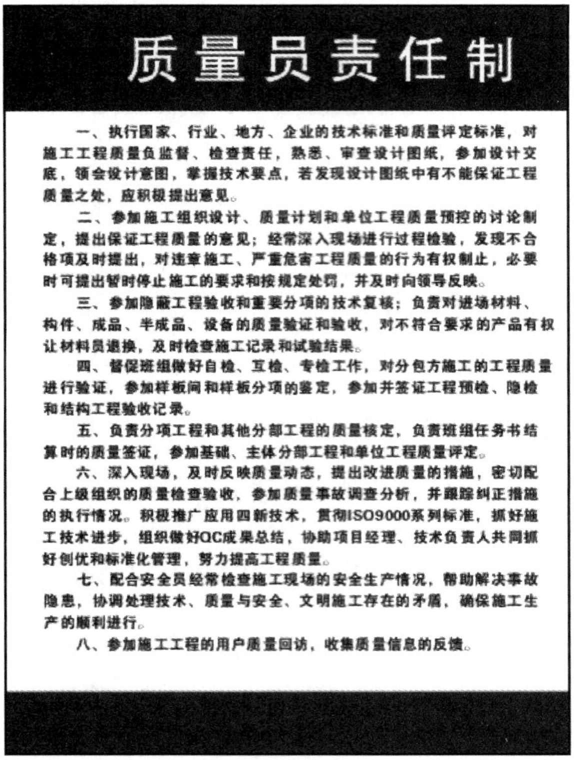

质量员责任制

一、执行国家、行业、地方、企业的技术标准和质量评定标准，对施工工程质量负监督、检查责任，熟悉、审查设计图纸，参加设计交底，领会设计意图，掌握技术要点，若发现设计图纸中有不能保证工程质量之处，应积极提出意见。

二、参加施工组织设计、质量计划和单位工程质量预控的讨论制定，提出保证工程质量的意见；经常深入现场进行过程检验，发现不合格项及时提出，对违章施工、严重危害工程质量的行为有权制止，必要时可提出暂时停止施工的要求和按规定处罚，并及时向领导反映。

三、参加隐蔽工程验收和重要分项的技术复核；负责对进场材料、构件、成品、半成品、设备的质量验证和验收，对不符合要求的产品有权让材料员退换，及时检查施工记录和试验结果。

四、督促班组做好自检、互检、专检工作，对分包方施工的工程质量进行验证，参加样板间和样板分项的鉴定，参加并签证工程预检、隐检和结构工程验收记录。

五、负责分项工程和其他分部工程的质量核定，负责班组任务书结算时的质量签证，参加基础、主体分部工程和单位工程质量评定。

六、深入现场，及时反映质量动态，提出改进质量的措施，密切配合上级组织的质量检查验收，参加质量事故调查分析，并跟踪纠正措施的执行情况。积极推广应用四新技术，贯彻ISO9000系列标准，抓好施工技术进步，组织做好QC成果总结，协助项目经理、技术负责人共同抓好创优和标准化管理，努力提高工程质量。

七、配合安全员经常检查施工现场的安全生产情况，帮助解决事故隐患，协调处理技术、质量与安全、文明施工存在的矛盾，确保施工生产的顺利进行。

八、参加施工工程的用户质量回访，收集质量信息的反馈。

图 9-32 质量员管理职责

容；规定施工项目所需的临时设施、支持性服务手段、施工设备及通信设施；规定为保证施工环境所需要提供的其他资源等。

（4）施工项目实现过程的策划。工程施工质量管理计划中要规定施工组织设计或专项项目质量计划的编制要点及接口关系；规定重要的施工过程技术交底的质量策划要求；规定新技术、新材料、新结构、新设备的策划要求；规定重要过程验收的准则或技艺评定方法。

（5）施工工艺过程控制。工程施工质量管理计划要对工程从合同签订到交付使用全过程的控制方法做出相应的规定，具体包括：施工项目的各种进度计划的过程识别和管理规定；施工项目实施全过程各阶段的控制方案、措施及特殊要求；施工项目实施过程需用的程序、作业指导书；隐蔽工程、特殊工程进行控制、检查、鉴定验收、中间交付的方法及人员上岗条件和要求等；施工项目实施过程需使用的主要施工机械设备、工具的技术和工作条件、运行方案等，其中模板施工工序质量控制见图 9-33。

（6）搬运、存储、包装、成品保护和交付过程的控制。工程施工质量管理计划要对搬运、存储、包装、成品保护和交付过程的控制方法做出相应的规定，具体包括：对施工项目实施过程所形成的分部工程、分项工程、单位工程的半成品、成品保护方案、措施、交接方式等内容的规定；对中间交付工程、竣工交付工程的收尾、维护、验收、后续工作处理方案、措施、方法的规定；对材料、构件、机械设备的运输、装卸、存放的控制方案、措施的规定等。

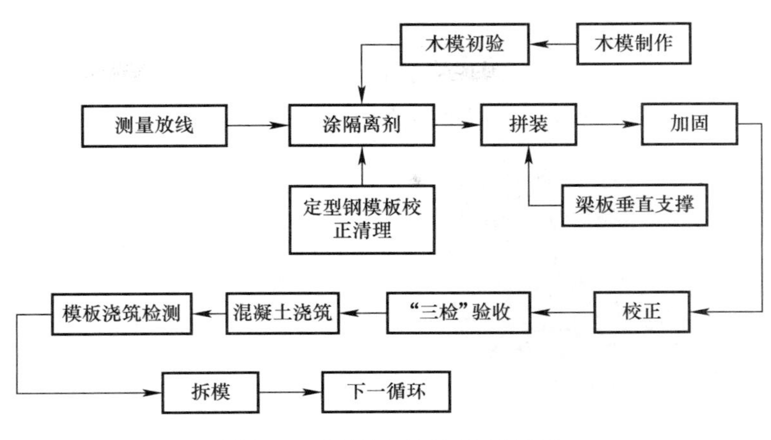

图 9-33　模板施工工序质量控制

（7）检验、试验和测量过程及设备的控制。工程施工质量管理计划要对施工项目上使用的所有检验、试验、测量和计量设备的控制、管理制度等做出相应的规定。例如混凝土回弹检测，见图 9-34。

图 9-34　混凝土回弹检测

（8）不合格品的控制。工程施工质量管理计划要编制分项工程、分部工程出现不合格品的补救方案和预防措施，规定合格品与不合格品之间的标识，并制定隔离措施。

（9）产品标识和可追溯性控制。隐蔽工程、分部分项工程质量验评、有特殊要求的工程等必须做可溯性记录，质量管理计划要对其可溯性范围、程序、标识、所需记录、如何控制和分发这些记录等内容做出规定。坐标控制点、标高控制点、编号、沉降观测点、安全标志、标牌等是工程重要的标识记录，质量管理计划要对这些标识的准确性控制措施、记录等内容做出规定，见图 9-35、图 9-36。

图 9-35　沉降观测点标识

图 9-36　钢筋材料标识

（10）安装和调试的过程控制。对于工程水、电、暖、机械设备等的安装、检测、调试、验评、交付、不合格的处置等内容规定方案、措施、方式。由于这些工作同土建施工交叉配合较多，因此对于交叉接口程序、验证哪些特性、交接验收、检测、试验设备要求、特殊要求等内容要作明确规定，以便各方面实施时遵循。

图 9-37 桩基静载试验

(11) 检验、试验和测量的过程控制。规定材料、构件、施工条件、结构形式、在什么条件、什么时间必须进行检验、试验、复验，以验证是否符合质量和设计要求，例如钢材进场必须进行型号、钢种、炉号、批量等内容的检验，不清楚时要取样试验或复验。对于必须进行状态检验和试验的内容，必须规定每个检验试验点所需检验、试验的特性、所采用程序、验收准则、必需的专用工具、技术人员资格、标识方式、记录等要求。例如结构的静载试验，见图 9-37。

9.3.3 工程施工质量控制依据

施工阶段进行质量控制的依据，大体上有以下 5 类。

(1) 工程施工承包合同及其相关合同：工程施工承包合同及其相关合同文件详细规定了工程项目参与各方在工程质量控制中的权利和义务，以及项目参与各方在工程施工活动中的责任等，例如《建设工程施工合同（示范文本）》GF-2017-0201、FIDIC《施工合同条件》等标准，施工承包合同文件均详细约定了发包人、承包人和工程师三者的权利和义务及其相互关系，制定了相关的质量控制条款，包括工程质量标准、隐蔽工程和中间验收、检查和返工、重新检验、竣工验收、工程试车、质量保证、材料设备供应等内容。

(2) 设计文件“按图施工”是施工阶段质量控制的一项重要原则，必须严格按照设计图纸和设计文件进行施工。在施工前，建设单位组织项目参与各方参加设计交底和图纸会审工作，充分了解设计意图和质量要求，发现图纸潜在的差错和遗漏，减少质量隐患。在施工过程中，应对比设计文件，认真检验和监督施工活动及施工效果。施工结束后，依据设计图纸评价施工成果时应满足设计标准和要求。

(3) 技术规范、规程和标准：技术规范、规程和标准属于工程施工承包合同文件的组成部分之一，我国工程项目施工一般选用我国相应的技术规范、规程和标准，例如《建筑地基基础工程施工质量验收标准》GB 50202—2018、《砌体结构工程施工质量验收规范》GB 50203—2011 等。

(4) 国家及政府有关部门颁布的有关质量管理方面的法律、法规性文件，例如《中华人民共和国建筑法》《建设工程质量管理条例》等。

(5) 建筑企业在不断的建设和发展中，为总结施工经验和推进技术创新，规范本单位的技术质量管理，往往会制定出一些符合企业自身特点的施工工法和企业标准，这些工法和标准也是进行质量控制的重要手段和依据。

9.3.4 工程施工质量管理的控制内容

工程项目质量控制是质量管理的一部分，是致力于质量要求的一系列相关的活动。质量控制是在明确的质量目标的条件下通过行为方案和资源配置的计划、实施、检查、监督来实现预期目标的过程。其目的是实现预期的质量目标，使产品满足质量要求，有效预防不合格产品的出现，质量控制应贯穿于产品形成的全过程。

工程施工质量管理的控制内容按工程实体质量形成过程的时间阶段划分为：施工准备质量控制、施工过程质量控制、竣工验收质量控制；按工程项目施工层次划分为：分项工程质量控制、分部工程质量控制、单位工程质量控制，见图 9-38。

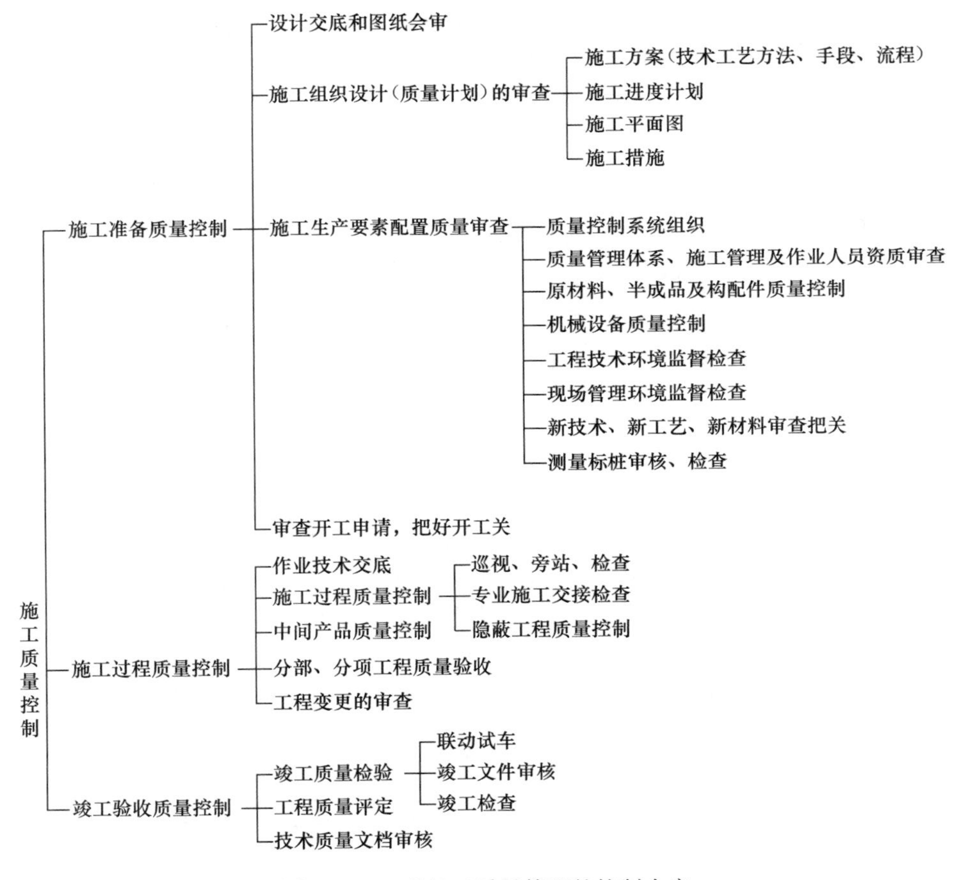

图 9-38 工程施工质量管理的控制内容

例如砌体工程施工质量控制。水泥进场使用前，应分批对其强度、安定性进行复验。检验批应以同一生产厂家、同一编号为一批，当在使用过程中对水泥质量有怀疑或水泥出厂超过 3 个月（快硬硅酸盐水泥超过 1 个月）时，应复查验收，并按其结果使用，不同品种的水泥不得混合使用；凡在砂浆中掺入有机塑化剂、早强剂、缓凝剂、防冻剂等，应经检验和试配符合要求后方可使用。有机塑化剂应有砌体强度的型式检验报告；砖和砂浆的强度等级必须符合设计要求，砖砌体的转角处和交接处应同时砌筑，严禁无可靠措施的内外墙分砌施工。对不能同时砌筑而又必须留置的临时间断处应砌成斜槎，斜槎水平投影长度不应小于高度的 2/3。施工时所用的小砌块的产品龄期不应小于 28 天，承重墙体严禁使用断裂小砌块，小砌块应底面朝上反砌于墙上。小砌块和砂浆的强度等级必须符合设计要求。构造柱、芯柱、组合砌体构件、配筋砌体剪力墙构件的混凝土或砂浆的强度等级应符合设计要求。钢筋的品种、规格和数量应符合设计要求。施工质量控制的基本环节：施工质量控制应贯彻全面、全员、全过程质量管理思想，运用动态控制原理，进行质量的事前控制、事中控制、事后控制，见图 9-39。

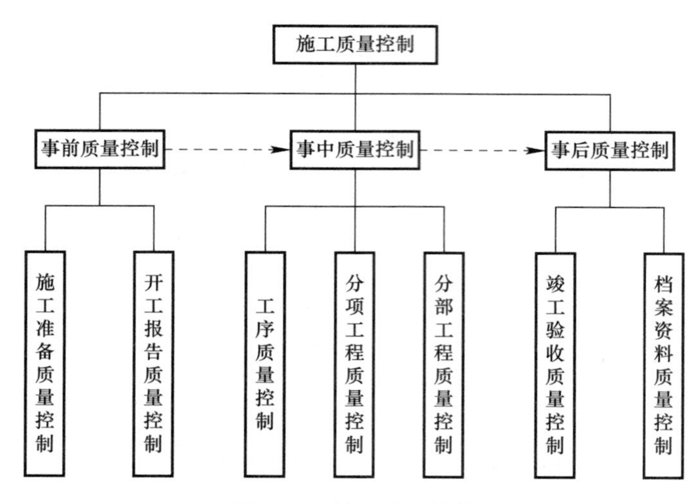

图 9-39 施工质量控制

（1）事前质量控制：即在正式施工前进行的事前主动质量控制，通过编制施工质量计划，明确质量目标，制定施工方案，设置质量管理点，落实质量责任，分析可能导致质量目标偏离的各种影响因素，针对这些影响因素制定有效的预防措施，防患于未然。事前质量控制要求针对质量控制对象的控制目标、活动条件、影响因素进行周密分析，找出薄弱环节，制定有效的控制措施和对策。例如根据建筑工程项目的坐落方位及占地面积，对施工项目所在地的自然条件和技术经济条件进行调查，选择施工技术与组织方案，并以此作为施工准备工作的依据。项目部有针对性地组织施工队伍及相关人员进行施工准备工作，充分发挥组织在技术和管理方面的整体优势，把长期形成的先进技术、管理方法和经验智慧创造性地应用于工程项目中。

对建筑工程项目所需的原材料质量进行事前控制，是建筑工程项目施工质量控制的基础。首先要求施工企业在人员配备、组织管理、检测方法及手段等各个环节加强管理，明确所需材料的质量要求和技术标准，尤其是加强对建筑工程项目关键材料如水泥、钢材等的控制。对于这些关键材料，要有相应的出厂合格证、质量检验报告、复验报告等，对于进口材料，还要有商检报告及化学成分分析报告，凡是没有产品合格证及检验不合格的材料不得进场，同时加强材料的使用认证，防止错用或使用不合格的材料，从而造成施工质量不合格情况的发生。

例如搞好设计交底和图纸会审工作。工程开工之前，需进行识图、审图，再进行图纸会审工作。在建筑工程项目开工之前，相关技术人员应认真细致地分析施工图纸，从有利于工程施工的角度和有利于保证建筑工程质量方面提出改进施工图意见。收集国家及当地政府有关部门颁布的有关质量管理方面的法律、法规文件及质量验收标准；明确工程建设参与各方的质量责任和义务，质量管理体系建立的要求、标准，质量问题处理的要求等，这些是进行质量控制的重要依据。

例如测量标桩、水准点、定位放线的复核。工程测量放线是建设工程产品由设计转化为实物的第一步。工程测量放线质量的好坏，直接决定工程的定位和标高是否正确，并且制约施工过程有关工序的质量。因此，施工单位必须对建设单位提供的原始坐标点、基准线和水准点等测量控制点进行复测，并将复测结果上报监理工程师审核，经批准后施工单位才能建立施工测量控制网，进行工程定位和标高基准的控制，见图9-40。

图9-40 坐标点技术复核

例如现场管理环境的监督检查和工程技术环境的监督检查。施工单位要合理、科学地规划使用好施工场地，保证施工现场的道路畅通、材料堆放合理、防洪排水能力良好、给水和供电设施充分、机械设备的安装布置正确。应制定施工场地质量管理制度，并做好施工现场的质量检查记录。

（2）事中质量控制：是指在施工质量形成过程中，对影响施工质量的各种因素进行全面的动态控制。事中质量控制也称作业活动过程质量控制。

施工单位自身的质量控制：首先，保证质量控制的自我检测系统能够发挥作用，自我控制是第一位的，即作业者在作业过程中对自己质量活动行为的约束和技术能力的发挥，以完成符合预定质量目标的作业任务，要求其在质量控制中保持良好的工作状态。其次，完善相关工序的质量控制，对于影响工序质量的因素，纳入质量控制范围；对重要的和复杂的建筑工程施工项目或者工序设立质量控制点，加强控制。

质量管理活动主体的自我控制和他人监控的控制方式：他人监控是对作业者的质量活动过程和结果，由企业内部管理者和企业外部有关方面进行监督检查，如监理机构、政府质量监督部门。事中质量控制的目标是确保工序质量合格，杜绝质量事故发生；控制的关键是坚持质量标准；控制的重点是工序质量、工作质量和质量控制点的控制，见表9-8、表9-9和图9-41。

关键工序质量评定表 **表9-8**

单位工程名称： 部位名称： 工序名称： 桩号位置： 管径： m

<table>
<tr><td colspan="3">主要工程数量</td><td colspan="18"></td></tr>
<tr><td>序号</td><td colspan="2">外观检查项目</td><td colspan="15">质量情况</td><td colspan="3">评定意见</td></tr>
<tr><td>1</td><td colspan="2"></td><td colspan="15"></td><td colspan="3" rowspan="3">符合规范要求</td></tr>
<tr><td>2</td><td colspan="2"></td><td colspan="15"></td></tr>
<tr><td>3</td><td colspan="2"></td><td colspan="15"></td></tr>
<tr><td rowspan="2">序号</td><td rowspan="2">检测项目</td><td rowspan="2">规定值或允许偏差（mm）</td><td colspan="15">实测值或实测偏差值</td><td rowspan="2">应检点数</td><td rowspan="2">合格点数</td><td rowspan="2">合格率（%）</td></tr>
<tr><td>1</td><td>2</td><td>3</td><td>4</td><td>5</td><td>6</td><td>7</td><td>8</td><td>9</td><td>10</td><td>11</td><td>12</td><td>13</td><td>14</td><td>15</td></tr>
<tr><td></td><td></td><td></td><td></td><td></td><td></td><td></td><td></td><td></td><td></td><td></td><td></td><td></td><td></td><td></td><td></td><td></td><td></td><td></td><td></td><td></td></tr>
</table>

续表

序号	检测项目	规定值或允许偏差（mm）	实测值或实测偏差值															应检点数	合格点数	合格率（%）
			1	2	3	4	5	6	7	8	9	10	11	12	13	14	15			
交方班组		接方班组				监理意见			签字：							平均合格率（%）				
																评定等级				

施工项目技术负责人：　　　　施工员：　　　　质检员：　　　　　　年　　月　　日

质量控制点　　　　**表 9-9**

序号	分部分项工程	质量控制点
1	工程测量定位	标准轴线桩、水平桩、定位轴线、标高、沉降检测
2	地基、基础	基坑（槽）尺寸、标高、土质、地耐力，垫层标高，基础位置，预留孔洞、预埋件位置和规格、数量
3	钢结构、网架	钢材品种、规格、质量，焊条、焊丝、焊剂、焊缝表面高度，焊缝探伤，高强度螺栓材质，螺孔定位
4	钢筋与混凝土工程	钢筋品种、规格、搭接长度、锚固长度、绑扎（焊接）位置、焊接情况，预埋件及预留孔洞位置、数量、复试情况。水泥品种、产地、强度等级、配合比、坍落度、外加剂、后台计量、体积安定性试验、出厂日期及合格证明、养护及养护时间，底板大体积混凝土浇筑工艺，温度测量，施工段划分，施工缝预留和清理
5	焊接	焊接条件、焊接工艺、钢筋连接形式，焊接长度、厚（宽）度，咬肉、夹渣、气孔
6	抹灰技术	材料配比，基层清理、凿毛、养护，抹灰厚度，平整度、垂直度、成活养护，防酸（腐）处理
7	吊顶工程	吊杆间距、直径、位置、焊接（锚固），顶内管线敷设和有压管线试压试验，龙骨规格，挂件规格、数量，楼（地）面铺装完成情况，面板材质及安装，检查口（孔）留置位置
8	门窗工程	门窗位置、尺寸、方正、翘曲、固定方法，铝合金（其他金属）门窗固定件规格、锚固方法，缝隙弹性连接时密封留缝槽宽（深）度，严密性、开关灵活性
9	防水工程（屋面、地下室、厕浴、蓄电池间等）	基层清理，找平层厚度、平整度、坡度，保温层厚度，接缝严密，平整度、铺贴卷材含水率、粘结，收口缝密封胶嵌填密实度，涂刷遍数及厚度，止水带（埂）预留高度、厚度，后浇带混凝土接茬处理，卷材（防水涂层）保护，加强层铺设，管洞处收头处理
10	暖、卫、给水排水、消防工程	管道位置、标高、坡度、垂直度，接头丝扣严密、紧固程度，水压试验、通球试验，自动喷洒位置、间距、安装、方向，水源位置、标高、安装（升温），排水系统满水试验，阀门安装、规格、数量

续表

序号	分部分项工程	质量控制点
11	通风与空调工程	冷冻机组安装、位置、标高，风管、风机盘管位置、标高、坡向、坡度、接头严密，管道保温，管道穿墙（板）留洞，预埋套管，阀门安装、规格、数量、位置，风机、空调无负荷试车
12	电器及电信安装工程	变配电设备安装位置、标高，线路连接正确，闸（盒）箱框、插座位置、标高、数量、牢固，绝缘连接及接地，管线敷设与焊接、线径及产品合格标志，灯具规格、数量
13	室内外装饰	饰面板规格、尺寸，接缝严密平整，骨架牢固，位置准确，油漆光亮平滑、色调一致、无流坠、皱皮，基层处理、平整，粘结牢固，缝隙嵌填密实，石（瓷）块材安装牢固，吸声、隔声保温装饰平整、牢固、接缝严密，幕墙安装，杆件规格，锚固件连接方法

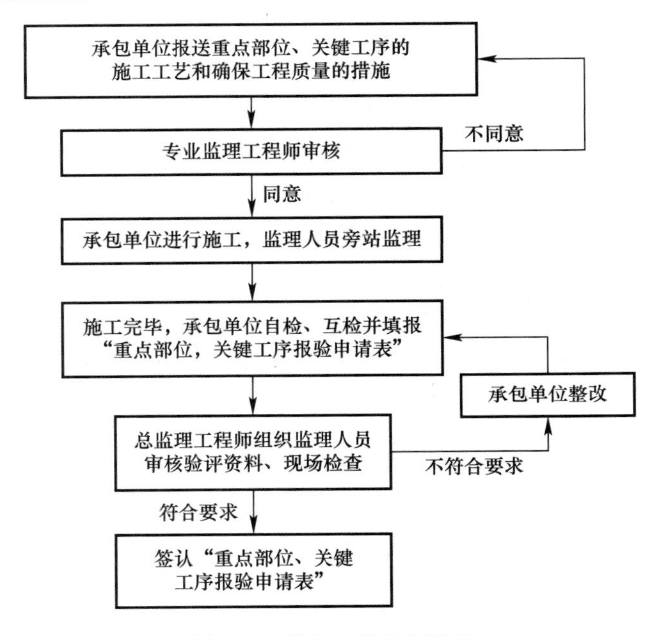

图 9-41 关键工序控制流程

例如预拌混凝土在质量管理中的难点及解决办法。混凝土在交货后坍落度的控制问题很难解决，“坍落度”是在预拌混凝土管理人员的口中出现频率最高的一个词，而对于混凝土的坍落度的控制问题也是这些管理人员比较头痛的一个问题。因为在某种条件下，混凝土拌合物的坍落度会影响混凝土的强度及工作性能，甚至影响整个建筑工程的质量。《混凝土泵送施工技术规程》JGJ/T 10—2011 第 3.2.3 条对不同泵送高度入泵时混凝土的坍落度给了一个选用值。而《预拌混凝土》GB/T 14902—2012 第 6.2 条对于混凝土坍落度实测值与合同规定的坍落度偏差也有一个明确的规定，当混凝土的坍落度要求大于或等于 100mm 时，可以有±30mm 的误差。预拌混凝土公司在混凝土出厂时，一般会根据水泥、掺合料、外加剂的性能，外加剂与水泥的适应性以及环境气温条件、结构部位、泵送高度等条件来控制坍落度大小，到达交货地点的坍落度一般均能控制在规范和合同要求的范围内。

预拌混凝土公司发到工地的混凝土坍落度在交货地点往往都在允许值的上限，而且还有很多时候远远超过了允许值。主要原因是预拌混凝土公司为了满足工地施工单位的要求，委曲求全。工地施工人员为了好施工，在浇筑一层梁板或基础底板这些部位时也要求混凝土坍落度在200mm以上，否则卸货的民工会因混凝土坍落度小就随意退货，要么就往混凝土搅拌运输车中加水。加水的结果是使混凝土的和易性变差，造成混凝土输送管道堵塞，即使浇筑到结构部位的混凝土，也因混凝土拌合物和易性变差或水灰比增大使混凝土结构表面出现裂缝、蜂窝、麻面或实体检测混凝土强度不够等问题。

解决办法：预拌商品混凝土到现场应检查配合比单，强度和部位是否对，坍落度检测是否符合要求，严禁到现场的预拌商品混凝土内加水，包括像商品混凝土运输车、泵送处、楼层浇捣部位。若出现商品混凝土坍落度小甚至不能泵送，采取退回或由商品混凝土厂家处理如加减水剂等措施或拉回厂里，确保进场的商品混凝土半成品质量。加强交流，混凝土公司应派人不定时地到工地，不一定是带着解决某个具体问题的目的而去，到工地后，除了观察本厂的混凝土的工作性能是否满足施工要求，了解工地情况外，最主要的是与工地相关人员进行交流，无论是管理人员、技术人员，还是具体操作的一线工人，在听取他们对混凝土或相关施工问题的看法的同时，要恰当地把自己所掌握的有关预拌混凝土的规范、规程和操作方法告诉他们，使对方能很好地使用本公司的产品，尽可能避免出现一些质量缺陷，造成扯皮的事情发生。对于一些不能按照规范、规程操作的施工单位，混凝土公司的有关人员需要耐心地与其施工管理人员、监理人员沟通，必要时用书面的形式，如工作联系函、建议或意见的方式来提醒他们。

例如钢筋工程质量管理控制点和质量保证措施，见表9-10。

进行质量跟踪监控控制。首先，应密切注意在施工准备阶段对影响工程质量因素所做的安排在施工过程中是否发生了不利于工程质量的变化。其次，严格检查工序间的交接。

钢筋工程质量控制点和质量保证措施　　表9-10

施工内容	质量控制点（项目）	质量保证措施
梁、板钢筋绑扎	防止钢筋污染	1. 顶板混凝土浇筑前，用特制钢筋套或塑料薄膜进行防污染保护 2. 及时清理个别被污染的钢筋上的混凝土浆及隔离剂
	柱插筋位置及数量	1. 加设定位筋 2. 全数检查柱插筋的位置及数量
	梁、柱接头钢筋密集区	1. 放大样 2. 钢筋排列位置合理，便于施工
	钢筋定位及保护层厚度	1. 底板采用混凝土垫块，其余采用塑料垫块 2. 底板使用钢筋马凳 3. 对于梁内双排及多排钢筋的情况，在两排钢筋间垫ϕ25的短钢筋
	预留洞口加强筋及位置	1. 绘制结构预留、预埋孔洞图，细化配筋，严禁随意切割 2. 大于200mm的楼板洞口钢筋必须一次配筋一次下料施工完成 3. 加强过程控制
钢筋绑扎	管理措施	1. 施工缝浮浆未清除干净不准绑钢筋 2. 钢筋污染清除不干净不准绑钢筋 3. 控制线、检查线、轴线未弹不准绑钢筋 4. 未检查钢筋位置不准绑钢筋 5. 偏位钢筋未调整不准绑钢筋 6. 接头错开位置未检查合格不准绑钢筋 7. 钢筋接头质量未检查合格不准绑钢筋

对于重要工序和主要工程，必须在规定的时间内进行检查，确认其达到相关质量要求后，才能进行下一道工序。在建筑工程项目施工过程中，对于重要的工程变更或者图纸修改，必须通过相应的审查，在组织有关方面研究、分析、讨论、确认后，才准许发布变更指令实施。

严格检查验收。第一，每个工序产品的检查和验收，应当按照规定进行相应的自检，在自检合格后向监理工程师提交质量验收通知单，监理工程师在收到通知后，在合同规定的时间内检查其工序质量，在确认其质量合格后，签发质量验收单，此时方可进入下道工序。第二，重要的材料、半成品、成品、建筑构配件、器具及设备应进行现场验收，凡涉及安全和使用功能的有关产品，应按各专业工程质量验收规范的规定进行复验，并应经监理工程师检查认可，见图 9-42～图 9-44。

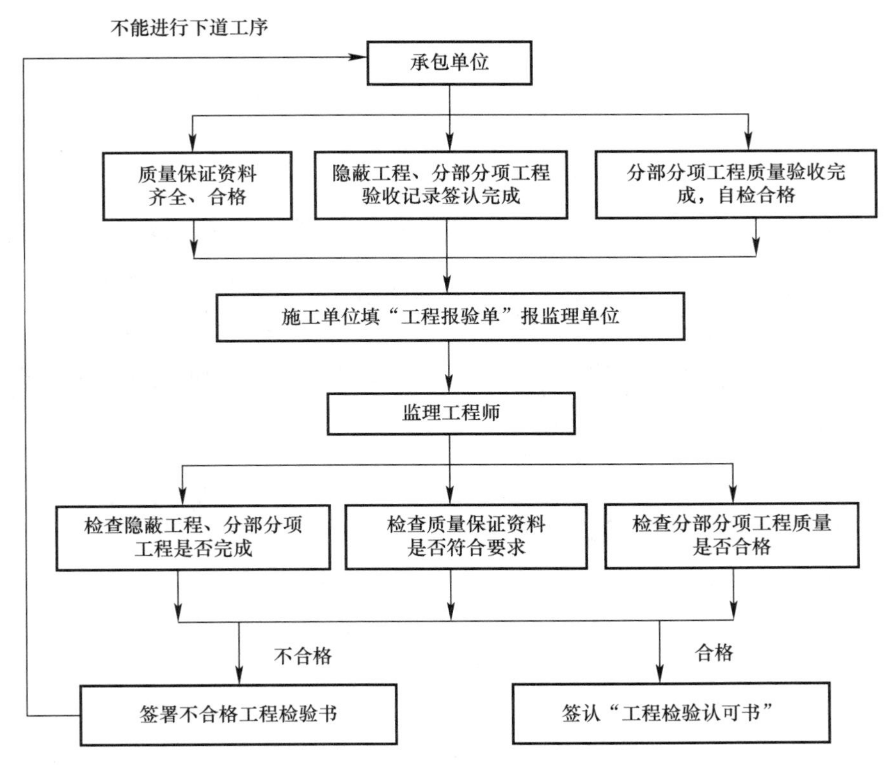

图 9-42　工序验收程序

图 9-43　工程质量验收

图 9-44　模板过程检查

例如加强工序质量监控、施工作业过程中的检查及施工质量资料的审核和分项工程、分部（子分部）工程、隐蔽工程的检查验收，见图 9-45～图 9-47。

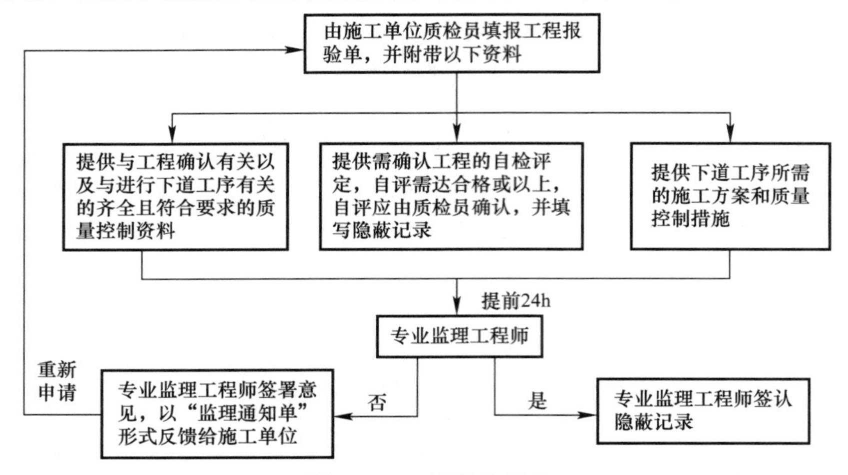

图 9-45　工序报验程序

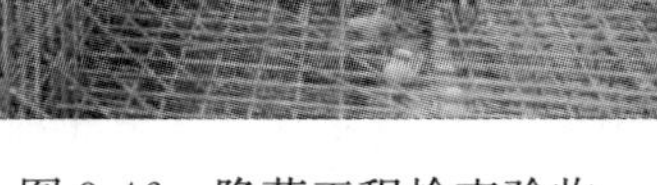

图 9-46　隐蔽工程检查验收

图 9-47　基础防水隐蔽验收

做好材料试验报告的审核，新材料、新工艺、新技术试验报告的审查以及组织质量信息反馈。例如审查水泥出厂合格证及进场检验报告，核查水泥出厂合格证或进场检验报告的项目（如水泥品种、各项技术性能、编号、出厂日期等）是否填写齐全，检验项目是否完整，数据指标是否符合要求。对照单位工程材料用料汇总表，核对水泥出厂合格证与进场检验报告、混凝土配合比试配报告的水泥品种、强度等级、厂别、编号是否一致；核对出厂日期和实际使用日期是否超期而未做抽样检验；各批量水泥之和是否与单位工程的需用量基本一致，见图 9-48。

（3）事后质量控制：事后质量控制即施工过程所形成的产品质量控制，事后质量控制也称为事后质量把关，以使不合格的工序或最终产品（包括单位工程或整个工程项目）不流入下道工序、不进入市场。事后质量控制包括对质量活动结果的评价、认定；对工序质量偏差的纠正；对不合格产品进行整改和处理。控制的重点是发现施工质量方面的缺陷，并通过分析提出施工质量改进的措施，保持质量处于受控状态。具体应做到以下几点：1）分部、分项工程的验收。对于在施工过程中形成的分部、分项工程进行中期验收；根据合同要求，对完成的分部、分项工程进行中期验收的同时，还应当根据建筑工程项目的性质，按照有关行业的工程质量标准，评定相应的分部、分项工程质量等级。在一个单项工程完工或者整个建筑工程项目完成后，施工单位应先进行竣工预验收。在预验收合格后，向监理方提出最终的竣工验收申请；当建筑工程质量不符合要求时，应按照要求及时整改。经有资质的检测单位检测鉴定，仍达不到设计要求时，应会同设计单位制定技术处理方案。2）质量教育与培训。通过教育与培训及其他措施提高员工的能力，增强质量和顾客意识，使员工满足所从事的质量工作对能力的要求。同时进行质量回访，协助施工单位与建筑单位进行工程项目交接。

出厂水泥质量检验报告

报送单位：

<table>
<tr><td colspan="4">水泥品种：普通硅酸盐水泥</td><td colspan="6">强度等级：42.5</td></tr>
<tr><td colspan="4">出厂编号：P.OS414</td><td colspan="6">生产日期：2014年2月14日</td></tr>
<tr><td colspan="4">成型日期：2014年2月15日</td><td colspan="6">销售日期：2014年　月　日</td></tr>
<tr><td colspan="4">混合材品种：矿渣</td><td colspan="6">混合材掺加量：16%</td></tr>
<tr><td>品质指标</td><td>单位</td><td>标准值</td><td>检测值</td><td>品质指标</td><td>单位</td><td>标准值</td><td colspan="3">检测值</td></tr>
<tr><td>比表面积</td><td></td><td>300</td><td>347</td><td>3天抗折强度</td><td rowspan="8">MPa</td><td>3.5</td><td colspan="3">6.2</td></tr>
<tr><td>初凝时间</td><td>分钟</td><td>45</td><td>177</td><td>28天抗折强度</td><td>6.5</td><td colspan="3"></td></tr>
<tr><td>终凝时间</td><td>分钟</td><td>600</td><td>229</td><td rowspan="3">3天抗压强度</td><td rowspan="3">17.0</td><td>28.1</td><td>28.1</td><td rowspan="3">28.0</td></tr>
<tr><td colspan="2">沸煮安定性</td><td>合格</td><td>合格</td><td>27.9</td><td>28.0</td></tr>
<tr><td>三氧化硫</td><td>%</td><td>3.5</td><td>2.46</td><td>27.8</td><td>28.0</td></tr>
<tr><td>氧化镁</td><td>%</td><td>5.0</td><td>3.89</td><td rowspan="3">28天抗压强度</td><td rowspan="3">42.5</td><td></td><td></td><td rowspan="3"></td></tr>
<tr><td>烧失量</td><td>%</td><td>5.0</td><td>3.83</td><td></td><td></td></tr>
<tr><td>氯离子</td><td>%</td><td>5.0</td><td>0.033</td><td></td><td></td></tr>
<tr><td>不溶物</td><td>%</td><td>0.06</td><td></td><td colspan="6"></td></tr>
<tr><td colspan="10">结论：符合 GB 175-2007 标准规定的品质指标要求。</td></tr>
</table>

报告单位：××××水泥有限公司质控处　　报告人：刘××　　主任：宋××

地址：×××市×××县×××村　　邮编：461000　　报告日期：2014年2月18日

图 9-48　出厂水泥质量检验报告

以上三大环节不是相互孤立和截然分开的，它们共同构成有机的系统过程，实质上也就是质量管理 PDCA 循环的具体化，在每一次滚动循环中不断提高，以达到质量管理和质量控制的持续改进。

9.3.5 施工质量问题处理措施

（1）边坡位移超出允许值的处理措施

通过检测发现各项检测值接近允许值时，应加密观测，必要时及时采取坡脚堆土重压、内支撑或施加预应力等加固措施。当边坡位移发生突变，地面产生较大裂缝，位移未有收敛迹象时，应该马上采取以下措施。

1）立即停止施工，疏散相关人员，封锁该区路面，禁止各种车辆及无关人员通行，及时通知设计人员到场。

2）尽快采取减少基坑周边的荷载、清除坡顶重载、对基槽进行土方回填的措施。

3）检查边坡施工情况，查明原因，制定补救方案。

4）对周围建筑物的地基进行防护，当地面出现较大沉降时，可采用跟踪注浆方法，沿沉降区域边缘打注浆孔，孔深根据土层压缩变形、下沉位置确定。向孔内注入一定配比的水泥浆。在建筑物周围形成帷幕，以保护地基不受破坏。

5）缩短边坡检测周期，同时尽快分析事故原因，找出最有效的解决方案避免事故继续恶化，保证工程顺利进行。

6）继续对水平位移和地面沉降进行检测，以便采取合适的处理措施。严格按时进行观测，不许漏测，开挖到接近槽底时，观测人员不得离开现场。

（2）基槽泡水的预防和处理措施

1）基坑周围应设排水沟或挡水堤，防止地面水流入基坑。

2）采用大口径降水法，将地下水位降至基坑底标高以下再开挖。

3）施工中保持连续降水，直至基坑回填完毕。

4）已被水浸泡扰动的基坑，可根据具体情况，排水晾晒后夯实；已被水淹泡的基坑，应立即检查排水、降水设施，疏通排水沟，并采取措施将水引走、排尽。

（3）土钉成孔过程中遇到地下水而缩颈、塌孔的施工措施

1）缩孔不严重时，成孔后立即下入土钉杆体并随即注浆。

2）已缩颈的土钉孔应二次成孔以保证孔径；若二次成孔无法保证孔径，应在相邻两孔中间补孔。

3）若现场地层情况与原勘察报告有较大差异，缩径、塌孔严重而无法用洛阳铲成孔，则应及时与设计人员协商。可采用钢花管作土钉打入土体并灌注水泥浆，或采用锚杆机套管成孔。

4）当周边地下管线距基坑较近（小于 2m），管线埋置范围较大时，可采用加长、加密、施加预应力土钉的支护措施。当管线自身高度小于 1.4m，采用喷锚支护时，上下土钉应错开管沟位置。

（4）人工挖孔桩护壁施工遇到流砂（或地下水）的处理措施

1）缩小成孔高度，每次成孔高度不超过 0.5m，需要另外加工 0.5m 高的模板。

2）如流砂层较厚，每层的护壁也应分 2～3 段进行施工。

3）准备充足的模板，延长拆模时间，模板伸入上下黏性土的高度不小于 0.5m。护壁混凝土中需要掺入 5%的早强剂和防冻剂。

4）水量小，可采用水泵处理；水量较大，则马上停止人工挖孔。

（5）地基土扰动的预防和处理措施

1）基坑开挖好后，立即浇筑混凝土垫层保护地基。不能立即进行下道工序时，应预留 200～300mm 厚土层不挖，待下道工序开始后再挖至设计标高。

2）机械开挖应由深至浅，基底应预留 200～300mm 厚土层采用人工清理找平，以避免超挖和基底土遭受扰动。

3）基坑挖好后，禁止在基土上行驶机械和车辆或大量堆放材料。必要时，应铺路基或垫道木保护。

4）已被扰动的地基土，可根据实际情况进行原土碾压、夯实；对扰动较严重的地基土采用换填土方法，用 3∶7 灰土或沙砾石回填夯实，或换去松散土层，加深基础；挖去局部扰动土或松散土，用砂石填补夯实。

9.4 施工项目质量控制的方法、过程控制措施及有效制度

9.4.1 施工项目质量控制的方法

施工项目质量控制的方法，主要是审核有关技术文件、报告和直接进行现场检查或必要的试验等。

（1）审核有关技术文件、报告或报表

对技术文件、报告、报表的审核，是项目经理对工程质量进行全面控制的重要手段，其具体内容有：审核有关技术资质证明文件；审核开工报告，并经现场核实；在初步设计阶段，应审核工程所采用的技术方案是否符合总体方案的要求，以及是否达到了项目决策阶段确定的质量标准；在技术设计阶段，应审核专业设计是否符合预定的质量标准和要求；在施工图设计阶段，应注重反映使用功能及质量要求是否得到满足，尽量减少施工中的设计变更。设计是工程建设的重要阶段，设计合理与否直接影响到建设产品的最终质量。据专家对有关工程事故的调查分析，约有4成的工程质量事故源于设计。所以，加强对设计单位及设计者的资格审查十分重要，还要加强对设计方案的审核，确保设计方案满足安全性、防火性的要求。要严格实行设计质量内审制及专业之间会审、会签制，改变目前设计审核走过场，工种之间相互撞车、打架，设计粗略不详等状况；严禁非法设计和出让图章，限制业余设计，强化设计现场服务制度，实行设计质量事故经济赔偿责任制，特别是设计单位对指定的工程设备和工程材料的质量负全责，把质量隐患消除在设计阶段；审核有关材料、半成品的质量检验报告；审核反映工序质量动态的统计资料或控制图表；审核设计变更、修改图纸和技术核定书；审核有关质量问题的处理报告；审核有关应用新工艺、新材料、新技术、新结构的技术鉴定书；审核有关工序交接检查，分项、分部工程质量检查报告；审核并签署现场有关技术签证、文件等，见表9-11、图9-49。

开工报告 **表9-11**

<table>
<tr><td>建设单位</td><td></td><td>施工单位</td><td></td></tr>
<tr><td>监理单位</td><td></td><td>工程名称</td><td></td></tr>
<tr><td>工程地点</td><td></td><td>工程类别</td><td></td></tr>
<tr><td>工程数量</td><td></td><td>工程造价</td><td></td></tr>
<tr><td colspan="4">工程内容及开工条件简要说明：
施工总平面图编制、三通一平已完成；各项计划已编制完成并已做好交底；临时设施已全部搭设完成；人员、设备已到位；工程已具备开工条件</td></tr>
<tr><td colspan="4">逾期或提前开工原因：</td></tr>
<tr><td colspan="4">计划开工日期： 年 月 日
计划竣工日期： 年 月 日</td></tr>
<tr><td colspan="2">施工单位</td><td colspan="2">监理单位</td></tr>
<tr><td colspan="2">单位公章：

工程负责人：
年 月 日</td><td colspan="2">单位公章：

监理工程师：
年 月 日</td></tr>
</table>

（2）现场质量检查

现场质量检查是施工作业质量监控的主要手段，包括以下内容。

1）开工前检查。是否具备开工条件，开工后能否连续正常施工，能否保证质量。

2）工序交接检查。对工程质量有重大影响的工序，在自检、互检的基础上，还要组织专职人员进行工序交接检查。

3）隐蔽工程检查。凡是隐蔽工程均应在检查认证后才能掩盖。

4）停工后复工前检查。因处理质量问题或某种原因停工后需复工时，亦应经检查认可后方能复工。分项、分部工程完工后，应经检查认可，签署验收记录后，才允许进行下一工程项目施工。

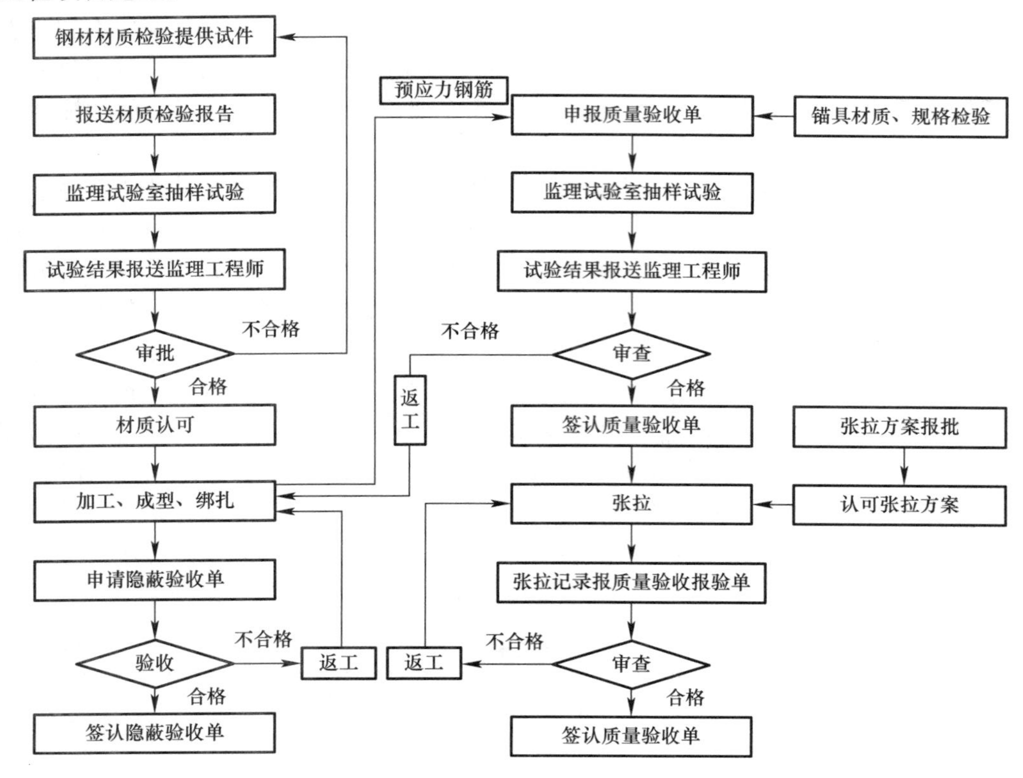

图 9-49 钢筋材料检验

5）成品保护检查。检查成品有无保护措施，或保护措施是否可靠，见图 9-50～图 9-55、表 9-12。

现场质量检查的有如下方法。

（1）目测法，即凭借感官进行检查，也称感官质量检验，其手段可归纳为看、摸、敲、照。

1）看，就是根据质量标准进行外观检查。例如清水墙面是否洁净、喷涂的密实度和颜色是否良好、均匀；工人的操作是否正常；内墙抹灰的大面及阴阳角是否平直；混凝土外观是否符合要求等。

图 9-50 开工前检查

图 9-51 模板工序交接检查

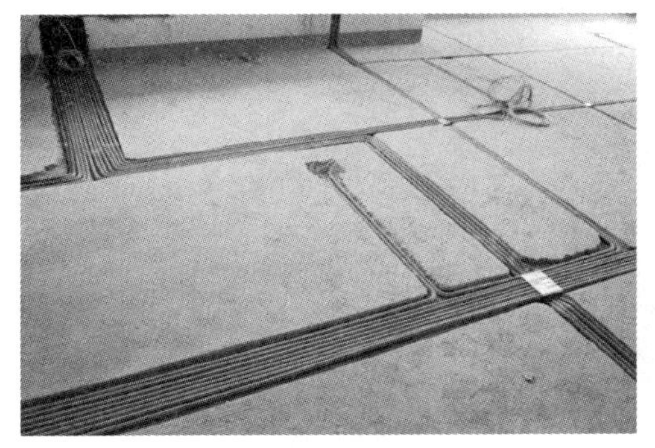

图 9-52 隐蔽工程交接检查

图 9-53 主体隐蔽工程交接检查

图 9-54 停工后检查

图 9-55 成品保护

隐蔽工程检查验收记录 **表 9-12**

工程名称	×××县城建设市政道路基础设施项目Ⅵ标段银川路南段			施工单位	×××建设发展有限公司
隐检项目	排水沟槽开挖			隐检部位	P1-P5
隐检内容及检查情况	1. 隐蔽依据《给水排水管道工程施工及验收规范》GB 50268—2008。 2. 主控项目：槽底土壤无扰动、未受水浸泡，符合设计要求及规范规定。 3. 一般项目：槽底高程合格率 91.7%；槽底中线每侧宽度合格率 95.8%；沟槽边坡合格率 91.7%。 4. 经检验各隐检项目均符合规范要求，评为合格				
验收意见					
处理意见				复查人：	年 月 日
建设单位	监理单位	施工项目 技术负责人	质检员		

2）摸，就是通过触摸手感进行检查、鉴别。例如油漆的光滑度，浆活是否牢固、不掉粉等，见图 9-56。

3）敲，就是运用敲击工具进行音感检查。例如对地面工程、装饰工程中的水磨石、面砖、石材饰面等均应进行敲击检查，见图 9-57。

4）照，就是通过人工光源或反射光照射，检查难以看到或光线较暗的部位。例如对管道井、电梯井等内部管线、设备安装质量的检查，对装设在吊顶内的设备安装质量的检查等，见图 9-58。

（2）实测法：就是通过实测数据与施工规范、质量标准的要求及允许偏差值进行对照，以此来判断质量是否符合要求。其手段可概括为靠、量、吊、套。

图 9-56 油漆光滑度检查

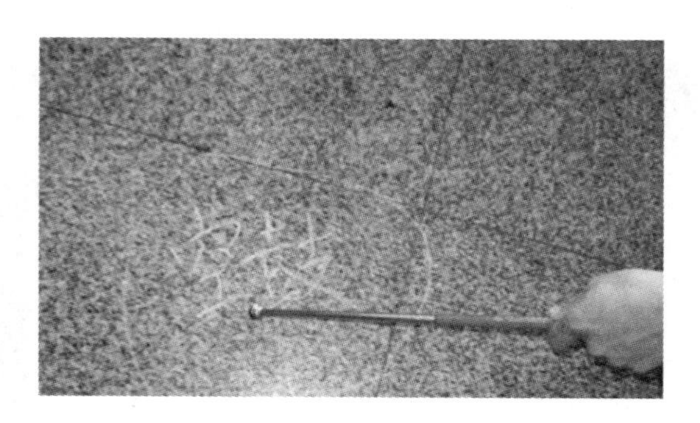

图 9-57 地面空鼓

1）靠，就是用直尺、塞尺检查诸如墙面、地面、路面等的平整度。

2）量，就是用测量工具和计量仪表等检查断面尺寸、轴线、标高、湿度、温度等的偏差。例如大理石板拼缝尺寸、摊铺沥青拌合料的温度、混凝土坍落度的检测等，见图 9-59。

图 9-58 电梯井内管线检查

图 9-59 混凝土坍落度实测

3）吊，就是利用托线板以及线坠吊线检查垂直度。例如气体垂直度检查、门窗的安装等。

4）套，是以方尺套方，辅以塞尺检查。例如对阴阳角的方正、踢脚线的垂直度、预制构件的方正、门窗及构件的对角线检查，见图 9-60～图 9-62。

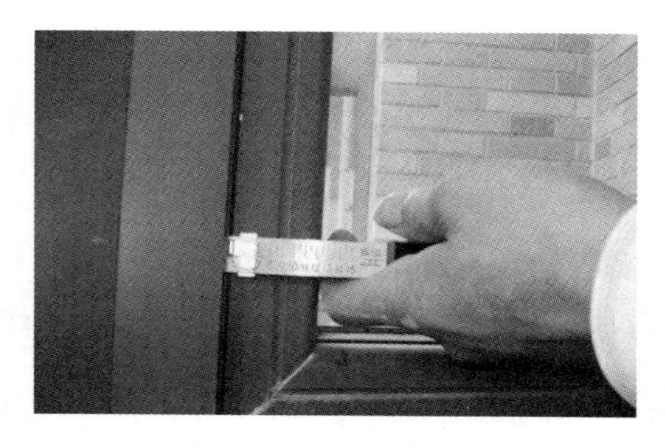

图 9-60 门窗安装实测

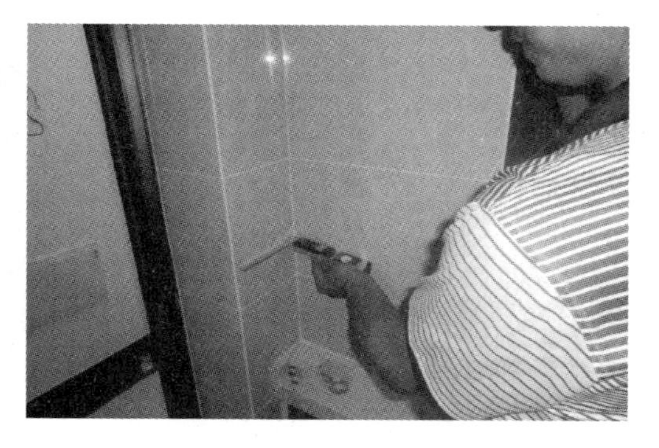

图 9-61 阴阳角实测

（3）试验法：指必须通过试验手段，才能对质量进行判断的检查方法，主要包括理化试验和无损检测。工程中常用的理化试验包括物理学性能方面的检测和化学成分及化学性质的测定两个方面，物理学性能方面的检测包括各种力学指标的测定，如抗拉强度、抗压强度、抗弯强度等，以及各种物理性能方面的测定，如密度、含水量等；化学成分及化学性质的测定，如钢筋中磷、硫的含量，混凝土中粗骨料的活性氧化硅成分，以及耐酸、耐碱、抗腐蚀等。此外，根据规定有时还需进行现场试验，如二次结构钢筋拉拔试验、对桩或地基的静载试验、下水管道的通水试验、压力管道的耐压试验、防水层的蓄水或淋水试验，见图 9-63～见图 9-68。

图 9-62 踢脚线实测

图 9-63 二次结构钢筋拉拔试验

图 9-64 单桩承载力试验

图 9-65 静载试验

图 9-66 地暖管打压试验

图 9-67 卫生间蓄水试验

（4）无损检测：指利用专门的仪器仪表从表面探测结构物、材料、设备的组织结构或损伤情况。常用的无损检测方法有超声波探伤、X 射线探伤、γ 射线探伤，例如钢结构超声波探伤检测，见图 9-69。

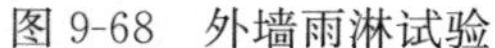

图 9-68　外墙雨淋试验

图 9-69　钢结构超声波探伤检测

9.4.2　施工过程的质量控制措施

施工企业应建立、健全质量管理组织和质量保证体系制度。为了确保工程施工质量，企业应建立以总经理为首，由总工程师全面负责，总工室牵头，施工处和质安处联合监督检查，工程项目部具体实施的完整、健全的管理组织框架结构。在企业全面实施 ISO 9001 标准的基础上，建立施工质量保证体系，见图 9-70。

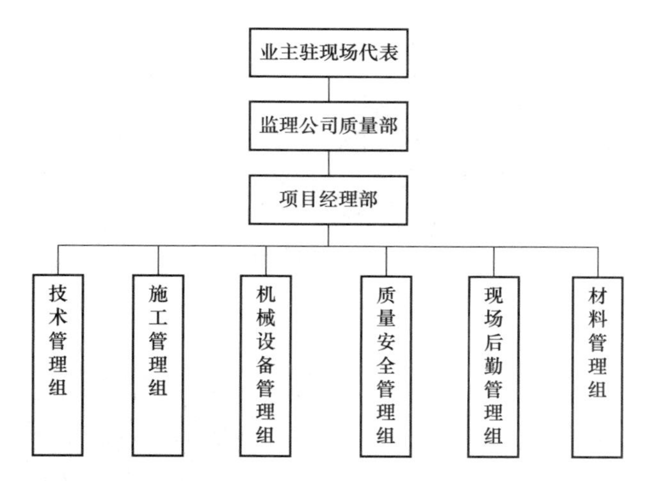

图 9-70　施工质量保证体系

由于目前建筑工程项目施工是以项目经理为首进行投标承接的。因此，工程项目部班子的素质和实力对所承建工程的质量水准至关重要。企业整体施工质量水平取决于工程项目承包班子的质量意识和技术水平。所以，选用项目经理和技术负责人，组建项目班子，是企业实现工程施工质量目标的关键。在企业与项目经理签订的承包合同中，实行包质量、包工期、包安全、包成本和包上缴费、利、税的“五包”责任制度。受企业法人委托，由项目经理全权组织施工，对实现合同各项目标负有全面的责任。并在项目经理领导下，建立所承包工程项目基本质量管理组织与保证体系。企业对项目部的施工质量实行全方位监控，分公司对其下属项目部每月进行一次质量检查。企业对各项目部进行每季度质量大检查，确保对所有工程项目实施宏观控制。

施工准备阶段的质量控制措施如下。

（1）首先对项目管理人员、技术人员及特种岗位的操作人员，进行资质审查。人是施工的主体，人员素质的高低和质量意识的强弱直接影响到工程质量的优劣，因此必须对施工队伍的资质和管理水平、技术措施进行事前的严格审查把关，符合条件的方可进场作业。对于关键岗位、特种岗位和特殊专业的操作人员，必须持有由建设行政主管部门签发的上岗证。

（2）提高认识，加强对一线工人的管理，提高施工管理水平。必须思想领先，即首先要提高质量管理意识。企业的核心问题是管理。由于生产工人流动性大，技术素质普遍较低，质量意识薄弱，只注重工作进度，不重视工程质量，贪图方便，盲目求快，责任心不强，安全意识差，给施工管理带来很大难度，对这些意识和做法要彻底改变。项目经理在提高管理人员意识的基础上，也要加强对工人的管理。具体的做法是实施“一选择，二教育，三管理”的原则。一选择即对工人实行“优胜劣汰”制度，对那些质量、安全意识差、技术素质低、不服从管理的工人必须淘汰。二教育即对工人必须实行岗前“三级教育”，进场前做好各项安全、质量、技术交底，对各施工班组工人必须实行奖罚分明的制度，以充分调动工人的积极性，发挥工人的主导作用。对各工种、项目部主要部位操作人员等也要实行岗前培训。三管理即在施工前必须向生产工人做好各项技术、质量交底工作，在施工过程中严格控制每道工序，实行跟踪、监督、记录、复查或抽查，从技术措施到实际操作中严格把好质量关。坚持自检、互检、抽检相结合的做法，坚持上道工序不合格不进入下一道工序的具体做法，特别是对容易发生质量通病的工种及工序要进行专职跟踪施工，以强制的手段来克制质量通病，改变不规范的做法。

施工过程的质量控制措施：在建筑工程项目施工过程中，为了保证建筑工程项目的施工质量，应对建筑工程建设生产的实物进行全方位、全过程的质量监督和控制。它包括事前的建筑工程项目施工准备质量控制，事中的建筑工程项目施工过程质量控制，以及事后的各单项及整个工程项目完成后对建筑工程项目的质量控制。以上系统控制的三大环节，并不是孤立和截然分开的，它们之间构成了有机的系统过程。工序交接实行三检制度，见图 9-71。

质量预控措施：是针对所设置的质量控制点或分项、分部工程，事先分析在施工中可能发生的质量问题和隐患，分析可能的原因，提出相应的预防措施和对策，实现对工程质量的主动控制。例如检查焊接人员有无上岗合格证明，禁止无证上岗；焊工正式施焊前，必须按规定进行焊接工艺试验；每批钢筋焊完后，施工单位进行自检并按规定取样进行力学性能检验，然后由专业监理人员抽查焊接质量等。

施工项目有方案——方案提出、方案选择、方案评价。

技术措施有交底——一致性、严肃性、程序化。

图纸会审有记录——会审方、会审关键内容、记录/纪要（时间、地点、参加人员、内容），见表 9-13。

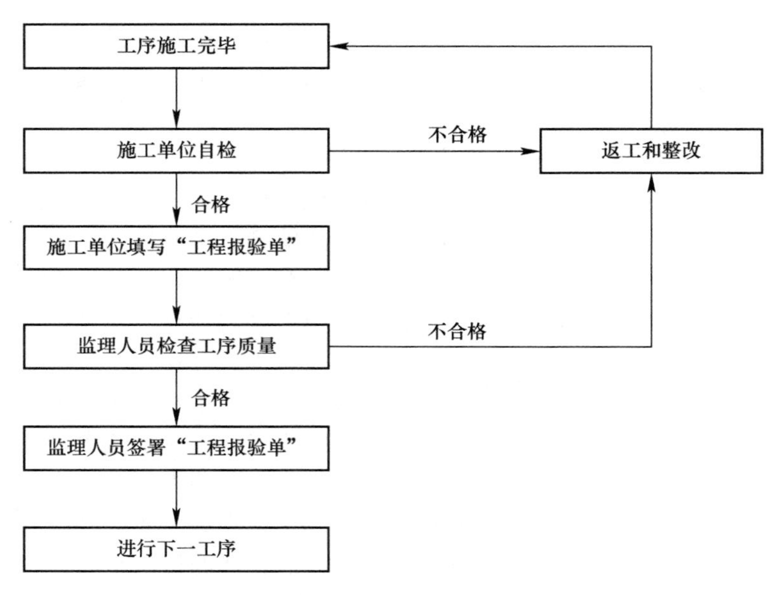

图 9-71 三检制度程序

图纸会审记录（编号 012） **表 9-13**

<table>
<tr><td colspan="2">工程名称</td><td colspan="2">×××</td><td>日期</td><td>2021 年 6 月 13 日</td></tr>
<tr><td colspan="2">地点</td><td colspan="2">×××建设单位会议室</td><td>专业名称</td><td>结构</td></tr>
<tr><td>序号</td><td>图号</td><td colspan="3">图纸问题</td><td>设计回复</td></tr>
<tr><td>1</td><td>结施 01</td><td colspan="3">《结构楼层标高混凝土等级示意》中层高以结构标高为准还是以标注尺寸为准？</td><td>以结构标高为准</td></tr>
<tr><td>2</td><td>结施 01</td><td colspan="3">《后浇带构造图》中“止水带仅在－4.8m 地下室顶板设置”请明确代表的意思？</td><td>露天的顶板设置止水带，室内的地下室楼板可不设</td></tr>
<tr><td>3</td><td>结施 01</td><td colspan="3">圈梁、过梁、构造柱混凝土强度等级是 C20 还是 C25，说明中相矛盾？</td><td>是 C25</td></tr>
<tr><td>4</td><td>结施 01</td><td colspan="3">请明确地下室填充墙砌筑砂浆的强度等级和砂浆类型？</td><td>按总说明七.3 条（M5.0）</td></tr>
<tr><td>5</td><td>结施 01</td><td colspan="3">请明确填充墙的砌体材料：蒸压砂加气混凝土砌块还是蒸压粉煤灰加气混凝土砌块、水泥砖砌块、陶粒混凝土砌块？卫生间、内墙、外墙、地下室等填充墙砌块材料是否一致？</td><td>填充墙砌块材料满足建筑节能要求，满足结构的质量及厚度控制、强度等级要求即可</td></tr>
<tr><td>6</td><td>结施 01</td><td colspan="3">请明确墙、柱、梁所有受力筋均采用机械连接？</td><td>机械连接、焊接均可</td></tr>
<tr><td rowspan="2">签字栏</td><td colspan="2">建设单位</td><td>监理单位</td><td>设计单位</td><td>施工单位</td></tr>
<tr><td colspan="2"></td><td></td><td></td><td></td></tr>
</table>

配制材料有试验——过程、结果、确认。依据工程项目的进度及各个阶段的特点，规定材料、构件、施工条件、结构形式在什么条件、什么时间、验什么、谁来验等，例如钢材进场必须进行型号、钢种、炉号、批量等内容的检验，要进行外观质量检查、质量偏差检查，要现场随机取样送检等，以上这些检查和检验，什么时间验、谁来验、质量标准是什么等都要在质量计划中明确。同时规定施工现场必须设立试验室并配置相应的试验设备，完善试验条件，规定试验人员资格和试验内容；对于需要进行状态检验和试验的内容，必须规定每个检验试验点所需检验及试验的特性、所采用的程序、验收准则、必需的专用工具、技术人员资格、标识方式、纪律等要求，见图 9-72、图 9-73。

图 9-72 现场钢筋取样送检

图 9-73 钢筋直径检查

隐蔽工程有验收——专检。例如土建工程的地基、基础、基础与主体结构各部位钢筋、现场结构焊接、高强度螺栓连接、防水工程等，见图 9-74。

计量器具校正有复核——准确、精密。例如施工测量开始前，施工总承包单位向项目监理机构提交测量仪器型号、技术指标、精度等级、法定计量部门的标定证明、测量工的上岗证明，监理工程师审核确认后，方可进行正式测量作业。在作业过程中监理工程师也应经常检查了解计量仪器、测量设备的性能、精度状况，使其处于良好的状态，见图 9-75。

图 9-74 钢结构专项检查

设计变更有手续——设计单位签证确认，监理下达变更令，施工单位备案后执行。承包单位应就要求变更的问题填写“工程变更单”，送交项目监理机构，总监理工程师根据承包单位的申请，经与设计、建设、承包单位研究并做出变更的决定后，签发“工程变更单”，并附有设计单位提出的变更设计图纸，承包单位签收后按变更后的图纸施工。总监理工程师在签发“工程变更单”之前，应就变更引起的工程改变及费用的增减分别与建设单位和承包单位进行协商，力求达成双方均能同意的结果，这种变更，一般均会涉及设计单位重新出图的问题。如果变更涉及结构主体及安全，该工程变更还要按有关规定报送施工图原审查单位进行审批，否则变更不能实施。

材料代换有制度。材料代换必须由使用单位负责人提出申请，报项目总工程师批准，同时征得设计代表及监理书面同意后方可进行，施工中严禁以小代大或以劣代优，施工单位提出材料代用应填写“材料代用申请单”，通知监理单位及设计单位审查或签证后，方可代用。材料代用单审批后，由资料管理人员按项目总工程师批示存档和发放，材料代换应做好跟踪记录，并在施工后交给施工资料管理人员保存，见表 9-14。

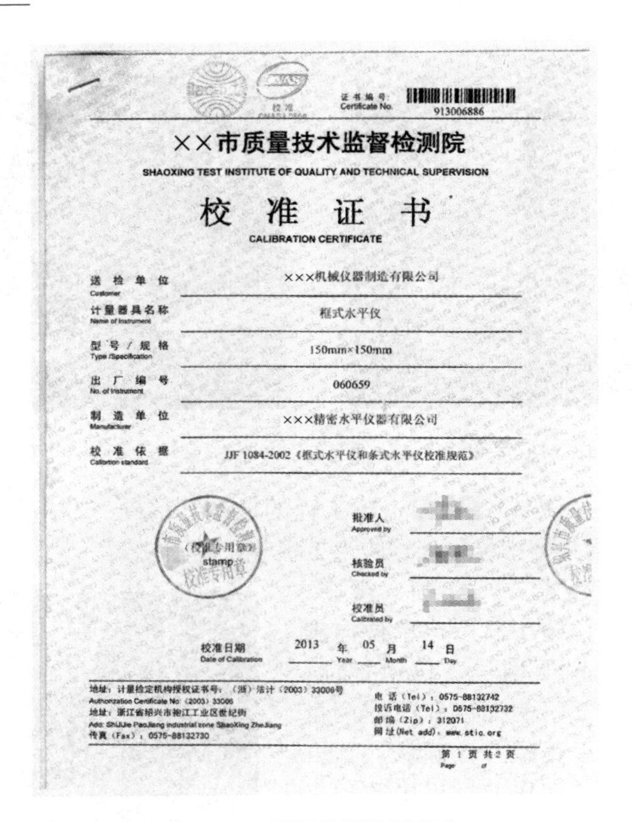

证书编号：
Certificate No. 913006886

××市质量技术监督检测院

SHAOXING TEST INSTITUTE OF QUALITY AND TECHNICAL SUPERVISION

校 准 证 书

CALIBRATION CERTIFICATE

送检单位 Customer	×××机械仪器制造有限公司
计量器具名称 Name of Instrument	框式水平仪
型号/规格 Type /Specification	150mm×150mm
出厂编号 No. of Instrument	060659
制造单位 Manufacturer	×××精密水平仪器有限公司
校准依据 Calibration standard	JJF 1084-2002《框式水平仪和条式水平仪校准规范》

（校准专用章）stamp

批准人 Approved by

核验员 Checked by

校准员 Calibrated by

校准日期 Date of Calibration 2013 年 Year 05 月 Month 14 日 Day

地址：计量检定机构授权证书号：（浙）法计（2003）33006号
Authorization Certificate No:（2003）33006
地址：浙江省绍兴市袍江工业区世纪街
Add: ShiJiJie PaoJiang industrial zone ShaoXing ZheJiang
传真（Fax）：0575-88132730

电话（Tel）：0575-88132742
投诉电话（Tel）：0575-88132732
邮编（Zip）：312071
网址(Net add)：www.stic.org

第 1 页 共 2 页
Page of

图 9-75 测量仪器检测报告

材料代用申请单 **表 9-14**

工程名称			锅炉型号		
图号					
零部件名称			零部件图号		
本批数量		代用数量		是否受压件	
原设计材质规格					
代用材质规格					
代用原因和理由					
代用依据及相应措施					
建设单位意见					
申请人			批准人		

施工人： 建设单位： 年 月 日

质量处理有复查——问题、措施、实施、复查。经终检或试验不合格的工序，不得转入下道工序施工，质量员应做好记录和标识，并跟踪再验证，直至工序质量合格。如因施工需求来不及进行检验和试验或必要的检验报告未完成，需例外转序时（但特殊过程设置的质量控制点不能例外转序），则必须有可靠的追回措施，经项目部技术负责人批准后方可例外放行。质量员应做好标识和记录以便追溯，见图 9-76。

成品保护有措施——主要是合理地安排施工顺序，按正确的施工流程组织施工及制定和实施严格的成品保护措施，保护措施有护、包、盖、封4种，见图9-77、图9-78。

行使质量一票否决制。为了有效地控制日常质量情况、督促施工过程控制、完善质量内控，实行质量一票否决制。

质量文件有档案。施工单位、分包单位的资质，项目经理部管理人员资格、配备及到位情况；主要专业工种操作工人上岗资格、配备及到位情况；施工组织设计审批和执行情况；现场施工操作技术规程、规范、标准的配置和执行情况；经审查批准的施工图等设计文件及工程技术标准的实施情况；分部工程、分项工程、单位工程质量的试验检验评定情况；质量问题整改、质量事故处理情况；容易产生质量通病的部位和环节按作业指导书施工的情况；对分包单位的管理情况；施工技术资料的收集和整理情况。

施工过程中的质量管理记录，包括：

（1）施工日志和专项施工记录；

（2）交底记录；

（3）上岗培训记录和岗位资格证明；

（4）施工机具及检验、测量、试验设备的管理记录；

（5）图纸的接收和发放、设计变更的记录；

（6）监督检查和整改、复查记录；

（7）质量管理相关文件；

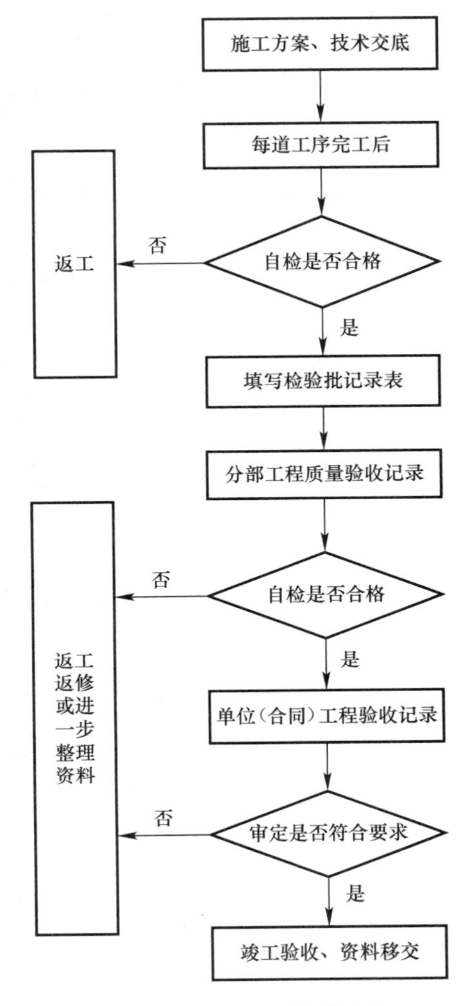

图9-76　质量检查控制流程

图9-77　楼梯成品保护

图9-78　钢筋成品保护

（8）工程项目质量管理策划结果中规定的其他记录。

施工记录应符合记录管理制度的记录控制要求，并在工程竣工交付后由项目经理（或委托他人）负责移交给公司档案室存档。

9.4.3 控制施工过程中质量的有效制度

（1）周质量例会制度。

项目质量例会应每周召开一次，重要工序质量分析会应根据施工需要不定期召开。当出现质量事故（或质量有较大的倒退趋势）时，项目技术负责人应召开质量研讨会，分析原因，提出处理办法（或应采取的纠正措施）。项目质量例会由项目经理（或项目技术负责人）主持召开，项目部质量安全员、施工员、材料员、仓库管理员、施工机械操作员、施工班组长等应参加会议。质量例会主要应包括以下几个方面的内容：

1）本周施工情况，原材料质量情况，送检结果；

2）过程产品质量情况，存在的主要质量问题及改正要求；

3）施工进度情况，施工安全情况等；

4）下一阶段的施工安排等。

质量例会要做好例会记录，与会人员要签到，会议内容整理后要及时以文件的形式发至各施工班组，项目部资料员要收集例会记录归档形成工程质量资料，见图 9-79。

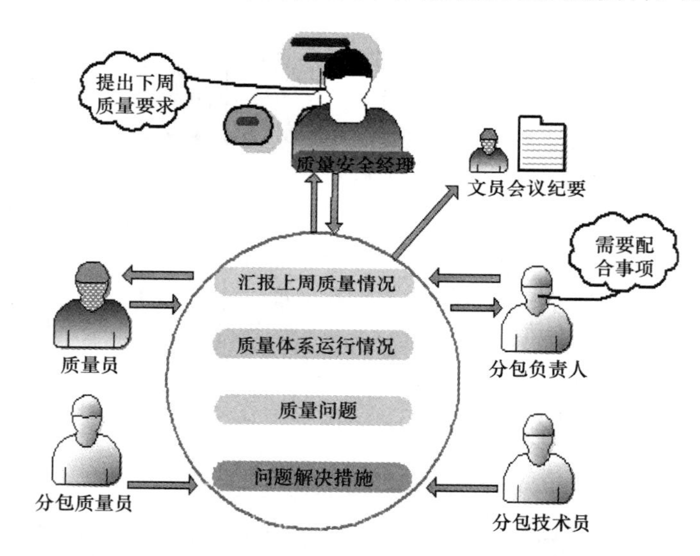

图 9-79 质量例会程序

（2）制定质量标准控制和预防制度

施工组织设计是施工质量控制的重要技术手段，施工质量管理措施是施工组织设计最重要的组成部分，对施工质量管理起到超前指导作用，采取预控措施，严格控制施工质量以及有关各种技术措施。施工质量管理需分层次逐步细化。施工组织设计必须报公司总工程师审批。在施工准备阶段，要根据当地市场和环境条件与工程特点，以及建设单位的要求，还有公司和项目部投入的技术、装备情况，编制切实可行的施工方案。根据施工合同要求，提出项目施工质量目标、各分部工程质量目标和落实分部工程质量目标的责任人。项目部技术负责人分析分部工程的特点和可能影响质量的因素，提出对各分部工程的施工质量的具体要求及保证工程质量的主要技术和组织保证措施。对各种质量通病和技术难点，制定质量预控措施。质量技术交底是一项预控技术措施，通过质量技术交底使施工人员明确质量标准和安全要求，增强质量意识，增强工作责任心。交底包括技术交底、安全交底、责任交底和样板交底，一律采用书面形式。对每个工人做到“先培训，后上岗”，为做好每一项工作打下坚实的基础，见图 9-80。

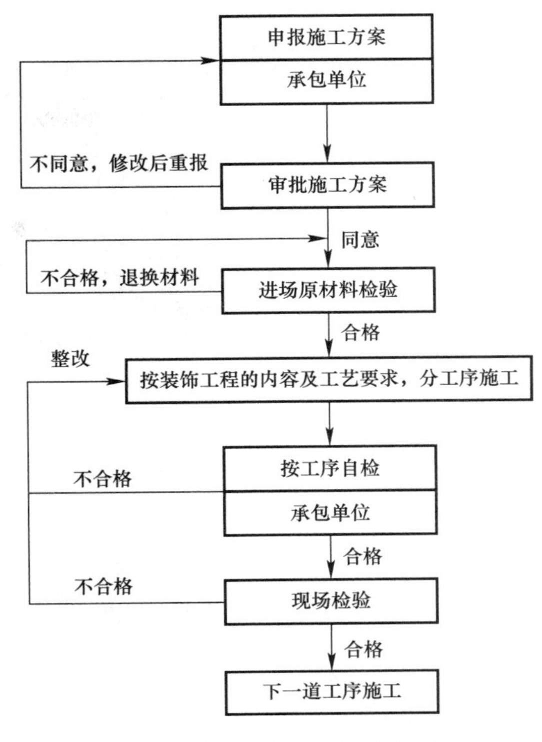

图 9-80 装饰工程质量控制程序

(3) 实施重点管理制度

对技术性较强的工序和安全关键工序操作实施重点管理，例如深基坑支护、大体积混凝土浇筑、转换层主梁支撑、超高空大悬挑结构模板支设等，设置重点管理点，实行强化管理、重点控制，其目的是提高工程整体质量水平，防止质量与工伤事故发生。例如大体积混凝土浇筑前进行技术交底和技术培训。

(4) 样板制度

当前建筑施工一线作业人员操作不规范，技能水平不高，采取口头、文字等方式进行技术交底和岗前培训往往不能达到应有的效果。为解决这一问题，推行工程质量样板引路，根据工程实际和样板引路工作方案制作实物质量样板，配上反映相应工序等方面的现场照片、文字说明，以及直观的质量检查和质量验收的判定尺度，从而有利于消除工程质量通病，见图 9-81～图 9-84。

图 9-81 楼梯间样板

图 9-82　剪力墙钢筋绑扎样板

图 9-83　墙体水电管样板

图 9-84　屋面设备管道样板

（5）三检制及检查验收制度

在施工过程中要严格执行工序交接“三检”制度。遵从上道工序不经检查验收不准进行下道工序的原则，每道工序完成后，先由施工单位自检、互检、专检并签字送交监理，然后会同甲方、设计、勘察经过现场检查或获取试验报告后签署认可意见方可进行下道工序。特别是隐蔽工程严格执行检查验收会签制度，钢筋工程、悬挑工程、防水工程、上下水管、暗配电气线路等必须先由施工单位自检、互检、专检并签字送交监理，然后会同甲方、设计、勘察经过现场检查或获取试验报告后签署认可意见方可覆盖。现场验收过程中相关部门人员必须齐全，以便于加快对施工中存在问题的处理。各分包单位不得直接对监理及业主，而是必须向总承包单位报验，由项目部统一组织验收。各施工单位针对有关验收人员在现场验收过程中所提出的质量问题，必须拿出处理方案（所需时间、劳动力安排、施工整改负责人、质量部复验时间），在 1 小时之内必须以文字方式报质量部及相关部门，以加快落实质量问题，确保工序按进度计划顺利进行，见图 9-85。

（6）挂牌制度

技术交底挂牌：在工序开始前对施工中的重点和难点现场挂牌，将施工操作的主要要求，例如屋面防水设计要求、规范要求等写在牌子上，既有利于管理人员对工人进行现场交底，又便于工人自觉阅读技术交底，达到了理论与实践的统一。屋面防水交底挂牌见图 9-86。

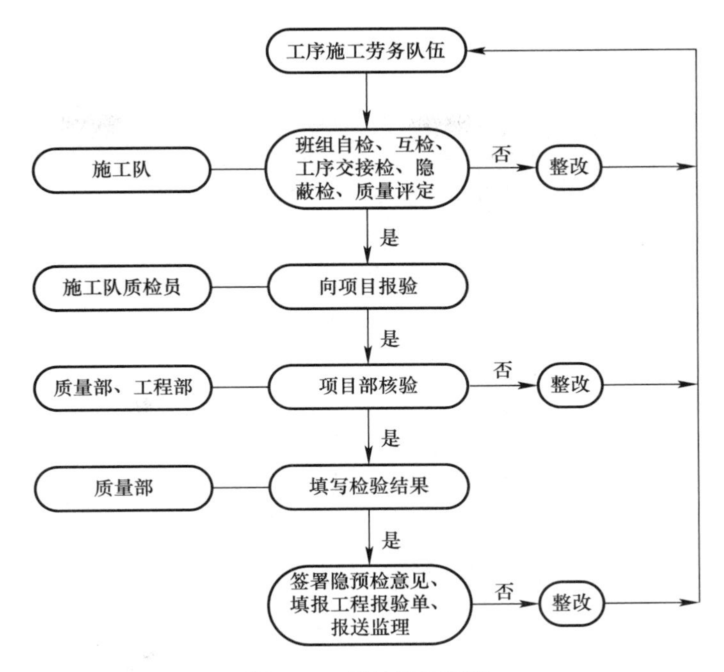

图 9-85　质量检验流程

施工部位挂牌：现场施工部位挂“施工部位牌”，牌中注明施工部位、工序名称、施工要求、检查标准、检查责任人、操作责任人、处罚条例等，保证出现问题时可以追查到底，并执行奖罚条例，从而提高相关责任人的责任心和业务水平，达到锻炼队伍、造就人才的目的，见图 9-87。

操作管理制度挂牌：注明操作流程、工序要求及标准、责任人，管理制度应标明相关的要求和注意事项等。例如钢筋弯曲机安全操作规程，见图 9-88。

半成品、成品挂牌制度：对施工现场使用的钢筋原材料、半成品、水泥、砂石料等进行挂牌标识，标识须注明产品名称、使用部位、规格、品种、数量、产地、进场时间以及检验状态等，必要时须注明存放要求，见图 9-89。

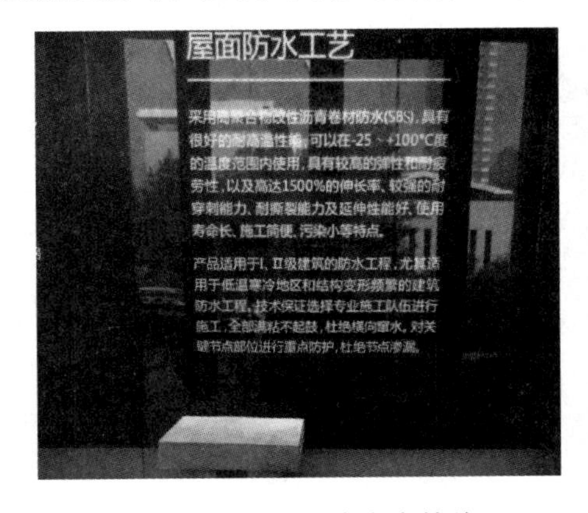

图 9-86　屋面防水交底挂牌

图 9-87　抹灰部位挂牌

（7）问题追溯制度

对施工中出现的质量问题，追溯制度可按以下程序严格执行：会诊，查原因，严格实行质量“一票否决”制，找根子→追查责任人→限期整改→验收结果→写总结、立规矩，见图 9-90、图 9-91。

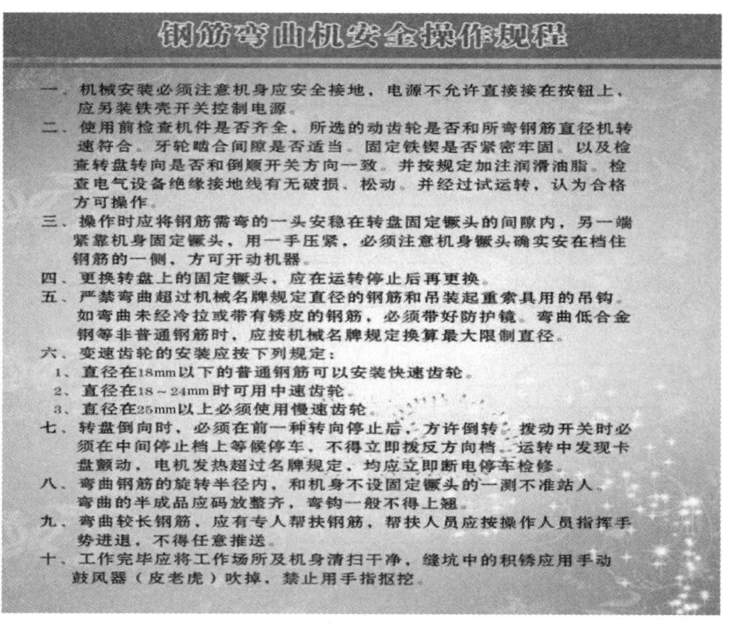

图 9-88 钢筋弯曲机安全操作规程

图 9-89 钢筋半成品挂牌

(8) 施工工序质量管理制度

在每道工序施工前，现场施工主管（技术负责人）、施工员（质量员）等应熟悉有关的质量计划，向施工班组人员做好技术、安全、质量交底，并记录。在每道工序完成后，负责施工的班组长（移交）按照国家的检评标准和验收规范进行自检，自检合格后由施工员填写好交接记录中相关的内容（部位、轴线定位、尺寸、质量等），交班组长确认，对必要的事项做出记录或说明，现场施工员检验合格后，签名确认。然后转入下一道工序。例如门窗工程验收流程，见图 9-92。

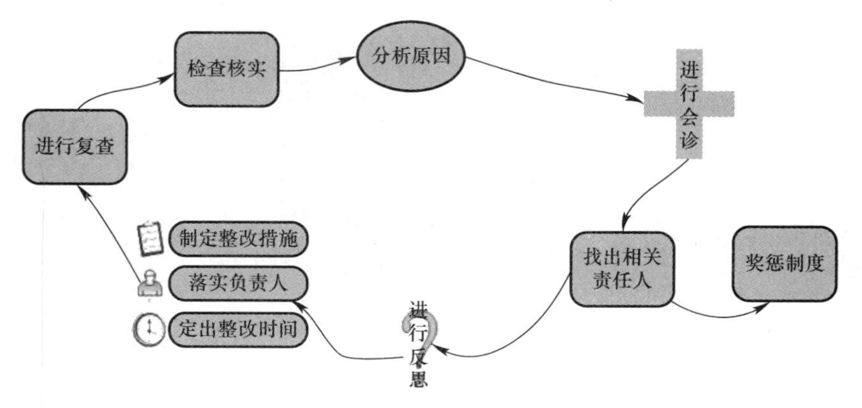

图 9-90 质量问题会诊流程

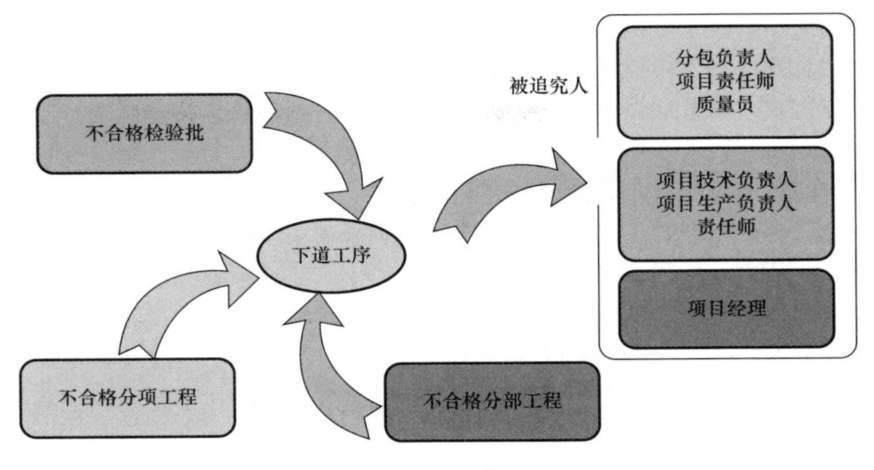

图 9-91 不合格工序处理流程

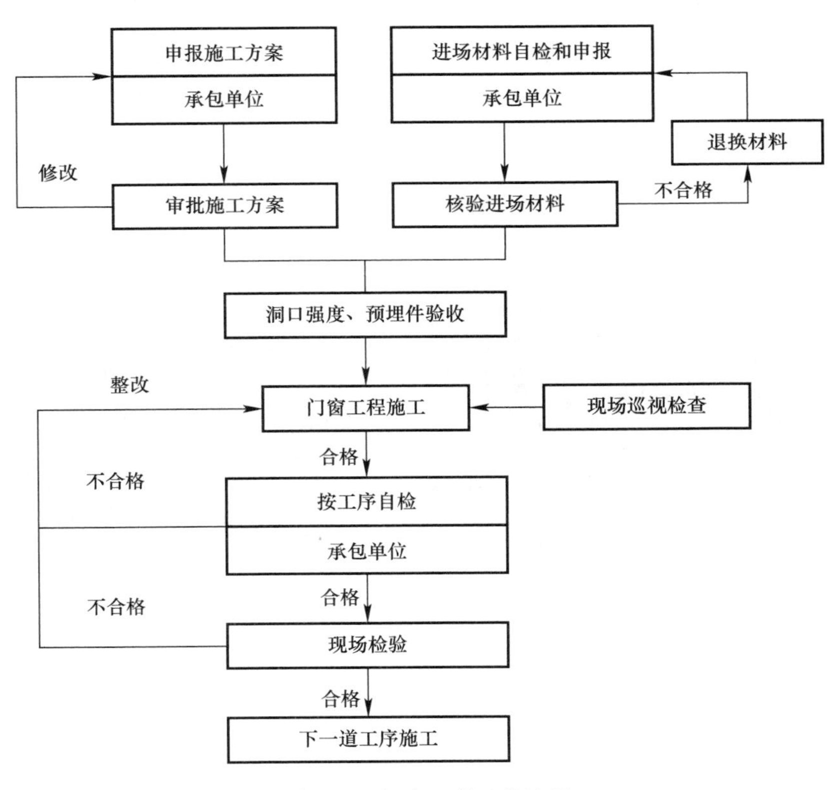

图 9-92 门窗工程验收流程

(9) 建立规范的分级技术质量交底制度

技术负责人对项目责任师和劳务单位及分包商管理人员进行交底，责任师、劳务单位和分包商管理人员对工作队进行交底，工作队对作业人员进行交底。施工管理人员及作业人员应按操作规程、作业指导书和技术交底进行施工。

(10) 推广使用新技术和科技创新制度

科技创新是创优质工程的基础，为提高工程质量和解决施工中的技术难题，公司总工室要大力提倡应用新技术，例如地下室粗钢筋机械连接技术、新型模板技术、信息化施工技术、超高主悬挑结构支模技术、大体积混凝土施工技术、转换层大梁施工技术、逆作法施工技术、点支式玻璃幕墙技术等，并提出施工方案。到现场作技术指导，不但要确保工程质量达到预期目标要求，还要最大程度降低施工成本。施工质量控制与技术因素息息相关，技术因素除了人员的技术素质外，还包括装备、信息、检验和检测技术等。“要树立建筑产品观念，各个环节要重视建筑最终产品的质量和功能的改进，通过技术进步，实现产品和施工工艺的更新换代。”这句话阐明了新技术、新工艺和质量的关系。科技是第一生产力，体现了施工生产活动的全过程。技术进步的作用，最终体现在产品质量上。为了工程质量，应重视新技术、新工艺的先进性、适用性。在施工的全过程，要建立符合技术要求的工艺流程、质量标准、操作规程，建立严格的考核制度，不断地改进和提高施工技术和工艺水平，确保工程质量。

例如随着工业化技术的推广和应用，万科推行工业化的目标有了更为清晰的指向，叫作“两提一减”，即提高质量，提高效率，减少对人工的依赖。2014 年，万科完成工业化总面积为 1474 万 m^2，其中 PC 预制项目为 202 万 m^2，占比 13.7%，其他为铝模、全混凝土外墙、内墙条板等两提一减的工业化项目。此外，万科在 2015 年完成了工业化的成本对标，针对各工业化体系的设计、施工、构件成本数据进行了归类整理，并以各区域标准化楼型进行成本测算，统计得到成本对标的各维度指标，包括 PC 外墙板钢筋含量等 7 项应控制指标，外墙板跨度等 6 项宜控制指标，为工业化应用提供了明确的成本指引，见图 9-93、图 9-94。

图 9-93　PC 构件标准化

图 9-94　推广使用铝模板

例如万科通过高效工法试验楼的建造，全面引入了干法施工工艺，针对建筑的结构、内装、设备传统建造方法进行了革新，共完成 24 项工艺、31 项部品、18 项材料、26 项工具、21 项设计研究。其中在干法地砖、铝蜂窝板一体成型整体卫浴、干法厨房、干法挂板上取得了突破，今后室内装修将更多地采用工业化部品，干法工艺大幅度减少了湿作业，使得现场施工更为高效和简单，装修质量更为稳定。干法地砖铺设、整体卫浴完成效果见图 9-95。

（11）奖惩制度

工程质量管理实行“奖优罚劣，违规必罚”制度。对公司内部工作人员由工程分管副总经理、总工程师、工程部经理每月进行一次集中考核检查，评价各责任人员的质量管理工作成绩，依据评价结果进行奖罚。考核检查按照各责任人员先行自查，工程技术部经理做出初步评价，总工程师考核，工程分管副总经理审查认定的程序进行。对考核检查结果在工程例会上进行讲评，对严格执行制度和取得显著成绩的人员进行表扬、表彰或给予奖金奖励。对违反制度、工作失职、发生质量缺陷和事故的责任人员进行处罚。同时执行质量基金制，每一个工程项目均收取工程承包款一定比例的质量基金。该基金用于每季度公司质量安全检查时，根据工程施工质量等级进行奖罚，达到公平、公正、奖罚分明，激发工程项目部争创优质工程的热情。对创市、省、国家级优质工程实行重奖制，如获得国家级"鲁班奖"优质工程，其奖金相当高，这样做可提高各项目部创优积极性，并最终达到公司建筑工程施工质量水平大幅度提高的目的，见图 9-96。

图 9-95　铺砖新工艺

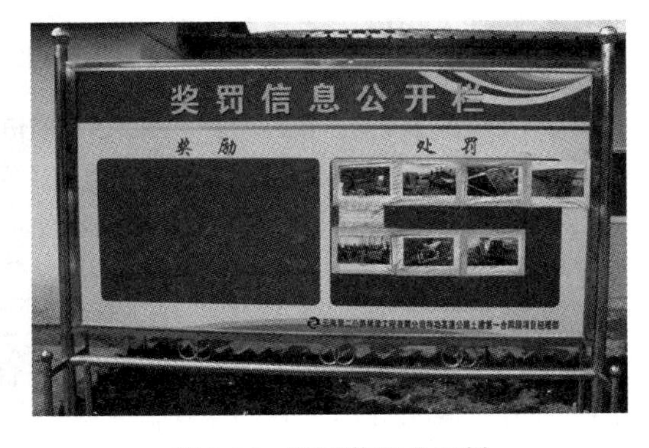

图 9-96　奖罚信息公开栏

随着市场竞争的日益激烈，项目经理必须清醒地认识到，自己的工作与规范、标准要求还有较大的差距，必须在日常工作中认真、严肃地不断完善。"逆水行舟，不进则退"，只有不断提高自身素质和技术水平，运用全面质量管理体系模式，科学实施过程中的全面质量管理，不断总结，才能不断提高。

9.4.4　工程质量控制的五方面因素

施工图纸的设计质量是基础，施工过程的施工质量是关键。在工程建设过程中，无论是工艺施工、土建施工，还是设备安装，影响质量的因素主要有"人、材料、机械、方法和环境"5 个方面。工程质量管理，重点做好这 5 个方面的工作，能够收到事半功倍的效果，见图 9-97。

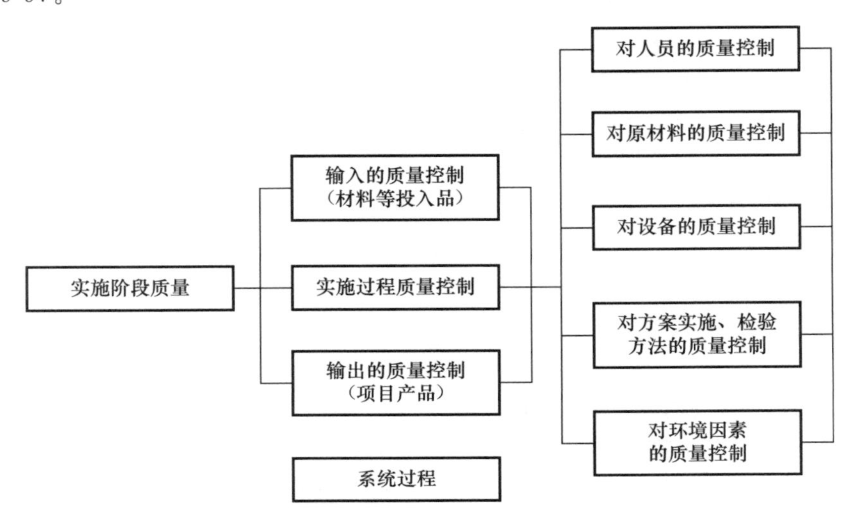

图 9-97　工程质量控制的五方面因素

（1）人是影响工程质量的第一因素。作为工程建设主体之一的决策者、管理者、指挥者和施工操作者是影响工程质量的第一要素。在工程建设中，把人作为控制对象，是为了避免产生失误；把人作为控制的动力，是为了充分调动人的积极性，发挥“人的因素第一”的主导作用。在工程质量控制中，对人力资源的技工使用，应该从政治素质、思想素质、业务素质、心理素质和身体素质诸方面综合考虑，统筹兼顾，用人之长，避人之短。

（2）材料是影响工程质量的基础因素。材料是指投入工程建设的原材料、成品、半成品，它们是工程施工的物质基础，若材料不符合标准，则工程质量就达不到要求，对材料的质量控制是保证工程质量的先决条件。首先选择质优价廉、信誉高的生产厂家和供货方；其次是加强对材料的检查验收，严把进场关；第三是重视材料的使用认证，优先选择通过国家认证机构认证的材料和厂家，落实建设行政管理部门推行的建设工业产品准用证制度；第四是对材料质量进行跟踪，避免造成更大的浪费和损失。

（3）工程质量影响因素之一的“方法”，是指工程建设周期内所采取的技术方案、施工工艺、组织措施、检测手段、施工组织设计等。结合工程实际，从技术、组织、管理、工艺操作、经济等方面进行全面分析，综合考虑，力求技术可行、经济合理、工艺先进、措施得力、操作方便，有利于提高工程质量，加快施工进度，降低工程成本，能够收到事半功倍的效果。

（4）施工机械和施工机具是影响工程质量不可忽略的因素。施工机械设备的型号、主要性能参数，以及使用方法、操作技术，是质量控制应该考虑的必要条件。

（5）环境是影响工程质量的客观因素，是不以人的意志而转移的。环境因素包括工程技术自然环境，如工程地质、水文、气象等；工程管理环境，如质量保证体系、质量管理制度等；劳动环境，如劳动组合、劳动工具、作业面等。环境因素对工程质量的影响，具有复杂多变的特点，必须结合工程特点和具体条件，预见环境对工程质量影响的多种因素，实行积极主动的控制。

9.4.5 我国工程项目质量管理中存在的问题

随着我国建筑业的蓬勃发展，建筑工程的质量愈加引起人们的关注。建筑工程质量既关系到国民经济的发展，又关系到人民群众的切身利益。建筑工程质量问题所带来的后果，往往比其他产品更为严重。在工程建设中，国家早就提出了“百年大计，质量第一”的方针，全社会对工程质量也极为关注。但是多年来，建筑工程质量仍然是工程建设中最突出的问题之一。改革开放以来，我国虽然不断汲取国外先进经验，推行全面质量管理，但是工程质量事故仍不断发生，给国家和人民的生命财产造成重大损失。保证和提高工程质量的一个重要途径，就是要进行有效的质量控制。目前我国工程项目质量管理中存在以下问题。

（1）建筑工程市场不规范。承包商的资质、管理人员的施工经验与技术水平是工程质量的重要保证，我国建筑工程市场还处在摸索阶段，相关法律法规还不健全，目前有些地方仍然存在行政干预招标投标等不良行为。

（2）材料质量不符合规范要求。有时，一些承包商或分包商拿到某项工程后，为牟取私利，不按照工程技术规范要求的品种、规格、技术参数等采购相关的材料，材料采购人员也在材料采购过程中收取回扣，无法对质量进行有效控制。也有部分施工企业内部没有完善的约束机制和管理机制，无法杜绝不合格的材料进入工程施工中，从而给工程留下质量隐患。

(3) 缺乏相应的责任制。一些工程出现质量问题时，建设单位、施工单位、监理单位与设计单位之间相互推诿，而又无法确定各自的职责范围，因为合同管理不严密，各项工作的界限不明确。责任不清加上措施不力，导致一些工程采取补救措施不得力，继而造成工程的重大质量问题。

(4) 施工人员在现场施工中，违背技术规范。例如：混凝土工程，依照要求应对不同的水泥及骨料做试验，搅拌过程中也应严格计量；注浆工程，对不良地质段注浆，要根据合同中的技术规范要求注浆，并分批做水灰比试验；钢筋混凝土工程，为了确保钢筋的质量，必须对钢筋做抗拉、抗压、抗弯等试验。然而，在现场施工中很多基本的要求都不能做到，这就给工程质量留下了隐患。

(5) 施工企业尤其是一些国有建筑施工企业的质量管理仍然处于不规范状态，质量保证体系在项目上得不到有效运行，程序文件不能切实贯彻执行。例如：每个工程都有各自的特点，施工组织设计及施工方案编制应根据每个工程的特点具有针对性，施工作业指导书应当紧贴作业面，但有些项目部却笼统地照搬方案；现场材料检验工作不到位，致使有质量不符合要求的材料用于工程中；工程技术交底形式化；过程检验不规范，作业人员以完工为目的，而项目质检员又未能尽其职责；质量控制点的设置不合理，管理不规范，关键部位存在失控现象等。

(6) 目前，特别是部分房地产开发企业以经济利益最大化，对建安成本的控制从多方面控制，导致工程质量留下不少隐患。如结构设计优化了再优化，限额设计，如钢筋含量以及结构截面尺寸等；基坑围护优化了再优化，建设单位要求的施工进度优化了再优化，导致施工方风险增加，施工单位施工起来如履薄冰；某地方房产项目，在集团拿到地后，43 位工程部经理级别以上人员，背靠背每人对该项目进度策划，再汇总，再优化，最后给施工单位的工期以及阶段售房节点相当的紧张。个别房产企业邀请招标，要求施工单位叠合楼板装配式住宅标准层结构施工须 3 天 1 层，混凝土刚浇捣不久踩上去还有脚印就去放线，这样建设单位为追求结构阶段的时间来换取售楼节点，资金早回笼，质量很难保证。同样给施工单位和施工单位现场项目经理、项目技术负责人等主要管理人员增加了无形的压力。建议国家层面严格控制个别房地产片面追求高周转，严格压制结构建造成本，虽口头讲质量，实际只顾进度的不良行为。这样个别建筑结构设计使用年限 50 年将是一句空话。

例如项目经理及项目技术员质量管理意识差，管理不到位，存在一味抢进度、忽视质量等思想认识问题，对影响使用功能的质量问题不够重视，对三小间蓄水试验、屋面蓄水试验等重视程度不够，甚至有的项目部弄虚作假、应付检查、造假资料等，导致竣工后用户投诉问题多，维修成本高。如某公寓楼工程，卫生间、管道渗水达 80%以上，进户门安装开启方向错误达 50%，内墙皮标强不足等，对公司信誉造成了极坏的社会影响，也增加了几十万元的成本。

例如对现浇板裂缝问题处理不到位。在主体施工时为抢工期，现浇板上人过早，材料集中堆放，混凝土浇灌后覆盖养护不及时，后浇带、施工缝部位处理措施不当等都会导致现浇板出现裂缝。有些项目部在出现裂缝后不但不及时处理，反而隐瞒不报，从而导致工程竣工后住户投诉，造成了不良后果。

例如部分项目部存在重主体轻装饰的思想。主体施工时由于甲方、监理要求比较严，住房建设局监督科抽检次数多，项目部大都能严格施工。可是到了装饰阶段，尤其是抹灰阶段，有的项目部就疏于管理，导致墙面起鼓、裂缝、房间不方正、地面不平整等现象的发生，这也是工程竣工后用户投诉较多的问题之一。

10 建筑工程竣工验收管理

项目经理须做好项目平时资料的管理和竣工资料的统筹安排，项目中标后，根据项目的特点，需要哪些相关资料，必有资料管理规划方案（部分企业有专门的资料管理制度，以及哪些资料必须有的目录，这样较好，平时收集上级部门检查照片，专人收集平时好的现场照片，便于标化及创优等资料用；项目部也可和当地质量监督站、档案馆等相关人员联系，事先和他们沟通并明确需要整理的、档案馆必需的资料），定人（技术负责、资料员）、定时（每月检查项目资料情况）并加强过程管控，平时认真收集相关资料，工程资料须与工程同步，保证资料不得遗漏，一个项目经理，首先自己要懂，才能管理。根据工程合同，竣工备案资料和工程结算以及进度款存在很大的关联，若资料不能技术备案，将影响项目的交付和资金成本。因此，建筑工程竣工验收以及过程质量验收尤其重要，项目经理一定要高度重视。

10.1 验收基本原则

建筑工程质量涉及人民生命财产的安全，建筑施工作业在工程施工过程中须对现场施工现场进行规范管理，采取相应的国家、地方的施工技术标准，健全过程质量管理体系，施工质量验收制度和施工质量评定制度。

建筑工程验收主要考虑以下基本原则。

（1）施工现场应具有健全的质量管理体系、相应的施工技术标准（纸质或电子版）、施工质量检验制度。

（2）未实行监理的建筑工程，建设单位相关人员应履行验收所涉及的监理职责。

（3）应按下列方式进行建筑工程质量控制。

1）建筑工程采用的主要材料、半成品、成品、建筑构配件、器具以及设备等应进行现场验收；凡涉及安全、节能、环保和主要使用功能的重要材料、产品，均应按照各专业工程施工验收规范和设计文件等进行复验，并应经监理工程师检查认可，有相关验收复验（检验）记录。

2）各施工工序应按照施工技术标准进行质量控制，每到施工工序完成后须自检合格，方可进入下道工序施工。各专业工种之间的相关工序应进行交接检验并有记录。

3）监理单位应检查关键工序，符合要求并经监理工程师签字认可方可进入下道工序施工。

（4）当涉及新技术、新材料，而相应规范、标准中没有涉及的，应由建设单位组织监理、设计、施工、材料供应商等相关单位制定专项验收要求，并报备质量安全监督站。涉及影响结构安全等项目的专项验收要求应在实施前组织专家论证后才实施。

（5）建筑工程施工质量验收要求：

工程质量验收均应在施工单位自检验收合格的基础上进行；参与施工质量验收的各方

人员应具备相应的资格；检验批按主控项目和一般项目验收；对涉及结构安全和主要使用功能的试块、试件及材料、构件等应在进场时或施工中按规定进行见证检验，按规定进行抽样检验；隐蔽工程验收在隐蔽前应由施工单位通知监理单位验收，并应形成验收文件，验收合格后方可进行继续施工；工程的观感质量应由验收人员现场检查，并应共同确认。

10.2　验收具体要求

10.2.1　检验批及分项工程的质量验收

1. 检验批的质量验收

项目实施须根据工程规模编制检验批验收计划，检验批是指按相同的生产条件或按规定的方式汇总起来供抽样检验使用的，由一定数量组成的检验体，它代表了工程中某一施工过程材料、构配件或建筑安装项目的质量。是工程质量验收的最小单位。

检验批可以根据施工、质量控制和专业验收的需要，按工程量、楼层、施工段、变形缝进行划分。

检验批应由专业监理工程师组织施工单位项目专业质量员、专业工长等进行验收，自检合格报专业监理工程师验收并形成验收文件。

检验批质量验收合格应符合下列规定：主控项目的质量经抽样检验均应合格，一般项目的质量经抽样检验合格，具有完整的施工操作依据、质量验收记录。施工前，应由施工单位制定分项工程和检验批划分方案，并由监理单位审核。

2. 分项工程的质量验收

分项工程按主要工种、材料、施工工艺、设备类别进行划分。

分项工程由专业工程师（建设单位项目专业技术负责人）组织施工单位项目专业技术负责人等进行验收。

分项工程质量验收合格前提：所含检验批的质量均应验收合格，所含检验批的质量验收记录应完整。

签字须齐全，不得代签。

10.2.2　分部工程的质量验收

（1）按专业性质、工程部位确定；当分部工程较大或复杂时，可按材料种类、施工特点、施工程序、专业系统及类别将分部工程划分为若干个子分部工程。

（2）分部工程应由总监理工程师（建设单位项目负责人）组织施工单位项目负责人和项目技术负责人等进行验收；勘察、设计单位项目负责人和施工单位技术、质量部门负责人应参加地基与基础分部工程的验收；勘察、设计单位项目负责人和施工单位技术负责人、质量部门负责人应参加主体结构、节能分部工程的验收。

（3）所含分部工程的质量均应验收合格；质量保证（控制）资料应完整；有关安全、节能、环保和主要使用功能的抽样检验结果应符合相应规定；观感质量应符合要求。

10.2.3　室内环境验收

民用建筑工程及室内装修工程的室内环境验收，应在工程完工至少 7 天以后，工程交付前进行。

民用建筑工程及其室内装修工程验收时，应检查以下资料：工程地勘报告、工程地点土壤浓度或氡析出率检测报告、工程地点土壤天然放射性核素镭-226、钍-232、钾-40含量检测报告；涉及室内新风量的设计、施工文件以及新风量的检测报告；建筑材料和装修材料的污染物含量检测报告、材料进场记录、复验报告；与室内环境污染控制有关的隐蔽工程验收记录、施工记录。

民用工程根据控制室内环境污染的不同要求，划分以下两类：Ⅰ类民用建筑工程：住宅、医院、老年建筑、幼儿园、学校教室等民用建筑工程；Ⅱ类民用建筑工程：商店、旅馆、办公楼、文化娱乐场所、图书馆、体育馆、公共交通等候室等民用建筑工程。

民用建筑验收检测数量的规定应符合现行国家标准《民用建筑工程室内环境污染控制标准》GB 50325 的相关规定。

10.2.4 节能工程质量验收

验收划分：节能分部工程质量验收的划分：建筑节能工程为单位建筑工程的一个分部，其分项工程和检验批应符合现行国家标准《建筑工程施工质量验收统一标准》GB 50300 的规定，当建筑节能工程验收无法按 GB 50300 要求进行划分分项工程或检验批时，可由建设单位、监理、施工等各方协商划分，但验收项目、验收内容、验收标准以及验收记录应遵守规范的规定，检验批和分项工程验收应单独填写验收记录。

验收要求：建筑节能分部工程的质量验收，应在检验批、分项工程全部验收合格的基础上，进行外墙节能构造实体检验，寒冷、严寒和夏热冬冷地区的外窗气密性现场检测，以及系统节能性能检测和系统联合试运转与调试，确认建筑节能工程质量达到验收条件后方可验收。

验收程序：符合 GB 50300 的要求：节能工程的检验批验收和隐蔽工程验收应由监理工程师主持，施工单位相关专业的质量员与施工员参加；节能分项工程验收由监理工程师主持，施工单位项目技术负责人和相关质量员、施工员参加，节能分部工程验收应由总监理工程师（建设单位技术负责人）主持，施工单位项目经理、项目技术负责人等参加，施工单位质量或技术负责人参加，设计单位节能设计人员参加。

10.2.5 消防工程竣工验收

取得施工许可证的建筑工程，建设单位应当在取得施工许可证、工程竣工验收合格之日起 7 日内，通过省级公安机关消防网站进行消防设计、竣工验收备案，或到公安机关消防机构受理场所（现为行政服务中心）进行消防设计、竣工验收消防备案。

消防验收不合格的建筑工程应当停止使用，组织整改后像公安机关消防机构重新申请复查验收。

10.2.6 交通验收、规划验收、白蚁防治验收、景观绿化验收等专项验收

专项验收一般包括规划核实验收、交通验收、防雷核实验收、配套绿化验收、白蚁防治验收、室外市政工程等。如果项目需创优，还有其他如市、省级、国家级标化工地，市、省级、国家级优质工程，十项新技术、绿色施工等竣工前后的相关验收。若是医院，还有医用净化、医用气体、污水处理、防辐射等专项验收。

10.2.7 单位工程竣工验收

单位工程质量验收合格应符合以下规定：

所含分部工程的质量均应验收合格，质量保证（控制）资料应完整，所含分部工程中有关安全、节能、环境保护和主要使用功能的检验资料应完成，主要使用功能的抽查结果应符合相关专业验收规范的规定，观感质量应符合要求。

单位工程质量验收程序和组织：

总监理工程师应组织各专业监理工程师对工程进行预验收，相关参建单位专业负责人参加，存在质量问题的，由相关单位整改，包括设计问题；预验收通过后，由施工单位向建设单位提交工程竣工报告，申请竣工验收，现行验收由调整，须各专业验收通过后，才能竣工验收；建设单位收到竣工验收报告后，应由建设单位组织监理、设计、勘察等单位项目负责人进行竣工验收，并由所在质量监督部门人员参加，检查5家责任主体单位程序是否合法等。

单位工程中的分包工程，由分包单位对所承包的工程进行自检，并按规定程序进行验收。验收时，总包单位应派人参加；分包单位资料应将所分包的工程的质量保证资料整理完整并移交总包，建设单位组织竣工验收时，分包单位应派人参加。

当建筑工程施工质量不符合要求时的处理规定：

经返工或返修的检验批，应重新组织验收；经由资质的检测机构检测鉴定能达到设计要求的检验批，应予以验收；经返工或加固处理的分项、分部工程，满足安全和使用功能要求时，可按技术处理方案和协商文件的要求予以验收；当工程质量控制资料缺失时，应委托有资质的检测机构按有关标准进行相应的实体检验或抽样检验；经返修或加固处理仍不能满足安全或重要使用功能的分部工程及单位工程，严禁验收。

例如某项目未按设计要求（新规范实施后），对框架柱、框架梁以及梯板受力钢筋未使用带E钢筋，虽然不会出现大的质量问题，但也需组织各界专家讨论，经历多年博弈，最后才协商达成验收，对施工单位和建设单位都是损失。

10.2.8 工程竣工资料的编制、竣工备案

1. 工程资料分类

根据现行行业标准《建筑工程资料管理规程》JGJ/T 185的规定，工程资料一般有工程准备阶段文件、监理资料、施工资料、竣工图和工程竣工文件5类。工程准备阶段文件分为决策立项文件、建设规划用地文件、勘察设计文件、招标投标及合同文件、开工文件、商务文件6类；施工资料分为施工管理资料、施工技术资料、进度及造价文件、施工材料资料、施工记录、施工试验记录及检测报告、施工质量验收记录、竣工验收资料8类；工程竣工文件分为竣工验收文件、竣工决算文件、竣工交档（备案）文件，竣工总结文件。

2. 竣工文件的编制与审核

新建、改建、扩建的建筑工程均应编制竣工图，竣工图应真实反映竣工工程的实际情况；竣工图的专业类别应与施工图对应（目前竣工图均需电子扫描件）；竣工图依据设计施工图、图纸会审记录、设计变更通知单、工程洽商记录等绘制；竣工图应由竣工图章和

相关技术负责人、项目经理、总监、专监的签字；竣工图绘制须符合相关规定的绘制和装订。

3. 工程资料的移交与归档（备案）

施工单位应向建设单位移交施工竣工资料；监理单位应向建设单位移交监理资料；实行总承包或 EPC 项目的，各专业承包单位应向施工总承包单位移交施工资料；工程资料移交时应及时办理相关移交手续，填写工程资料移交书，移交记录等；建设单位应按照国家有关法规和标准规定向城建档案馆移交工程档案（原件以及电子扫描件），并办理相关手续。即竣工备案资料，城建档案馆审核后颁发竣工验收备案手续。建设单位工程资料归档应满足工程维护、修缮、改造、加固的需要；满足工程质量保修及质量追溯的需要。

竣工资料份数：根据建设工程施工合同份数要求提供。或原则上施工单位 3 份（用于竣工决算、施工单位存档、分公司或项目部），建设单位 2 份，监理单位 1 份，城建档案馆 1 份，其他相关职能部门 1 份等至少 8 份。